中高等职业教育衔接课程体系建设项目成果教材

数控车削编程与技能训练

主　编：蒋修定　施　琴

副主编：沈宝国　陈良发

参　编：丁　翚　蒋维波

　　　　史银花　王前锋

江苏大学出版社
JIANGSU UNIVERSITY PRESS

镇　江

图书在版编目(CIP)数据

数控车削编程与技能训练/蒋修定,施琴主编. —
镇江:江苏大学出版社,2016.12
ISBN 978-7-5684-0379-5

Ⅰ.①数… Ⅱ.①蒋… ②施… Ⅲ.①数控机床-车
床-车削-程序设计 Ⅳ.①TG519.1

中国版本图书馆 CIP 数据核字(2016)第 300010 号

内容概要

本书围绕数控车床编程与技能,以生产实践中的工作任务为项目构建内容体系,体现了实用性原则。本书分为 5 个项目,项目一对数控车削基础知识进行了介绍,项目二介绍了数控车削基本编程指令,项目三分别从台阶轴零件编程及加工、槽零件编程及加工、孔零件编程及加工等方面详细阐述了不同零件的加工工艺及编程,项目四以劳动部门真实考题为蓝本并辅以相关实例,项目五是自动编程与仿真加工。每个项目的学习根据需要设有技能演练、知识拓展等模块,使学生能够在了解基础知识的同时提高对知识的实际应用能力。

本书可供职业学校的数控技术、模具、机电一体化等专业的学生使用,也可作为数控车床编程及机械工人岗位培训和自学用书。

数控车削编程与技能训练

Shukong Chexiao Biancheng Yu Jineng Xunlian

主　　编/蒋修定　施　琴
副 主 编/沈宝国　陈良发
责任编辑/常　钰　吕亚楠
出版发行/江苏大学出版社
地　　址/江苏省镇江市梦溪园巷 30 号(邮编:212003)
电　　话/0511-84446464(传真)
网　　址/http://press.ujs.edu.cn
排　　版/镇江文苑制版印刷有限责任公司
印　　刷/虎彩印艺股份有限公司
开　　本/787 mm×1 092 mm　1/16
印　　张/19
字　　数/450 千字
版　　次/2016 年 12 月第 1 版　2016 年 12 月第 1 次印刷
书　　号/ISBN 978-7-5684-0379-5
定　　价/35.00 元

如有印装质量问题请与本社营销部联系(电话:0511-84440882)

中高等职业教育衔接课程体系建设项目成果教材

编写委员会

前　　言

　　本书是根据 2012 年《江苏省政府办公厅转发省教育厅〈关于进一步提高职业教育教学质量的意见〉》(苏政办〔2012〕194 号)、省教育厅《关于继续做好江苏省现代职业教育体系建设试点工作的通知》(苏教职〔2013〕9 号)精神,科学把握试点项目数控技术人才培养的内涵和目标的核心课程教学内容与教学要求,并参照有关行业的职业技能鉴定规范及相关国家职业标准的初、中级技术工人考核标准编写的。

　　本书简明实用,适合理论与实践一体化教学;主要目的是针对初中生源培养中级工、高级工的教学实际情况,调整和完善教材体系,培养学生全面了解数控加工所包含的知识,并初步掌握数控加工所需要的基础知识,为今后深入学习数控编程和操作做准备。同时,根据相关岗位工作的实际需要,增加了实践性教学内容,以合理确定学生应具备的能力和知识结构,避免教材内容偏难、偏深。本书具备如下几个特点:

　　1. 坚持"以就业为导向,以能力为本位"的教学理念,切实贯彻"做中学"的指导方针;本着易学、够用的原则,将理论与实践有机结合,使"做""学""教"统一于项目的整个进程,渗透职业道德和职业意识。体现以就业为导向,有助于学生树立正确的择业观,并有利于培养学生的爱岗敬业精神、团队协作精神和创新精神,也有利于学生树立安全意识和环保意识。

　　2. 着眼于对学生基本功的培养,突出基本技能和基本知识的传授;以实验引领、任务驱动的方式将加工工艺和生产实践相结合,按照数控加工的一般工艺设置教学任务,由易到难、由简到繁,循序渐进地组织教学内容。

　　3. 教材编写以职业能力为本,注重把理论知识和技能训练相结合,以应用为核心,紧密联系生活、生产的实际要求,与相应的职业资格标准相互衔接;以国家职业标准为依据,内容涵盖数控车工国家职业技能标准中级工与高级工的知识和技能要求,并在附录中增加了相应数控车工理论题库与实操考题。

　　4. 精心设计形式,激发学习兴趣。在教材内容的呈现形式上,通过知识准备、技能演练和知识拓展等形式,引导学生明确各项目的学习目标,学习与任务相关的知识和技能,强调在操作过程中应注意的问题。较多地利用图片、实物照片和表格等将知识展示出来,力求让学生更直观地理解和掌握所学内容。

　　本书由江苏联合职业技术学院镇江分院蒋修定、施琴任主编,江苏航空职业技术学院沈宝国与江苏联合职业技术学院镇江分院陈良发任副主编,江苏联合职业技术学院镇江分院蒋维波、史银花、丁翚与镇江技师学院王前锋参编完成。其中,蒋修定、史银花编写项目一、项目三;施琴、丁翚编写项目二;沈宝国、蒋维波编写项目四;陈良发编写项目五;附录部分由王前锋编写。同时,还聘请镇江高等职业技术学校朱和军副教授和江苏交通技师学院金忠副教授审阅了本书,他们对本书提出了很多宝贵建议。此外,在本书编写过程中,还得到了江苏航空职业技术学院师平副教授的帮助,在此一并致谢。

　　由于编者学术水平有限,书中难免有不妥之处,敬请读者批评指正。

编者
2016 年 10 月

前　　言

Contents

目　录

项目一

数控车削基础知识

数控技术是指用数字、文字和符号组成的数字指令来实现一台或多台机械设备动作的控制技术。它所控制的通常是位置、角度、速度等机械量和与机械能量流向有关的开关量。

数控机床是一种完全新型的自动化机床,是典型的机电一体化产品。数控技术集计算机技术、成组技术、自动控制技术、传感检测技术、液压气动技术及精密机械等高新技术于一体,是现代化制造技术的基础技术和共性技术。随着数控机床的广泛应用,急需培养大批能熟练掌握现代数控机床编程、操作、维修的工程技术人员。近年来,数控技术的发展十分迅速,数控机床的普及率也越来越高,在机械制造业中得到了广泛的应用。制造业的工程技术人员和数控机床的操作与编程技术人员对数控机床及其操作与编程技术的需求越来越大。

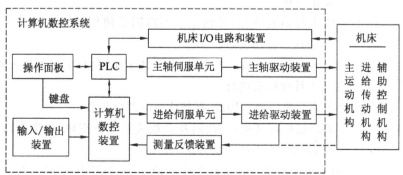

任务一　安全知识与机床维护

 知识准备

一、数控车床安全操作规程

1. 数控车工管理制度

① 实习前必须参加安全培训,明确实习的目的,了解实习内容、时间安排和纪律要求,接受实习安全考核,未达到合格要求,不能参加实习。

② 学生禁止携带任何与实习无关的物品进入车间,禁止在车间内吃零食,严禁在车间内打闹。

③ 学生进入实习车间上实习课时,必须严格按要求统一穿着工作服,扣好扣子;女生长发要扎紧、盘起,戴好工作帽。禁止穿凉鞋、拖鞋、短裤、背心参加实习。

④ 必须服从实习指导教师的管理,严格按照指定工种、指定岗位使用指定设备、工具和材料进行实习。

⑤ 学生只有在实习教师允许的情况下,才能开动设备,不准擅自开他人的设备。严格按照安全操作规程进行操作,对机床上面不了解其功能或不会使用的开关、手柄、旋钮、按钮等,必须请教指导教师并经允许后,方能操作。

⑥ 操作过程中如出现意外情况,应立即切断电源,保护好现场,及时报告指导教师。

⑦ 学生要严格按照实习课题要求进行练习,保质、保量、按时完成实习任务,不能进行课题外操作,要爱护实习设备及工作服装,要妥善保管和使用工具、量具。

⑧ 学生在上课期间要严格遵守上课纪律,上课、下课要准时,不迟到、不早退。

⑨ 在教师讲课时,学生要专心听课,做好笔记。教师进行操作示范时,学生要认真观察,不得乱挤和喧哗。

⑩ 下课前要关掉电源,收拾好工具、量具及材料,保养好设备,认真打扫卫生,保持工作场所的清洁,关闭窗户,并经指导教师检查合格后,方可离开。

2. 数控车床安全操作规程

① 数控车床由专职人员负责管理,任何学员不得随意使用该设备及其工具、量具。未经设备负责人允许,不能任意开动机床。

② 进入实习场地必须穿戴好合适的工作服,女生戴工作帽、长头发要压入帽内,严禁戴手套操作。装夹、测量工件要停机进行。

③ 使用机床前必须先检查电源连接线、控制线及电源电压。

④ 程序输入前必须严格检查其格式、代码及参数选择是否正确,学生编写的程序必须经教师检查并获教师同意后,方可进行输入操作。

⑤ 机床运行前,首先检查工件、刀具有无稳固锁紧,确认操作的安全性。手动操作

时,一边按键,一边要注意刀架移动的情况。

⑥ 禁止随意改变机床内部设置。

⑦ 机床工作时,操作者不能离开车床。当程序出错或机床性能不稳等异常情况发生时,应立即按操作面板上的"急停"开关,待指导教师消除故障并经其同意后方能重新开机操作,勿带故障操作和擅自处理。现场指导教师应做好相关记录。

⑧ 机床运行时应关闭保护罩。主轴未完全停止前,禁止触摸工件、刀具或主轴。触摸工件、刀具或主轴时要注意是否烫手,小心灼伤。

⑨ 禁止用手接触刀尖和铁屑,铁屑必须要用铁钩子或毛刷来清理。

⑩ 在操作范围内,应把刀具、工具、量具、材料等物品放在工作台上,机床上不应放任何杂物。

⑪ 手潮湿时勿触摸任何开关或按钮,手上有油污时禁止操控控制面板。

⑫ 设置卡盘运转时,应让卡盘卡一工件,负载运转。禁止卡爪张开过大和空载运行(空载运行时容易使卡盘松懈,卡爪飞出伤人)。

⑬ 操控控制面板上的各种功能按钮时,一定要辨别清楚并确认无误后,才能进行操控。不要盲目操作。在关机前应关闭机床面板上的各功能开关(例如转速、转向开关)。

⑭ 任何人在使用设备后,都应把刀具、工具、量具、材料等物品整理好,并做好设备清洁和日常设备维护工作。

⑮ 任何人员,若违反上述规定或实训中心的规章制度,指导教师有权停止其操作。

二、数控车床的维护保养

数控车床的日常维护是数控车床运行稳定性和可靠性的保证,是延长数控车床使用寿命的重要手段。

1. 维护保养的有关知识

(1)维护保养的意义

数控机床使用寿命的长短和发生故障频次的高低,不仅取决于机床的精度和性能,在很大程度上还取决于它的正确使用和维护。正确的使用能防止设备非正常磨损,避免突发故障;精心的维护可使设备保持良好的技术状态,延缓劣化进程,及时发现和消除隐患于未然,从而保障安全运行,保证企业的经济效益,实现企业的经营目标。因此,机床的正确使用与精心维护是贯彻设备管理预防为主的重要环节。

(2)维护保养必备的基本知识

数控机床具有机、电、液集于一体,技术密集和知识密集的特点。因此,数控机床的维护人员不仅要有机械加工工艺及液压、气动方面的知识,而且要具备电子计算机、自动控制、驱动及测量技术等知识,这样才能全面了解、掌握数控机床及做好机床的维护保养工作。维护人员在维修前应详细阅读数控机床有关说明书,对数控机床有一个详细的了解,包括机床结构特点、数控的工作原理及框图,以及它们的电缆连接。

2. 设备的日常维护

对数控机床进行日常维护保养的目的是延长元器件的使用寿命,延长机械部件的更换周期,防止发生意外的恶性事故,使机床始终保持良好的状态,并保持长时间的稳定工作。不同型号的数控机床的日常保养内容和要求不完全一样,机床说明书中已有明确的

规定,但总地来说主要包括以下几个方面:

①　每天做好各导轨面的清洁润滑,有自动润滑系统的机床要定期检查、清洗自动润滑系统、检查油量、及时添加润滑油;检查油泵是否定时启动打油及停止。

②　每天检查主轴的自动润滑系统工作是否正常,定期更换主轴箱润滑油。

③　注意检查电气柜中冷却风扇是否工作正常,风道过滤网有无堵塞,清洗黏附的尘土。

④　注意检查冷却系统,检查液面高度,及时添加油或水,油、水脏时要更换清洗。

⑤　注意检查主轴驱动皮带,调整松紧程度。

⑥　注意检查导轨镶条松紧程度,调节间隙。

⑦　注意检查机床液压系统油箱、油泵有无异常噪声,工作幅面高度是否合适,压力表指示是否正常,管路及各接头有无泄漏。

⑧　注意检查导轨、机床防护罩是否齐全有效。

⑨　注意检查各运动部件的机械精度,减少形状和位置偏差。

⑩　每天下课前做好机床清扫卫生,清扫铁屑,擦净导轨部位的冷却液,防止导轨生锈。

3. 数控系统的日常维护

数控系统使用一定时间之后,某些元器件或机械部件总要损坏,为了延长元器件的使用寿命和零部件的磨损周期,防止各种故障,特别是恶性事故的发生,从而最终延长整台数控系统的使用寿命,对数控系统进行日常维护是十分必要的。具体的日常维护保养的要求,在数控系统的使用、维修说明书中一般都有明确的规定。总地来说,要注意以下几个方面:

(1) 制定数控系统日常维护的规章制度

根据各种部件的特点,确定各自的保养条例。如明文规定,哪些地方需要天天清理,哪些部件要定时加油或定期更换等。

(2) 尽量少开数控柜和强电柜的门

机床加工车间空气中一般都含有油雾、飘浮的灰尘甚至金属粉末,一旦它们落在数控装置内的印刷线路板或电子器件上,就很容易引起元器件间绝缘电阻下降,并导致元器件及印刷线路的损坏。因此,除非进行必要的调整和维修,否则不允许任意开启柜门,更不允许加工时敞开柜门。

(3) 定时清理数控装置的散热通风系统

应每天检查数控装置上各个冷却风扇工作是否正常。视工作环境的状况,每半年或每季度检查一次风道过滤管路是否有堵塞现象。如过滤网上灰尘积聚过多,需及时清理,否则将会引起数控装置内温度过高(一般不允许超过55～60 ℃),致使数控系统不能可靠地工作,甚至发生过热报警现象。

(4) 定期检查和更换直流电动机电刷

虽然在现代数控机床上有用交流伺服电动机和交流主轴电动机取代直流伺服电动机和直流主轴电动机的倾向,但广大用户所用的大多还是直流电动机。而电动机电刷的过度磨损将会影响电动机的性能,甚至造成电动机损坏。为此,应对电动机电刷进行定期检查和更换。检查周期随机床使用频繁度而异,一般为每半年或一年检查一次。

(5) 经常监视数控装置用的电网电压

数控装置通常允许电网电压在额定值的10%～15%范围内波动。如果超出此范围,就会造成系统无法正常工作,甚至会引起数控系统内的电子部件损坏。为此,需要经常监视数控装置用的电网电压。

(6) 带电池的存储器需要定期更换电池

存储器如采用 CMOS RAM 器件,为了在数控系统不通电期间能保持存储的内容,往往设有可充电电池维持电路。在正常电源供电时,由＋5 V 电源经一个二极管向 CMOS RAM 供电,同时对可充电电池进行充电,当电源停电时,则改由电池供电维持 CMOS RAM 的信息。一般情况下,即使电池尚未失效,也应每年更换一次,以便确保系统能正常地工作。电池的更换应在 CNC 装置通电状态下进行。

(7) 数控系统长期不用时的维护

为提高系统的利用率和减少系统的故障率,数控机床长期闲置不用是不可取的。若数控系统处在长期闲置的情况,需注意以下两点:一是要经常给系统通电,特别是在环境温度较高的多雨季节,在机床锁住不动的情况下让系统空运行,利用电器元件本身的发热来驱散数控装置内的潮气,保证电子部件性能的稳定可靠。实践表明,在空气湿度较大的地区,经常通电是降低故障率的一个有效措施。二是如果数控机床的进给轴和主轴采用直流电动机来驱动,应将电刷从直流电机中取出,以免由于化学腐蚀作用而使换向器表面腐蚀,造成换向性能变坏,使整台电动机损坏。

(8) 备用印刷线路板的维护

印刷线路板长期不用是容易出故障的,因此对于已购置的备用印刷线路板应定期装到数控装置上通电,使其运行一段时间,以防损坏。

技能演练

1. 安全知识考核(100 分＝5 分×20),要求达到 90 分以上才能参加实训课程。

① 实习前必须参加(　　　　　　),明确实习的目的,了解实习内容、时间安排和纪律要求,接受实习安全考核,未达到合格要求,不能参加实习。

② 学生不准携带任何与实习无关的物品进入车间,不准在车间内吃零食,严禁在车间内(　　　　)。

③ 学生进入实习车间上实习课时,必须严格按要求统一穿着(　　　　),扣好扣子;女生长发要扎紧、盘起,戴好工作帽。禁止穿凉鞋、拖鞋、短裤、背心参加实习。

④ 学生只有在实习(　　　　)的情况下,才能开动设备,不准擅自开他人的设备。严格按照安全操作规程进行操作,对机床上面不了解其功能或不会使用的开关、手柄、旋钮、按钮等,必须请教指导教师并经允许后,方能操作。

⑤ 如操作过程中出现意外情况,应立即(　　　　),保护好现场,及时报告指导教师。

⑥ 学生要严格按照实习课题要求进行练习,保质、保量、按时完成实习任务,不能进行课题外操作,要爱护实习设备及工作服装,要妥善保管使用(　　　　)。

⑦ 在教师讲课时,学生要专心听课,做好(　　　　)。教师进行操作示范时,学生要(　　　　),不得乱挤和喧哗。

⑧ 下班前要关掉电源,收拾好工具、量具及材料,保养好设备,认真打扫卫生,保持工

作场所的清洁,关闭窗户,并经(   )检查合格后,方可离开。

⑨ 进入实习场地必须穿戴好合适的工作服,女生戴工作帽、长头发要压入帽内,不戴手套操作。装夹、测量工件要(   )进行。

⑩ 使用机床前必须先检查电源连接线、控制线及电源(   )。

⑪ 程序输入前必须严格检查其格式、代码及参数选择是否正确,学生编写的程序必须经(   )检查同意后,方可进行输入操作。

⑫ 机床运行前,首先检查(   )有无稳固锁紧,确认操作的安全性。手动操作时,一边按键,一边要注意刀架移动的情况。

⑬ 禁止随意改变机床(   )。

⑭ 机床工作时,操作者不能(   )机床。当程序出错或机床性能不稳等异常情况发生时,应立即按操作面板上的"(   )"开关,待指导教师消除故障并经其同意后方能重新开机操作,勿带故障操作和擅自处理。现场指导教师应做好相关记录。

⑮ 机床运行时应关闭保护罩。主轴未(   )前,禁止触摸工件、刀具或主轴。触摸工件、刀具或主轴时要注意是否烫手,小心灼伤。

⑯ 禁止用(   )接触刀尖和铁屑,铁屑必须要用铁钩子或毛刷来清理。

⑰ 手(   )时勿触摸任何开关或按钮,手上有油污时禁止操控控制面板。

⑱ 设置卡盘运转时,应让卡盘卡一工件,负载运转。禁止卡爪张开(   )和(   )运行。空载运行时容易使卡盘松懈,卡爪飞出伤人。

⑲ 任何人在使用设备后,都应把刀具、工具、量具、材料等物品整理好,并做好(   )和(   )工作。

⑳ 任何人员,违反上述规定或实训中心的规章制度,指导教师有权(   )其操作。

2. 按要求完成数控机床日常保养一览表(见表1-1)。

表 1-1   数控机床日常保养一览表

序号	检查周期	检查部位	检查要求
1		导轨润滑油箱	
2		X,Z 轴向导轨面	
3		气液转换器和增压器油面	
4		各种电气柜散热通风装置	
5		各种防护装置	
6		滚珠丝杠	
7		液压油路	
8		润滑液压泵,滤油器清洗	
9		检查各轴导轨上镶条、压滚轮松紧状态	
10		冷却水箱	

3. 数控车床维护保养的意义。

_____

_____

_____

_____

4. 数控系统长期不用时的维护注意事项。

_____

_____

_____

_____

5. 判断图 1-1 所示实习过程中做法的对与错。

疲劳作业 　　　　穿短裤、拖鞋进车间

带长发作业 　　　必须戴防护眼镜

图 1-1 实习过程中做法的对与错

6. 指出图 1-2 中违反安全操作制度的做法。

图 1-2 违反安全操作制度的做法

任务二　数控车床结构基础

 知识准备

一、相关术语

1. 数字控制技术 NC(Numerical Control)

数字控制技术简称数控,是电子技术与机械制造技术相结合,根据机械加工工艺要求使用计算机对整个加工过程进行信息处理与控制,达到生产过程自动化的一门技术。

2. 数控机床(NC Machine)

数控机床指采用数控技术对其运动及加工过程实现控制的机床。

3. 数控系统(NC System)

数控系统指实现数控技术相关功能的软、硬件模块的有机集成系统,它是数控技术的载体。

4. 计算机数控系统 CNC(Computer Numerical Control System)

计算机数控系统指以计算机为核心的数控系统。按照控制核心机构,数控系统的发展经历了电子管数控(1952 年),晶体管数控(1959 年),中小规模(集成电路)IC 数控(1969 年),小型计算机数控(1970 年),微处理器数控(1974 年),基于工业 PC 的通用CNC 系统(1990 年)六个时代。

典型数控系统,国外有日本法纳克(FANUC)数控系统、德国西门子(SIEMENS)数控系统、德国德马吉(DMG)数控系统;国内有华中世纪星系统、广州数控系统等。

5. 数控车床

数控车床指装配了数控系统的车床,即数字程序控制车床,简称数控车床。

6. 数控程序(NC Program)

数控程序指从外部输入数控机床用于加工的程序,是数控系统的应用软件。

7. 数控编程(NC Programming)

数控编程指对零件图进行分析、工艺处理、数学处理、编写程序单、制作控制介质及程序检验的全过程。编程方法有手工编程和自动编程。

8. 数控加工

数控加工指在数控机床上进行零件加工的工艺方法。

二、数控车床的组成

数控车床一般由车床主体、数控系统、辅助装置及检测反馈装置组成。数控系统从功能上又可分为数控装置和伺服系统两部分。图 1-3 是数控车床的组成框图。

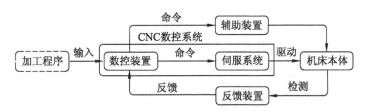

图 1-3 数控车床组成框图

1．车床主体

目前大部分数控车床均已专门设计并定型生产,包括主轴箱、床身、导轨、刀架、尾座、进给机构等。

2．数控系统

数控车床与卧式车床的主要区别在于是否安装有数控系统。该系统和车床主体同属数控车床的"硬件"部分,它是数控车床的核心。

(1)数控装置:主要用来接收程序信息,并经分析处理后向伺服系统发出命令,以控制车床的各种运动。

(2)伺服系统:执行数控装置发出的命令,主要由放大电路和执行电动机组成。

3．辅助装置

数控车床辅助装置是数控车床的一些配套部件,包括液压装置、气动装置、冷却系统、润滑系统、自动清屑器等。

4．检测反馈装置

该装置是将机床移动部件等位置、速度信息通过传感器反馈回数控装置,从而保证机床移动的精度。

三、数控车床的型号

数控车床采用与卧式车床相类似的型号编制方法,也是由字母及一组数字组成。

例如,数控车床型号为 CKA6140,其含义如下:

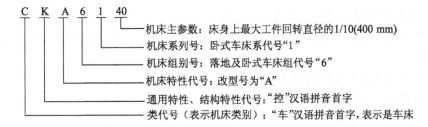

四、数控车床加工特点

数控车床和普通车床一样,主要用于轴类和盘类等回转体零件的加工,所不同的是数控车床能够通过程序控制自动完成内外圆柱面、圆锥面、圆弧面、螺纹等工序的加工,并可进行切槽、切断、钻孔、扩孔、铰孔、镗孔,还能加工一些由各种非圆曲面构成的回转面、非标准螺纹、变螺距螺纹等。加工的零件如图 1-4 所示。

图 1-4　常见回转体零件

① 加工精度高、质量稳定。数控加工设备比通用加工设备制造精度高、刚性好、脉冲当量小、工序集中，减小了多次装夹对加工精度的影响。

② 具有高度柔性。当加工的零件改变时，只需重新编写（或修改）加工程序即可实现对新零件的加工，不需要重新设计模具、夹具等工艺装备，生产适应性强，便于产品的开发研制。

③ 自动化程度高，可以减轻操作者的体力劳动强度。数控车床加工过程是按数控系统的程序自动完成的，操作者只需在操作面板上控制机床的运行即可。

④ 加工零件精度高，具有稳定的加工质量。

⑤ 加工零件改变时，一般只需要更改数控程序，可节省生产准备时间。

⑥ 对操作人员的素质要求较高，对维修人员的技术要求更高。数控车床是技术密集型机电一体化的典型 CNC 数控车床加工产品，需要维修人员既懂机械，又懂电器维修方面的知识，同时还要配备较好的维修装备。

五、数控车床最适宜加工的零件

① 形状复杂，加工精度要求高，用通用机床无法加工或虽然能加工但很难保证产品质量的零件。

② 用数学模型描述的复杂曲线或曲面轮廓零件。

③ 有难测量、难控制进给、难控制尺寸的不开敞内腔的壳体或盒型零件。

④ 必须在一次装夹中合并完成铣、镗、铰或螺纹等多工序的零件。

⑤ 在通用机床加工时极易受人为因素（如情绪波动、体力强弱、技术水平高低等）干扰，零件价值又高，一旦质量失控会造成重大经济损失的零件。

⑥ 在通用机床上加工时必须制造复杂的专用工装的零件。

六、数控车床的分类

随着数控车床技术的不断发展，数控车床的品种越来越多样，规格也越来越繁多，可以按以下方法进行分类。

1. 按数控系统的功能分类

（1）简易数控车床

简易数控车床一般由单板机或单片机进行控制，机床主体部分由普通车床略做改进而成，如图 1-5 所示。此类车床结构简单，价格低廉，但功能较少且无刀尖圆弧半径自动补偿功能。

（2）经济型数控车床

经济型数控车床一般采用开环或半闭环控制系统，价格便宜，功能针对性强，如图 1-6 所示。此类车床的显著缺点是无恒线速切削功能。

图 1-5　简易数控车床

图 1-6　经济型数控车床

（3）全功能型数控车床

全功能型数控车床一般采用半闭环或闭环控制系统，具有高刚度、高精度和加工高速度等特点，如图 1-7 所示。此类车床具备恒线速切削和刀尖圆弧半径自动补偿功能。

（4）车削中心

车削中心以全功能型数控车床为主体，并配置刀库和换刀机械手，如图 1-8 所示。此类车床的功能更全面，但价格较高。

图 1-7　全功能型数控车床

图 1-8　车削中心

2. 按主轴的配置形式分类

（1）卧式数控车床

卧式数控车床又分为数控水平导轨卧式车床（见图 1-9）和数控倾斜导轨卧式车床（见

图 1-10），后者的倾斜导轨结构可以使车床具有更大的刚性，并易于排除切屑。

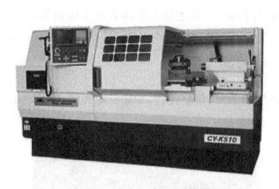

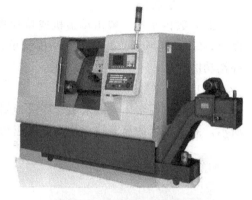

图 1-9　水平导轨卧式车床　　　　　　图 1-10　倾斜导轨卧式车床

（2）立式数控车床

立式数控车床简称为数控立车，其车床主轴垂直于水平面，一个直径很大的圆形工作台用来装夹工件，如图 1-11 所示。这类机床主要用于加工径向尺寸大、轴向尺寸相对较小的大型复杂零件。

3. 按数控系统控制的轴数分类

（1）两轴控制的数控车床

此类数控车床一般都配置有各种形式的单刀架，如四工位卧动转位刀架或多工位转塔式自动转位刀架，属于两坐标控制，如图 1-12 所示。

图 1-11　立式数控车床

（2）四轴控制的数控车床

这类车床的双刀架配置平行分布，也可以是相互垂直分布，多数采用倾斜导轨，属于四坐标控制，如图 1-13 所示。

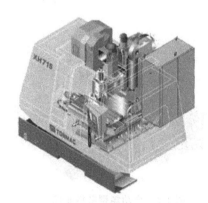

图 1-12　两轴式数控车床　　　　　　图 1-13　四轴式数控车床

七、数控机床坐标系

数控机床运动部件是根据编程人员给定的坐标值进行运动的。

1. 坐标轴的运动方向及命名

（1）坐标轴和运动方向命名的原则

① 坐标系的各个轴与机床的主要导轨相平行。

② 在加工时，无论是刀具移动，还是被加工工件移动，都假定刀具相对于静止的工作面运动。当工件移动时，即在坐标轴字母上加"′"表示，并规定刀具远离工件的运动方向为坐标轴的正方向。

③ 标准的坐标系是一个右手直角笛卡尔坐标系，如图 1-14 所示。其中，大拇指指向 X 轴的方向，中指指向 Z 轴的方向，食指指向 Y 轴的方向。

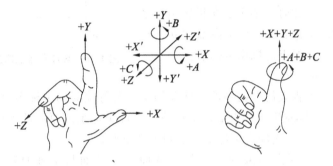

图 1-14　右手直角笛卡尔坐标系

④ 机床主轴旋转运动的正方向是右旋螺纹进入工件的方向。

（2）机床坐标轴的确定

① Z 轴：规定平行于主轴轴线的坐标轴为 Z 轴。

② X 轴：平行于工件的装夹面，并且是水平的。

（3）机床坐标系的确定方法

一般先确定 Z 轴，再按规定确定 X 轴，最后用右手螺旋法则确定 Y 轴。图 1-15 所示为数控车床的坐标轴。

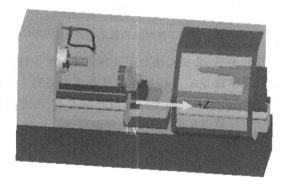

图 1-15　数控车床的坐标轴

2. 机床坐标系与编程坐标系

（1）机床坐标系及参考点

机床坐标系是机床上固有的坐标系，它是制造和调整机床的基础，也是设置工件坐标系的基础。在机床经过设计、制造和调整后，机床坐标系就已经由机床生产厂家确定好了,一般情况下用户不能随意改动。机床坐标系的原点称为机床原点或机床零点,数控车床机床原点一般取在卡盘端面与主轴中心线的交点处。

参考点也是机床上一个固定的点,它是刀具退到的一个固定不变的点,该点与机床原点的相对位置如图 1-16 所示。参考点的固定位置一般设在车床正向最大极限位置,对操作者来说,参考点比机床原点更常用、更重要。

机床通电后,当完成返回参考点操作后,CRT屏幕上则立即显示出此时刀架中心在机床坐标系中的位置,这就相当于在数控系统内部建立了一个以机床原点为坐标原点的机床坐标系。

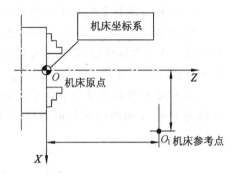

图 1-16　数控车床机床原点与机床参考点

(2) 工件坐标系

工件坐标系是编程人员根据零件图样及加工工艺等建立的坐标系,程序中的坐标值均以此坐标系为依据,因此又称为编程坐标系。工件坐标系的原点即工件原点。在进行数控程序编制时,必须首先确定工件坐标系和工件原点。

数控车床的工件原点一般选在工件右端面或左端面与主轴回转中心的交点上,图 1-17所示为数控车床上常用的以工件右端面中心为工件原点建立的工件坐标系。

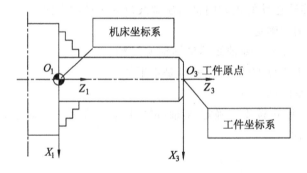

图 1-17　工件坐标系与工件原点

当工件在机床上定位装夹后,必须先确定工件在机床上的正确位置,以便与机床坐标系联系起来。而确定工件具体位置的过程是通过对刀来实现的。所谓对刀,即在机床坐标系中建立工件坐标系,由于机床本身的坐标轴与各轴的正、负方向都是确定的,所以建立工件坐标系只需要确定工件原点在机床中的位置即可。

技能演练

1. 数控车床一般由 ＿＿＿＿＿＿＿＿、＿＿＿＿＿＿＿＿、＿＿＿＿＿＿＿＿ 及 ＿＿＿＿＿＿＿＿组成,数控系统从功能上又可分为 ＿＿＿＿＿＿ 和 ＿＿＿＿＿＿ 两部分。

2. 写出数控车床 CKA6140 的型号含义。

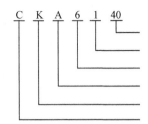

3. 简述数控车床的特点与分类。

_____

_____

_____

_____

4. 简述数控车床坐标轴命名的原则。

_____

_____

_____

5. 简述数控机床坐标系的确定方法。

_____

_____

_____

_____

6. 写出表 1-2 中图例机床各部分的名称并简述其作用。

表 1-2　图例机床各部分名称及作用

图例	名称	作用和说明

续表

图例	名称	作用和说明

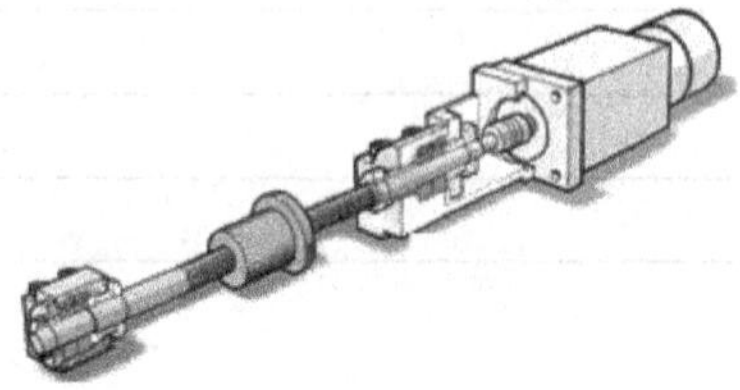		
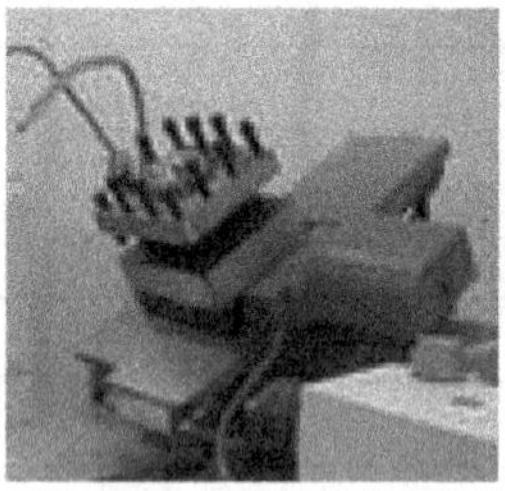 		

任务三　车工刀具

知识准备

一、数控车刀具的种类

1. 按结构分类

根据刀具组成的结构,数控车刀具一般分为整体式、镶嵌式、复合式等,如图1-18所示。

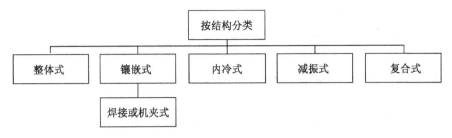

图1-18 按结构分类

2. 按材料分类

按材料分类如图1-19所示。高速钢适用于制造结构复杂的成形刀具,例如各类铣刀、拉刀、齿轮刀具、螺纹刀具等;硬质合金大量应用在刚性好、刃形简单的高速切削刀具上,随着技术的进步,复杂刀具也在逐步扩大其应用;金刚石材料是碳的同素异形体,是目前最硬的刀具材料,显微硬度达10000 HV;陶瓷是以氧化铝(Al_2O_3)或氮化硅(Si_3N_4)为基体,再添加少量金属,在高温下烧结而成的一种刀具材料;涂层刀具材料通过化学或物理方法在硬质合金或高速钢刀具表面涂覆一层耐磨性好的难熔金属化合物,既能提高刀具材料的耐磨性,又不降低其韧性。

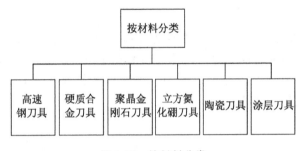

图1-19 按材料分类

二、数控刀具的特点

数控车床能兼作粗精车削,因此粗车时,要选强度高、使用寿命长的刀具,以便满足粗车时大背吃刀量、大进给量的要求;精车时,要选择精度高、耐磨性好的刀具,以保证加工精度的要求。为减少换刀时间和方便对刀,应尽可能采用机械夹固刀和机械夹固刀片。夹固刀片的方式要选择得比较合理,最好选择涂层硬质合金刀片。

三、可转位刀具的应用及代码

可转位刀具是将预先加工好并带有若干个切削刃的多边形刀片用机械夹固的方法夹紧在刀体上的一种刀具,由刀片和刀体组成。

在使用过程中当一个切削刃磨钝或损伤,只要将刀片的夹紧松开,转位或更换刀片,使新的切削刃进入工作装置,再经夹紧就可以继续使用。

可转位刀具有两个特征:其一,刀体上安装的刀片,至少有两个预先加工好的切削刃供使用;其二,刀片转位后的切削刃在刀体上位置不变,并具有相同的几何参数。

1. 可转位刀具的组成

可转位刀具一般由刀片、刀垫、夹紧元件和刀体组成。各部分的作用如下:

刀片:承担切削,形成被加工表面。

刀垫:保护刀体,确定刀片(切削刃)位置。

夹紧元件:夹紧刀片和刀垫。

刀体:刀体及刀垫的载体,承担和传递切削力及切削扭矩,完成刀片和机床的联接。

2. 可转位刀片型号表示规则

可转位刀片型号通过图 1-20 中的 10 个字符来表示。其中,1 表示刀片形状及夹角;2 表示主切削刃后角;3 表示刀片尺寸(d,s)公差;4 表示刀片断屑及加固形式;5 表示切削刃长度;6 表示刀片厚度;7 表示修光刃的代码;8 表示特殊需要的代码;9 表示进刀方向、倒刃角度;10 为厂家补充代码。

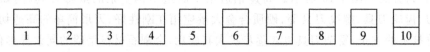

图 1-20 可转位刀片型号表示

3. 常用数控车刀具

数控车削时,从刀具移动轨迹与形成轮廓的关系看,常把车刀分为 3 类,即尖形车刀、圆弧形车刀与成形车刀。

(1) 尖形车刀

以直线形切削刃为特征的车刀一般称为尖形车刀。这类车刀的刀尖由直线形的主、副切削刃构成,如刀尖倒棱很小的各种外圆和内孔车刀,左、右端面车刀,切槽和切断刀等,如图 1-21 所示。用这类车刀加工零件时,其零件的轮廓形状主要由一个独立的刀尖或一条直线形主切削刃位移后得到。

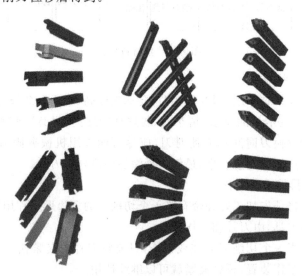

图 1-21 常用数控尖形车刀

(2) 圆弧形车刀

圆弧形车刀是较为特殊的数控加工用车刀,如图 1-22 所示。其特征是:构成主切削刃的刀刃形状为一圆度误差或轮廓度误差很小的圆弧;该圆弧刃每一点都是圆弧形车刀的刀尖。因此,刀位点不在圆弧上,而在该圆弧的圆心上。

图 1-22 数控圆弧形车刀

圆弧形车刀特别适宜于车削各种光滑连接的成形面。对于某些精度要求较高的凹曲面车削或大外圆弧面的批量车削,以及尖形车刀所不能完成加工的过象限的圆弧面,宜选用圆弧形车刀进行,圆弧形车刀具有宽刃切削修光性质,能使精车余量保持均匀而改善切削性能,还能一刀车出跨多个象限的圆弧面。

(3)成形车刀

成形车刀俗称样板车刀,其加工零件的轮廓形状完全由车刀刀刃的形状和尺寸决定。数控车削加工中,常见的成形车刀有小半径圆弧车刀、非矩形车槽刀和螺纹刀等,如图 1-23 所示。数控加工中选用成形车刀时,应在工艺准备的文件或加工程序单上进行详细的规格说明。

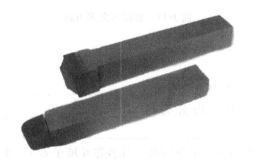

图 1-23 数控成形车刀

四、数控车刀具的选择

刀具的选择是数控加工工艺中重要的内容之一。选择刀具通常要考虑机床的加工能力、工序内容、工件材料等因素,要使刀具的尺寸与被加工工件的尺寸和形状相适应。

刀具选择的基本原则:安装调整方便、刚性好、使用寿命长和精度高;在满足加工要求的前提下,尽量选择较短的刀柄,以提高刀具加工的刚性。

1. 刀具选择考虑的主要因素

(1)被加工工件的材料、性能。如金属、非金属,其硬度、刚度、塑性、韧性及耐磨性等。

(2)加工工件信息。工件的几何形状、零件的技术经济指标。

(3)加工工艺类别。如粗加工、半精加工、精加工和超精加工等。

(4)刀具能承受的切削用量。切削用量三要素包括切削速度、进给量和背吃刀量。

(5)辅助因素。如操作间断时间、振动、电力波动或突然中断等。

2. 常用刀具选择

数控车常用刀具名称、用途及切削形状如图 1-24 所示。

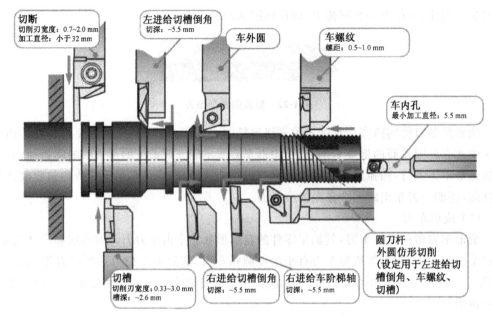

图 1-24　数控车常用刀具

 技能演练

1. 按结构分类,数控车刀具一般分为 _____、_____、_____等;按材料分类,数控车刀具一般分为 _____、_____、_____、_____、_____。

2. 根据图 1-25 所示的刀具示例写出刀具名称并填于表 1-3 中。

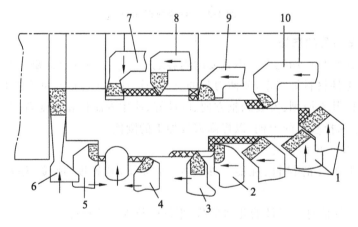

图 1-25　刀具示例

表 1-3　刀具名称

序号	1	2	3	4	5	6	7	8	9	10
名称										

3. 写出图 1-26 所示机夹可转位车刀的结构名称并填于表 1-4 中。

表 1-4 机夹可转位车刀的结构名称

序号	1	2	3	4
名称				

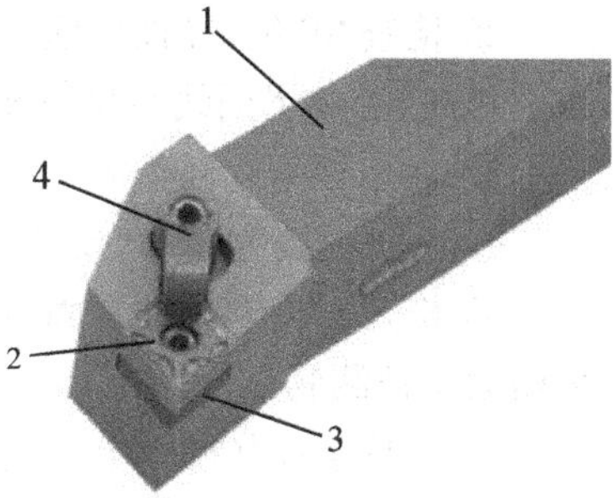

4. 简述常用数控车刀具的特点。

_____

_____

_____

_____

_____

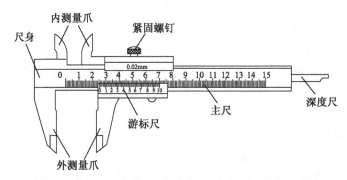

图 1-26 机夹可转位车刀示例

任务四 通用量具

📖 知识准备

一、机械式游标卡尺的使用方法

1. 机械式游标卡尺简介

游标卡尺是精密的长度测量仪器,常见的机械式游标卡尺如图 1-27 所示。它的量程为 0～110 mm,分度值为 0.1 mm,由内测量爪、外测量爪、紧固螺钉、微调装置、主尺、游标尺、深度尺组成。0～200 mm 以下规格的卡尺具有测量外径、内径、深度 3 种功能。

图 1-27 游标卡尺结构

2. 游标卡尺的零位校准

① 使用前,用布将测量面、导向面擦干净,然后松开尺框上的紧固螺钉,将尺框平稳拉开。

② 检查"0"位:轻推尺框,使卡尺 2 个量爪测量面合并,游标"0"刻线与尺身"0"刻线也应对齐,游标尾刻线与尺身相应刻线也应对齐,否则,应送计量室或有关部门调整。

3. 游标卡尺的测量方法(外径)

① 将被测物擦干净,使用时轻拿轻放。

② 松开游标卡尺的紧固螺钉,校准零位,向后移动外测量爪,使 2 个外测量爪之间距离略大于被测物体。

③ 一只手拿住游标卡尺的尺身,将待测物置于 2 个外测量爪之间,另一只手向前推动活动外测量爪,至活动外测量爪与被测物接触为止。

4. 游标卡尺的读数

游标卡尺的读数主要由 3 部分组成,如图 1-28 所示。

① 看清楚游标卡尺上的分度格数。10 分度的精度值是 0.1 mm,20 分度的精度值是 0.05 mm,50 分度的精度值是 0.02 mm。

② 看游标卡尺的零刻度线与主尺的哪条刻度线对准,以此读出毫米的整数值部分。

③ 再看与主尺刻度线重合的那条游标刻度线的数值 n,则小数部分是 $n×$ 精度值,将整数部分与小数部分相加就是最终读数,即测量值。

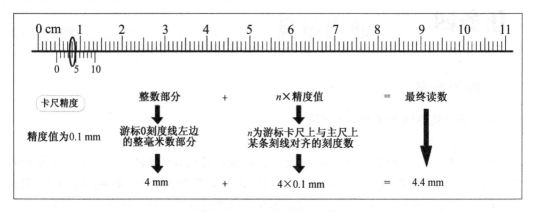

图 1-28 游标卡尺读数示例

二、外径千分尺的使用方法

1. 外径千分尺简介

外径千分尺常简称为千分尺,它是比游标卡尺更精密的长度测量具,常用规格有 0～25 mm,25～50 mm 等,每 25 mm 一个等级,精度值是 0.01 mm。外径千分尺的结构如图 1-29 所示,由固定的尺架、测砧、测微螺杆、固定套管、微分筒、测力装置、锁紧装置等组成。固定套管上有一条水平线,这条线上、下各有一列间距为 1 mm 的刻度线,下面的刻度线恰好在上面 2 个相邻刻度线中间。微分筒上的刻度线是将圆周分为 50 等分的水平线,测微螺杆的螺距为 0.5 mm,它的旋转运动带动微分筒旋转并沿固定套管做轴向移动。

根据螺旋运动原理,当微分筒(又称可动刻度筒)旋转一周时,测微螺杆前进或后退一个螺距,即 0.5 mm。这样,当微分筒旋转一个分度后,它转过了 1/50 周,这时螺杆沿轴线移动了 1/50×0.5 mm＝0.01 mm,因此,使用千分尺可以准确读出 0.01 mm 的数值。

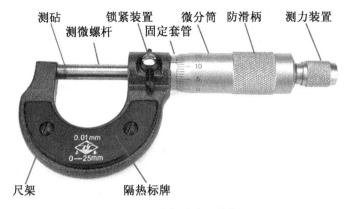

测砧　　测微螺杆　　锁紧装置　　固定套管　　微分筒　防滑柄　　测力装置

尺架　　　　　　　　隔热标牌

图 1-29　外径千分尺结构

2. 外径千分尺的零位校准

使用千分尺时先要检查其零位是否校准,因此先松开锁紧装置,清除油污,特别是测砧与测微螺杆间接触面要清洗干净。检查微分筒的端面是否与固定套管上的零刻度线重合,若不重合,则应先旋转旋钮,直至螺杆要接近测砧时旋转测力装置,当螺杆刚好与测砧接触时会听到"喀喀"声,这时停止转动。如两零线仍不重合(两零线重合的标志是:微分筒的端面与固定套管刻度的零线重合,且可动刻度的零线与固定刻度的水平横线重合),应由专职计量人员校准,方法是:可将固定套管上的小螺丝松动,用专用扳手调节套管的位置,使两零线对齐,再把小螺丝拧紧。外径千分尺零位校准如图 1-30 所示。不同厂家生产的千分尺的调零方法不一样,这里仅是对其中一种调零方法的简单介绍。

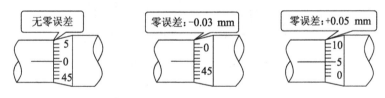

无零误差　　　零误差:-0.03 mm　　　零误差:+0.05 mm

图 1-30　外径千分尺零位校准

检查千分尺零位是否校准时,要使螺杆和测砧接触,偶尔会发生向后旋转测力装置而两者不分离的情形,这时可用左手手心用力顶住尺架上测砧的左侧,右手手心顶住测力装置,再用手指沿逆时针方向旋转旋钮,就可以使螺杆和测砧分开。

3. 外径千分尺的测量方法

使用外径千分尺测量物体长度时,要先将测微螺杆退开,将待测物体放在两个测量面之间。外径千分尺的尾端有棘轮旋柄,转动可使测杆移动,当测杆与被测物相接后的压力达到某一数值时,棘轮将滑动并产生"喀、喀"的响声,微分筒不再转动,测杆也停止前进,此时即可读数。具体使用步骤如下:

(1)使用前的检查确认。

① 在测量面(基准面、测砧)上不能有缺口,不能有异物附着现象。

② 旋转棘轮,检查确认测砧移动是否顺利。

③ 用棘轮旋转移动测砧,使基准面和测砧缓慢地接触,然后再空转棘轮 2～3 次;此

时,检查确认基点(零点)是否正确。

④ 在被测件的测量处不许有黏污、油等异物。

(2) 读取刻度时眼睛视线尽可能地垂直于所要读取的刻度平面,以减少读取误差。

① 原则上必须按照图 1-31 所示的正确位置进行测量,有些情况下为了测量方便,允许用一只手保持进行测量。

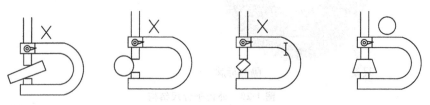

图 1-31   测量的正确位置

② 测量时,当测微螺杆触到被测件时,应旋转测力装置,由棘轮控制,测微螺杆与被测件的接触压力若用于旋转微分筒,则使测微螺杆与被测件间的接触压力过大,不仅测得的结果不正确,甚至会损坏千分尺。

4. 外径千分尺读数

读数时,从固定套管上读取 0.5 mm 以上的部分,从微分筒上读取余下尾数部分,然后两者相加,如图 1-32 读数示例。

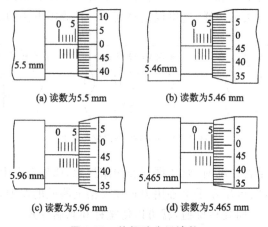

(a) 读数为5.5 mm

(b) 读数为5.46 mm

(c) 读数为5.96 mm

(d) 读数为5.465 mm

图 1-32   外径千分尺读数

三、内径百分表的使用方法

1. 内径百分表简介

内径百分表是内量杠杆式测量架和百分表的组合,如图 1-33 所示,用以测量或检验零件的内孔、深孔直径及其形状精度。它附有成套的可调测量头,使用前必须先进行组合和校对零位。

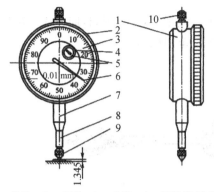
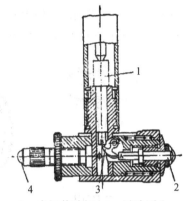

1—表体；2—表圈；3—表盘；4—转数指示盘；
5—转数指针；6—指针；7—套筒；
8—测量杆；9—测量头；10—挡帽

（a）百分表结构

1—中间传动杆；2—活动测头；
3—传动杠杆；4—可换测头

（b）量头杠杆传动机构

图 1-33　内径百分表

2．内径百分表校准

安装表头时如图 1-34 所示，把表头插入量表直管轴孔中，压缩百分表一圈使小指针指在"1"的位置上，大指针与连杆轴线平行，指在"0"的位置，紧固后用手压一下固定探测头，指针转动灵活，手松后，表指针能恢复到原位为正常。表盘上的字应垂直向下，以便于测量时观察，表头与活动探测头、固定探测头平行，固定表头的黑螺丝指向能按动的固定探测头上。测量前应根据被测孔径大小用外径百分尺调整好尺寸后再使用，在调整尺寸时，应正确选用可换测头的长度及其伸出距离，使被测尺寸在活动测头总移动量的中间位置。

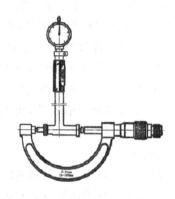

图 1-34　内径百分表校准

3．内径百分表测量方法

测量前应根据被测孔径大小选择外径千分尺，先调整好外径千分尺的尺寸，使其与被测孔径尺寸相同。例如被测孔径为 40 mm，可先让固定探测头进，再让活动探测头进，固定探测头不动，活动探测头上下摇动，取最小值调到指针转一圈指向"0"（不行则用手调表头），然后反复测量同一位置 2～3 次后检查指针是否仍与"0"线对齐，如不齐则重调。为方便读数，可用整数来定零位位置。注意要使百分表的测杆尽量垂直于千分尺。

测量时如图 1-35 所示,连杆中心线应与工件中心线平行,不得歪斜,同时应在圆周上多测几个点,找出孔径的实际尺寸,观察其是否在公差范围以内。

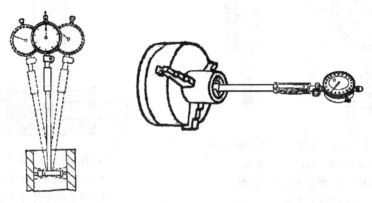

图 1-35　内径百分表测量方法

4. 内径百分表读数

指针稳定后,当指针正好在零刻线处,说明被测孔径与标准孔径相等。指针顺时针方向离开零位,表示被测孔径小于标准环规的孔径;指针逆时针方向离开零位,表示被测孔径大于标准环规的孔径。

四、螺纹规的使用方法

1. 螺纹规简介

螺纹规专门用来检验判定螺纹的综合尺寸是否合格,如图 1-36 所示。根据所检验内、外螺纹的不同,螺纹规可分为螺纹塞规和螺纹环规,螺纹塞规检验内螺纹,螺纹环规检验外螺纹。每类螺纹规又可分为通规、止规,通规用"通"字汉语拼言的首字母"T"表示,止规用"止"字汉语拼言的首字母"Z"表示。通规带螺纹部分一般较长,止规带一般较短。

图 1-36　螺纹规

2. 螺纹规测量方法

① 选择螺纹规时,应选择与被测螺纹相匹配的规格。

② 使用前,先清理干净螺纹规和被测螺纹表面的油污、杂质等。

③ 使用时,使螺纹规的通端(止端)与被测螺纹对正后,用大拇指与食指转动螺纹规或被测零件,使其在自由状态下旋转。通常情况下螺纹规的通规可以在被测螺纹的任意位置转动,通过全部螺纹长度且在螺纹规的止规与被测螺纹对正后,旋入螺纹长度在 2 个螺距之内止住为合格品,不可强行用力通过,否则判为不合格品。综合起来讲,合格螺纹的标准为:通规可以通过,止规不能通过。

④ 检验工件时,不能用力旋转螺纹规,应该用 3 个手指自然顺畅地旋转,止住即停,螺纹规退出工件最后一圈时也要自然退出,不能用力拔出螺纹规,否则会影响产品检验结

果的误差,使螺纹规损坏。

⑤ 使用完毕后,及时清理干净螺纹规通端(止端)的表面附着物,并存放在工具柜的量具盒内。

技能演练

1. 常见的机械游标卡尺由 ＿＿＿＿＿＿＿、＿＿＿＿＿＿＿、＿＿＿＿＿＿＿、＿＿＿＿＿＿＿、＿＿＿＿＿＿＿、＿＿＿＿＿＿＿、＿＿＿＿＿＿＿组成。0～200 mm 以下规格的游标卡尺具有测量 ＿＿＿＿＿＿＿＿＿＿、＿＿＿＿＿＿＿＿＿＿、＿＿＿＿＿＿＿＿＿＿3 种功能。

2. 标出图 1-37 所示机械游标卡尺各组成部分的名称并填于表 1-5 中。

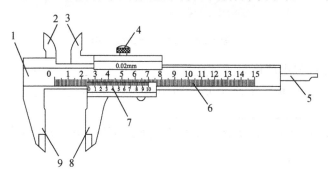

图 1-37　机械游标卡尺示例

表 1-5　机械游标卡尺各组成部分的名称

序号	1	2	3	4	5	6	7	8	9
名称									

3. 指出图 1-38 所示机械游标卡尺在图例中的功用。

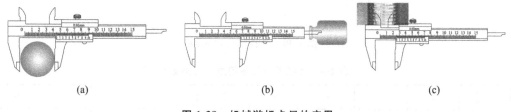

(a)　　　　　　　　　　(b)　　　　　　　　　　(c)

图 1-38　机械游标卡尺的应用

4. 简述游标卡尺的读数方法。

＿＿＿

＿＿＿

＿＿＿

＿＿＿

5. 写出图 1-39 所示游标卡尺的读数。

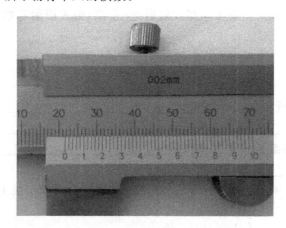

图 1-39   游标卡尺读数示例

6. 外径千分尺常用规格有_____ mm，_____ mm，_____ mm 等，精度是_____ mm。外径千分尺的结构由固定的 _____、_____、_____、_____、_____、_____、_____ 等组成。

7. 标出图 1-40 所示外径千分尺各组成部分的名称并填于表 1-6 中。

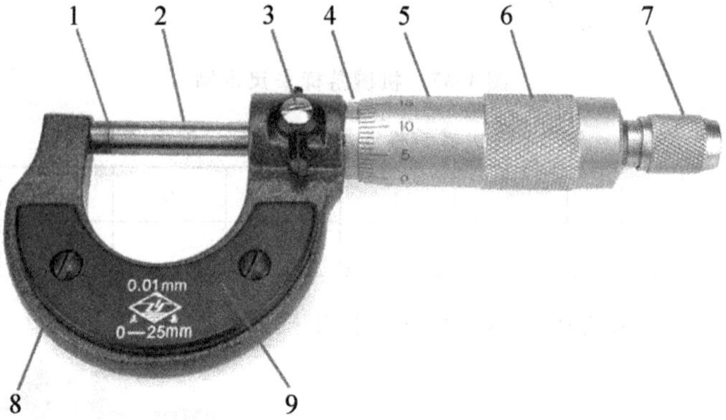

图 1-40   外径千分尺示例

表 1-6   外径千分尺各组成部分的名称

序号	1	2	3	4	5	6	7	8	9
名称									

8. 简述外径千分尺的读数方法。

_____
_____
_____
_____
_____

9. 写出图 1-41 所示各外径千分尺的读数。

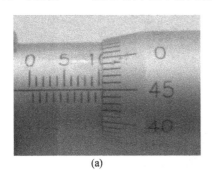
(a)

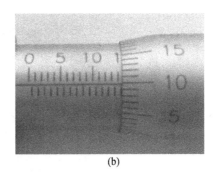
(b)

图 1-41　外径千分尺读数示例

10. 内径百分表是 _____ 和 _____ 的组合,用以测量零件的 _____ 及其形状精度,使用前必须先进行 _____。

11. 标出图 1-42 所示内径百分表各组成部分的名称并填写表 1-7。

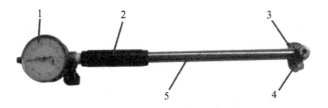

图 1-42　内径百分表示例

表 1-7　内径百分表各组成部分的名称

序号	1	2	3	4	5
名称					

12. 简述内径百分表校对零位的过程。

_____

_____

_____

_____

_____

13. 螺纹规根据所检验内、外螺纹的不同可分为 _____ 和 _____。每类螺纹规又可分为 _____ 和 _____,字母"T"表示 _____,字母"Z"表示 _____,螺纹较长的部分为 _____,较短的部分为 _____。

14. 标出图 1-43 所示螺纹规各组成部分的名称。

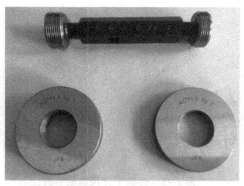

图 1-43　螺蚊规示例

15. 简述螺纹规的判别原则。

_____

_____

_____

任务五　机床操作一

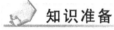 知识准备

一、开机操作（见表 1-8）

表 1-8　开机操作

步　骤	说　明
① 接通主电源	
② 接通 CNC 电源	机床关闭时操作顺序相反,不准直接关闭主电源,以免损坏机床;关闭机床前要观察刀架位置,将其置于右前方,防止刀架压弯导轨,影响机床精度
③ 解除急停开关	急停开关的作用:在车床操作过程中发生误操作或加工过程中出现异常而需要紧急停止时,按下此开关,就可以切断车床的所有开关,车床的任何移动和主轴转动就会立即停止,可以避免造成意外人身伤害或设备损坏。车床在停止后需要重新工作和运动,必须重新打开此开关后才能进行

二、主轴正转操作（见表 1-9）

表 1-9　主轴正转操作

步　骤	说　明
① 方式按钮调至 MDI 方式	
② 软键盘调至 MDI 状态，出现 O0000 程序模式	  
③ 主轴程序输入：M3 S600—EOB（分号）—INSERT	
④ 循环启动	主轴启动前应主动检查卡盘上工件是否夹紧，卡盘扳手是否取下；MDI 方式停止，主轴按"RESET"复位键，主轴启动后可将工作方式调至 JOG 或手轮模式进行主轴正转、停止、反转操作。需要改变主轴转速时，重复上述过程 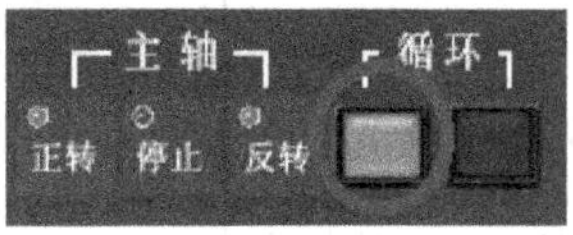

三、手动与手摇运行操作（见表 1-10）

运动的二要素：第一为方向，第二为速度。数控车床运动的方向在 X 轴与 Z 轴有 4 个极限位置，操作时请勿超程，有使用尾座的情况也要注意避开。

表 1-10　手动与手摇操作

操作	步　骤	说　明
手动运行	① 工作方式调至"手动"方式	
	② 方向选择	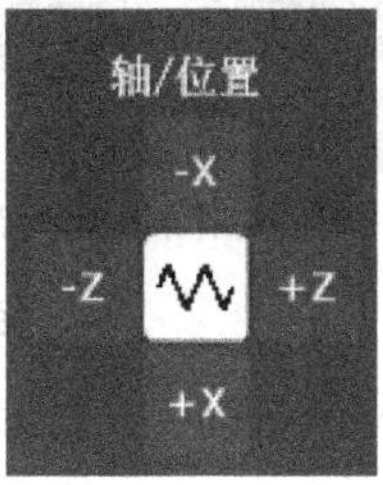

续表

操作	步　骤	说　明
手动运行	③ 速度选择：对应值越小运行速度越慢，对应值越大运行速度越快；调至 100 处，为机床设定默认速度；按住键不松，运行速度加倍	倍率 进给速率
手摇运行	① 工作方式调至"手摇"方式	工作方式 手动　自动　MDI　编辑　手摇
	② 第一方向选择：确定刀架运行的主运动方向为 X 轴或 Z 轴	X Z
	③ 第二方向选择：确定刀架具体沿某轴的正方向还是负方向运动（顺时针为正方向，逆时针为负方向）	− +
	④ 速度选择：X1 挡位表示手轮每格运动 0.1 丝；X10 挡位表示手轮每格运动 1 丝；X100 挡位表示手轮每格运动 10 丝	速度变化 X1 F0　X10 25%　X100 50% 辅助1　辅助2　100%

四、工件与刀具安装

工件装夹时要求使用加力杆一次性完成装夹工作，严禁工件未夹紧就滞留卡爪内或将加力杆滞留在卡盘上，如图 1-44 所示。有紧急情况必须先取下工件与加力杆。为保证刀尖与卡盘端面有足够的空间距离，工件伸出长度一般比程序加工长度多 5～10 mm，如程序要求加工 50 mm，要求工件伸出 55～60 mm。

(a) 工件未夹紧滞留卡爪内　　　　　(b) 加力杆滞留在卡盘上

图 1-44　工件与刀具安装

数控车床上使用的刀具一般有外圆车刀、端面车刀、钻头、内孔镗刀、切断刀、内外螺纹刀等，其中以外圆车刀、内孔镗刀、钻头最为常用。刀片或刀杆若安装不正确，很容易造

成工件尺寸不稳定、表面粗糙度轮廓不好、加工的产品不合格,甚至酿成机械事故。刀具安装时要注意以下问题:

① 安装前保证刀架、刀杆及刀片定位面清洁,无损伤。

② 将刀杆安装在刀架上时,保证刀杆方向正确,长度合适,位置合理。

③ 要紧固好刀片和刀杆,尤其是紧固刀套、刀座的镗刀刀杆和内螺纹刀杆时,最好用合适的扳手钳住刀杆的上下平面,在上下小幅度转动刀杆的同时紧固压紧刀杆的螺钉,这样才能把刀杆装得最紧,避免加工时刀具出现振动现象。

④ 正确使用扳手,避免因使用扳手不当造成螺丝损坏而无法拆卸刀片和刀杆。

⑤ 安装刀具时应该注意使刀尖的高度与主轴的回转中心一致。

技能演练

1. 数控车床的工作方式包含 ＿＿＿＿＿＿＿、＿＿＿＿＿＿＿、＿＿＿＿＿＿、＿＿＿＿＿＿、＿＿＿＿＿＿ 5 个方面。其中负责程序管理为 ＿＿＿＿＿＿＿＿＿＿。

2. 简述主轴正转的基本步骤。

＿＿＿＿＿＿＿＿＿＿＿＿＿＿＿＿＿＿＿＿＿＿＿＿＿＿＿＿＿＿＿＿＿＿＿＿＿＿＿

＿＿＿＿＿＿＿＿＿＿＿＿＿＿＿＿＿＿＿＿＿＿＿＿＿＿＿＿＿＿＿＿＿＿＿＿＿＿＿

＿＿＿＿＿＿＿＿＿＿＿＿＿＿＿＿＿＿＿＿＿＿＿＿＿＿＿＿＿＿＿＿＿＿＿＿＿＿＿

＿＿＿＿＿＿＿＿＿＿＿＿＿＿＿＿＿＿＿＿＿＿＿＿＿＿＿＿＿＿＿＿＿＿＿＿＿＿＿

3. 手动与手摇运行的二要素:第一为 ＿＿＿＿＿＿＿,第二为 ＿＿＿＿＿＿＿。手动运行速度由 ＿＿＿＿＿＿＿＿＿＿管理,对应值越小运行速度越＿＿＿＿,对应值越大运行速度越＿＿＿＿。手摇运行时 X1 挡位表示手轮每格运动 ＿＿＿＿＿＿;X10 挡位表示手轮每格运动 ＿＿＿＿＿＿;X100 挡位表示手轮每格运动 ＿＿＿＿＿＿。

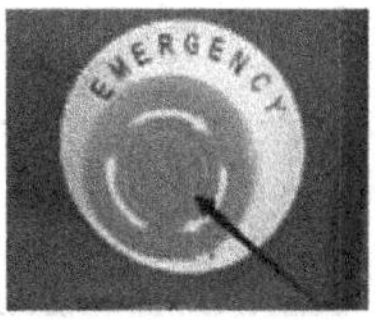

图 1-45　按键示例

4. 分析图 1-45 所示按键的名称及功用。

图示按键的名称为 ＿＿＿＿＿＿＿＿＿＿＿＿＿＿＿,其功用为 ＿＿＿＿＿＿＿＿

＿＿＿＿＿＿＿＿＿＿＿＿＿＿＿＿＿＿＿＿＿＿＿＿＿＿＿＿＿＿＿＿＿＿＿＿＿＿＿

＿＿＿＿＿＿＿＿＿＿＿＿＿＿＿＿＿＿＿＿＿＿＿＿＿＿＿＿＿＿＿＿＿＿＿＿＿＿＿

＿＿＿＿＿＿＿＿＿＿＿＿＿＿＿＿＿＿＿＿＿＿＿＿＿＿＿＿＿＿＿＿＿＿＿＿＿＿＿

5. 三爪卡盘理论应用实例。

假定工件加工长度为 50 mm,仅采用三爪卡盘安装的理论伸出长度应大于＿＿＿＿＿。

6. 了解下列程序段及按键的含义。

M03——

S1000——

EOB——

PROG——

INSERT——

7. 指出图 1-46 中的安全隐患并说明消除隐患的方法。

图 1-46   安全隐患示例

8. 指出图 1-47 所示机床引线部分的名称并标出 X 轴与 Z 轴的正方向。

图 1-47   机床示例

表 1-11   机床各部分名称

序号	1	2	3	4	5	6	7
名称							

知识拓展

FANUC 0i-TB 数控系统操作面板包括：CRT 显示器、MDI 键盘、"急停"按钮、功能软键、机床操作面板,如图 1-48 所示。

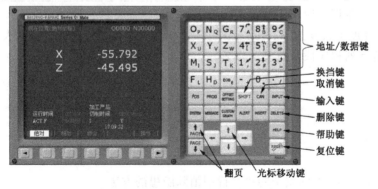

图 1-48   FANUC 0i-TB 数控系统操作面板

1. MDI 键盘说明(见表 1-12)

表 1-12　MDI 键盘说明

按键	名称	功能说明
 RESET	复位键	可以使 CNC 复位或者取消报警等
 HELP	帮助键	显示如何操作机床,如 MDI 键的操作,可在 CNC 报警时提供报警的详细信息
 软键	软键	根据不同的画面,软键有不同的功能。软键功能显示在屏幕的底端
 Oₚ	数字键	输入字母、数字或者其他字符
 SHIFT	切换键	在键盘上的某些键具有 2 个功能。按"SHIFT"键可以在这 2 个功能之间进行切换
 INPUT	输入键	当按下一个字母键或者数字键时,再按该键,数据被输入缓冲区,并且显示在屏幕上。要将输入缓冲区的数据拷贝到偏置寄存器中,请按下该键。这个键与软键中的"INPUT"键是等效的
 CAN	取消键	删除最后一个进入输入缓存区的字符或符号
 ALTER DELETE INSERT	程序编辑键	编辑程序时的操作:  ALTER:替换键 INSERT:插入键  DELETE:删除键
 POS PROG OFFSET SETTING SYSTEM MESSAGE CUSTOM GRAPH	功能键	 POS:按下此键以显示位置屏幕  PROG:按下此键以显示程序屏幕  OFFSET SETTING:按下此键以显示偏置/设置(SETTING)屏幕  SYSTEM:按下此键以显示系统屏幕 MESSAGE:按下此键以显示信息屏幕  CUSTOM GRAPH:按下此键以显示用户宏屏幕

续表

按键	名称	功能说明
	光标移动键	有 4 种不同的光标移动键： 　→ ：用于将光标向右或者向前移动 　← ：用于将光标向左或者往回移动 　↓ ：用于将光标向下或者向前移动 　↑ ：用于将光标向上或者往回移动
	翻页键	PAGE↓：该键用于将屏幕显示的页面往前翻页 PAGE↑：该键用于将屏幕显示的页面往后翻页

2. 输入缓冲区

当按下一个地址或数字键时，与该键相应的字符就立即被送入输入缓冲区。输入缓冲区的内容显示在 CRT 屏幕的底部。

为了表明这是键盘输入的数据，在该字符前面会立即显示一个符号"＞"。在输入数据的末尾显示一个符号"＿"，以标明下一个输入字符的位置，如图 1-49 所示。

为了输入同一个键上右下方的字符，首先按下"SHIFT"键，然后按下需要输入的键即可。

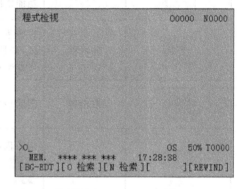

图 1-49　输入缓冲区

例如要输入字母"P"，首先按下"SHIFT"键，这时"SHIFT"键变为红色，然后按下"O$_P$"键，缓冲区内就可显示字母"P"。再按一下"SHIFT"键，"SHIFT"键恢复成原来的颜色，表明此时不能输入右下方字符。

按下"CAN"键可取消缓冲区最后输入的字符或者符号。

3. 机床控制面板（见图 1-50 和表 1-13）

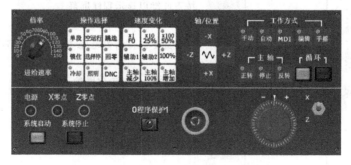

图 1-50　FANUC 0i-TB 数控系统控制面板

表 1-13 机床控制面板说明

按键	名称	功能说明
编辑	方式选择键（用来选择系统的运行方式）	进入编辑运行方式
自动		进入自动运行方式
MDI		进入 MDI 运行方式
手动		进入 JOG 运行方式
手摇		进入手轮运行方式
单段	操作选择键（用来开启单段、回零操作）	进入单段运行方式
照明		
回零		可以进行返回机床参考点操作（即机床回零）
正转	主轴旋转键（用来开启和关闭主轴）	主轴正转
停止		主轴停转
反转		主轴反转
	循环启动/停止键	开启和关闭程序、MDI 指令运行，在自动加工运行和 MDI 运行时都会用到

38

按键	名称	功能说明
 主轴降速 主轴100% 主轴升速	主轴倍率键	在自动或 MDI 方式下,当 S 代码的主轴速度偏高或偏低时,可用来修调程序中编制的主轴速度。按  主轴100% (指示灯亮),主轴修调倍率被置为 100%;按一下  主轴升速,主轴修调倍率递增 5%;按一下  主轴降速,主轴修调倍率递减 5%
 超程解锁	超程解除	用来解除超程警报
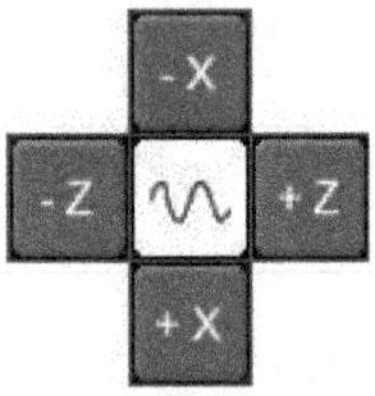 -X -Z ∿ +Z +X	进给轴和方向选择开关	用来选择机床欲移动的轴和方向。其中的 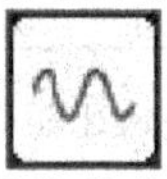 ∿ 为快进开关。当按下该键后,该键变为红色,表明快进功能开启。再按一下该键,该键的颜色恢复成白色,表明快进功能关闭
 倍率 50 100 0 150 进给速率	JOG 进给倍率刻度盘	用来调节 JOG 进给的倍率。倍率值从 0~150%,每格为 10%。左键点击旋钮,旋钮逆时针旋转一格;右键点击旋钮,旋钮顺时针旋转一格
 系统启动 系统停止	系统启动/停止	用来开启和关闭数控系统。在通电开机和关机的时候用到
 电源 X零点 Z零点	电源/回零指示灯	用来表明系统是否开机和回零的情况。当系统开机后,电源灯始终点亮。当进行机床回零操作时,某轴返回零点后,该轴的指示灯亮
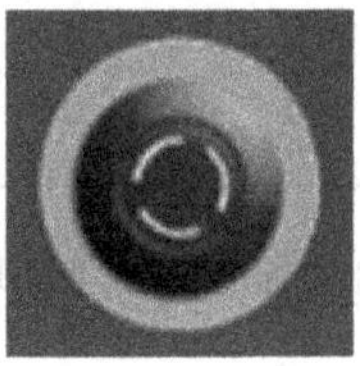 急停键		用于锁住机床。按下急停键时,机床立即停止运动。急停键抬起后,该键下方有阴影,见下图 a;急停键按下时,该键下方没有阴影,见下图 b 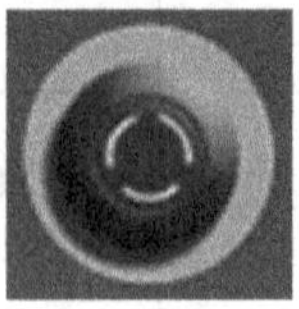 (a) 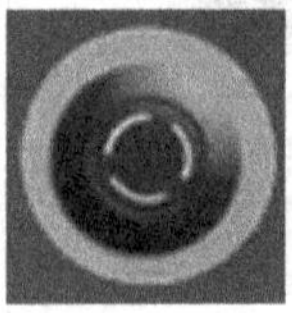　　　　　(b)

续表

按键	名称	功能说明
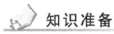	手轮进给倍率键	用于选择手轮移动倍率。按下所选的倍率键后,该键左上方的红灯亮。 ![X1] 为 0.001,![X10] 为 0.010,![X100] 为 0.100
	手轮	手轮模式下用来使机床移动。 左键点击手轮旋钮,手轮逆时针旋转,机床向负方向移动;右键点击手轮旋钮,手轮顺时针旋转,机床向正方向移动。 鼠标点击一下手轮旋钮即松手,则手轮在刻度盘上旋转一格,机床根据所选择的移动倍率移动一个挡位。如果鼠标按下后不松开,则 3 s 后手轮开始连续旋转,同时机床根据所选择的移动倍率进行连续移动,松开鼠标后,机床停止移动
	手轮进给轴选择开关	手轮模式下用来选择机床要移动的轴。 点击开关,开关扳手向上指向 X,表明选择的是 X 轴;开关扳手向下指向 Z,表明选择的是 Z 轴

任务六 机床操作二

知识准备

一、对刀操作(见表 1-14)

表 1-14 对刀操作

步 骤	说 明
① 通过手动或手摇方式,将刀具调整至工件端面内侧约 1 mm 处(刀尖与端面的距离)	

步　骤	说　明
② 将工作方式调至"手摇"方式,第一方向确定为 X 轴,速度置于"X10"挡位,沿 X 轴负方向(逆时针)切削工件至端面中心位置	
③ 按"OFS/SET"键,软件区选择"刀偏"(有些机床刀偏用补正代替)及"形状",找到对应番号输入"Z0",软件区按"测量",完成 Z 向对刀。一般情况下,1 号刀位选择番号为"G001"。例如:"T0101"表示 1 号刀位与 1 号刀补	
④ 调整刀具位于端面外侧约 1 mm 处(刀尖与工件外圆表面的距离)	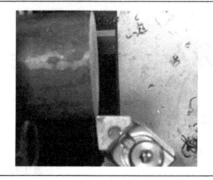
⑤ 用"手摇"方式,第一方向确定为 Z 轴,速度置于"X10"挡位,沿 Z 轴负方向(逆时针)切削工件5~10 mm位置	
⑥ 沿 Z 轴正方向原路返回(移动过程中保持 X 轴方向不动),距端面右侧100 mm位置,按"RESET"复位键停止主轴转动	

续表

步　骤	说　明
⑦ 测量已加工表面直径,按"OFS/SET"键,软件区选择"刀偏"及"形状",找到对应番号输入直径值,软件区按"测量",完成 X 向对刀	

　　刀具试切对刀时主要方式有"车""靠""瞄"3 种:"车"是指刀具切削工件,用千分尺等测量工件尺寸输入刀补;"靠"要求事先测量好尺寸,刀具与工件接触瞬间(出现铁屑)即输入测量值;"瞄"是指用肉眼目测刀尖与工件位置关系是否到位从而输入刀补值,仅用于螺纹 Z 向对刀。常用对刀方式见表 1-15。

表 1-15　常用刀具对刀方式

刀具名称	外圆刀	外槽刀	外螺纹刀	尖刀	内孔刀	内槽刀	内螺纹刀
X 方向	车	靠	车	车	车	靠	车
Z 方向	车	靠	瞄	靠	靠	靠	瞄

二、程序编辑(见表 1-16)

表 1-16　程序编辑

步　骤	说　明
① 工作方式调至"编辑"方式	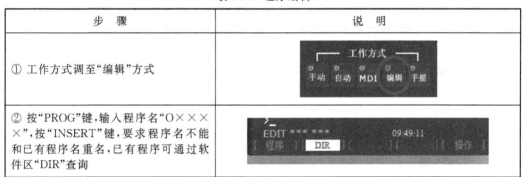
② 按"PROG"键,输入程序名"O××××",按"INSERT"键,要求程序名不能和已有程序名重名,已有程序可通过软件区"DIR"查询	
③ 按"EOB"分号键,再按"INSERT"键。注意程序名与其后的分号需要分别插入,否则机床会发生报警	
④ 按要求依次输入程序,每行以分号结束。在软件区发现错误时用"CAN"删除后重写。在主程序内发现错误时,用光标移动到错误处,输入正确值,按"ALTER"替换;无用程序段用光标选中后按"DE-LETE"删除;需要插入新程序段时,先将光标移至插入处,在软件区输入内容,按"INSERT"键。程序输入完成后请仔细核对输入的正确性	

三、自动运行

1. 机床准备(见表 1-17)

表 1-17　机床准备

步　骤	说　明
① 输入并检查加工程序的正确性	
② 完成对刀操作,注意程序、刀号、刀补三者一致	

续表

步　骤	说　明
③ X 方向磨耗预留 0.3,注意"＋输入"用于计算,"输入"为原值录入。如原磨耗值为 0.3,输入"－0.1",按"＋输入"后磨耗值变为 0.2;如原磨耗值为 0.3,输入"－0.1",按"输入"后磨耗值变为－0.1	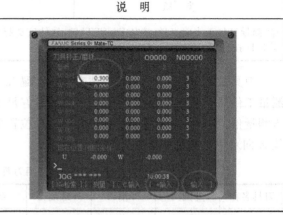

2. 工艺准备

单件加工时,工序通常分为粗加工、半精加工、精加工 3 步。

粗加工:光标置于程序名,转至 MEM 模式,按循环启动,加工完成后 X 方向尺寸为"编程值＋程序预留＋磨耗预留",光标停留在程序"M00"段。

半精加工:直接按循环启动,加工完成后 X 方向尺寸为"编程值＋磨耗预留",认真测量已加工表面直径值,按公差要求改变磨耗值。如尺寸公差要求为 $\phi 40^{0}_{-0.033}$,磨耗预留为 0.3,实际测量值为 40.35,为达到单一尺寸最佳值,应为中值 39.98,此时实测值 40.35 应减去 0.37。操作时输入－0.37,按"＋输入",磨耗值应变为－0.07。

精加工:光标置于第二个"G98",确定磨耗值,按循环启动,完成加工。

技能演练

1. 程序名输入时先将工作方式调至_____方式,然后按_____键,输入程序名____0001,按_____键,再按_____键,最后按"IN-SERT"键插入主程序。

2. 写出下列按键的含义。

CAN _____　　　　　　　ALTER _____

INPUT _____　　　　　　INSERT _____

JOG _____　　　　　　　POS _____

EDIT _____　　　　　　　SYSTEM _____

DELETE _____　　　　　　SHIFT _____

PROG _____　　　　　　　MESSAGE _____

RESET _____　　　　　　　PAGE _____

3. 假定完成了下列程序输入,试阐述下列操作的方法。

(1) 将 M04 改为 M03。

(2) 在 G00 X0 Z4 前加 N20。

N10 M04　S600 T0101;

```
    G00 X0 Z4；
N30 G01 Z0 F0.5；
```

_____

_____

_____

4. 详细叙述外圆车刀的对刀过程。

_____

_____

_____

_____

_____

5. 单件自动加工时的工序。

单件自动加工时工序通常分为_____、_____、_____ 3 步。上述各步的具体要求为_____

_____

_____

_____

_____

知识拓展

一、确定定位与装夹方案

在加工时，用以确定工件相对于机床、刀具和夹具正确位置所采用的基准，称为定位基准。在各加工工序中，保证零件被加工表面位置精度的工艺方法是制订工艺过程的重要任务，它不仅影响工件各表面之间的相互位置尺寸和位置精度，而且影响整个工艺过程的安排和夹具的结构，而合理选择定位基准是保证被加工表面位置精度的前提，因此，在选择各类工艺基准时，首先应选择定位基准。

1. 定位基准的原则

定位基准有粗基准和精基准之分。零件粗加工时，以毛坯面作为定位基准，这个毛坯面被称为粗基准；之后的加工中，必须以加工过的表面作为定位基准，这些表面被称为精基准。

选择定位基准时，是从保证工件加工精度的要求出发的。在加工中，首先使用的是粗基准，但在选择定位基准时，为了保证零件的加工精度，首先考虑的是选择精基准，精基准选定以后，再考虑合理地选择粗基准。

2. 精基准的选择原则

选择精基准时，应重点考虑如何减少工件的定位误差，保证加工精度，并使夹具结构简单，工件装夹方便，具体的选择原则如下：

（1）基准重合原则

基准重合原则，是指工件定位基准的选择应尽量选择在工序基准上，也就是使工件的定位基准与本工序的工艺基准尽量重合。

（2）基准统一原则

基准统一原则，是指采用同一组基准定位加工零件上尽可能多的表面，这样做可以简化工艺规程的制定工作，减少夹具设计、制造的工作量和成本，缩短生产准备周期。由于减少了基准转换，便于保证各加工表面的相互位置精度。例如加工轴类零件时，采用两中心孔定位加工各外圆表面，就符合基准统一原则。

（3）互为基准原则

对于某些位置精度要求高的表面，可以采用互为基准、反复加工的方法来保证其位置精度。

（4）自为基准原则

对于精度要求很高的表面，在精密加工时，为了保证加工精度，要求加工余量小且均匀，这时可以选已经加工过的表面自身作为定位基准。

（5）便于装夹的原则

所选择的精基准，尤其是主要定位面，应有足够大的面积和足够高的精度，以保证定位准确可靠，同时夹紧机构简单，操作方便。

3．粗基准的选择原则

选择粗基准时，主要要求保证各加工面有足够的余量，使加工面与不加工面之间的位置符合图样要求，并特别注意要尽快获得精基准面。具体选择时应考虑下列原则：

（1）重要表面原则（余量均匀原则）

所谓重要表面，一般指工件上加工精度及表面质量要求较高的表面。为保证工件上重要表面的加工余量小而均匀，则应选择该表面为粗基准。

（2）保证相互位置要求的原则

如果必须保证工件上加工面与不加工面之间的相互位置要求，则应以不加工面作为粗基准。

如果工件上有多个不加工面，则应选其中与加工面位置要求较高的不加工面为粗基准，以便保证要求，使外形对称等。

（3）不重复使用原则

粗基准本身是未经加工的毛坯表面，其精度和表面粗糙度轮廓都较差。如果在某一个（或几个）不定度上重复使用粗基准，则不能保证两次装夹下工件与机床、刀具的相对位置一致，因而使得两次装夹下加工出来的表面之间位置精度降低。所以，粗基准在同一尺寸方向上只能有效使用一次。

（4）便于装夹的原则

选择较为平整光洁、加工面积较大的表面为粗基准，以便工件定位可靠、夹紧方便。

4．工件装夹的方法

一般轴类工件的装夹方法有如下几种：

（1）三爪自定心卡盘（俗称三爪卡盘）装夹

特点：自定心卡盘装夹工件方便、省时，但夹紧力没有单动卡盘大。

用途：适用于装夹外形规则的中、小型工件。

（2）四爪单动卡盘（俗称四爪卡盘）装夹

特点：单动卡盘找正比较费时，但夹紧力较大。

用途：适用于装夹大型或形状不规则的工件。

（3）一夹一顶装夹

特点：为了防止由于进给力的作用而使工件产生轴向位移，可在主轴前端锥孔内安装一限位支撑，也可利用工件的台阶进行限位。

用途：这种方法装夹安全可靠，能承受较大的进给力，应用广泛。

（4）用两顶尖装夹

特点：两顶尖装夹工件方便，不需找正，定位精度高，但比一夹一顶装夹的刚度低，影响了切削用量的提高。

用途：适用于较长的或必须经过多次装夹后才能加工好的工件，或工序较多，在车削后还要铣削或磨削的工件。

通过上述分析，图 1-51 所示零件选择坯料轴线和左端大端面（设计基准）为定位基准。装夹方法采用左端三爪自定心卡盘定心夹紧＋右端活动顶尖支承的方案。

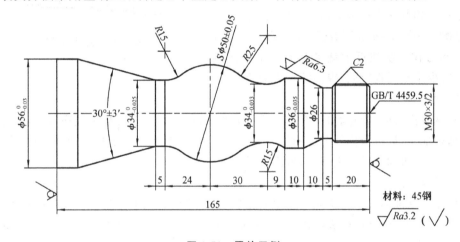

图 1-51　零件示例

二、确定加工顺序

为了达到质量优、效率高和成本低的目的，制定数控车削加工顺序时一般应遵循以下基本原则：先粗后精、先近后远、内外交叉、基面先行，并且程序段最少，走刀路线最短。

1. 先粗后精

为了提高生产效率并保证零件的精加工质量，在切削加工时，应先安排粗加工工序，在较短的时间内，将精加工前大量的加工余量（如图 1-52 中的虚线内所示部分）去掉，同时尽量满足精加工的余量均匀性要求。

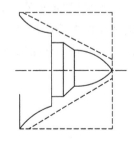

当粗加工工序安排完后，应接着安排换刀后进行的半精加工和精加工。其中，安排半精加工的目的是，当粗加工后所留余量的均匀性满足不了精加工要求时，则可安排半精加工作为过渡性工序，以便使精加工余量小而均匀。

图 1-52　先粗后精示例

各个表面按照"粗车→半精车→精车"的顺序进行加工,逐步提高加工表面的精度。粗车可在短时间内去除工件表面上大部分加工余量,以提高生产效率。若粗车后所留余量的均匀性满足不了精加工的要求,要安排半精车,以保证精加工余量小而均匀。精车要保证加工精度,按图样尺寸由最后一刀连续加工而成。

2. 先近后远

这里所说的远与近,是按加工部位相对于对刀点的距离而言的。一般情况下,离对刀点近的部位先加工,离对刀点远的部位后加工,以便缩小刀具移动距离,减少空行程时间,提高加工效率。对于数控车削而言,先近后远还有利于保持坯件或半成品的刚性,改善其切削条件。

例如,加工如图 1-53 所示的零件时,如果按"$\phi 38 \rightarrow \phi 36 \rightarrow \phi 34$"的次序安排车削,不仅会增加刀具返回对刀点所需的空行程时间,而且可能使台阶的外直角处产生毛刺(飞边)。对这类直径相差不大的台阶轴,当第一刀的切削深度(图中最大切削深度可为 3mm 左右)未超限时,宜按"$\phi 34 \rightarrow \phi 36 \rightarrow \phi 38$"的次序先近后远地安排车削,车刀在一次往返中就可完成 3 个台阶的车削,减少了空行程时间,提高了加工效率。

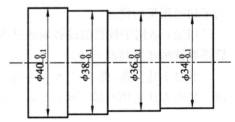

图 1-53　先近后远实例

3. 内外交叉

对既有内表面(内型腔)又有外表面需要加工的零件,在安排加工顺序时,应先进行内外表面粗加工,后进行内外表面精加工。切不可将零件上一部分表面(外表面或内表面)加工完毕后,再加工其他表面(内表面或外表面)。

4. 基面先行

用作精基准的表面应优先加工出来,再以加工出的精基准为定位基准,安排其他表面的加工。因为定位基准的表面越精确,装夹误差就越小。例如轴类零件加工时,总是先加工中心孔,再以中心孔为精基准加工外圆表面和端面。

通过上述分析,图 1-51 所示零件按由粗到精、由近到远(由右到左)的原则确定加工顺序。即先从右到左进行粗车(留 0.25 mm 精车余量),然后从右到左进行精车,最后车削螺纹。本零件为带螺纹的轴类零件,其外轮廓可采用车削的办法进行加工,螺纹可采用车螺纹的方法进行加工。

可采用"粗车外轮廓→精车外轮廓→粗车螺纹→精车螺纹"的顺序进行加工。本零件需要车削夹持面和顶尖孔,综合准备阶段工序。本零件工序为:车端面→钻中心孔→粗车外轮廓→精车外轮廓→粗车螺纹→精车螺纹。

项目二

数控车削基本编程指令

　　数控编程就是把零件的工艺过程、工艺参数、机床的运动及刀具位移量等信息用数控语言记录在程序单上,并经校核的全过程。为了与数控系统的内部程序(系统软件)及自动编程用的零件源程序相区别,把从外部输入的直接用于加工的程序称为数控加工程序,简称数控程序。

　　数控机床所使用的程序是按照一定的格式并以代码的形式编制的。数控系统的种类繁多,它们使用的数控程序的语言规则和格式也不尽相同,编制程序时应该严格按照机床编程手册中的规定进行。编制程序时,编程人员首先应对图样规定的技术要求、零件的几何形状、加工精度等内容进行分析,确定加工方法和加工路线;然后进行数学计算,获得刀具轨迹数据;最后按数控机床规定的代码和程序格式,将被加工工件的尺寸、刀具运动中心轨迹、切削参数及辅助功能(如换刀、主轴正反转、切削液开关等)信息编制成加工程序,并输入数控系统,由数控系统控制机床自动地进行加工。理想的数控程序不仅应该能保证加工出符合图纸要求的合格工件,还应该使数控机床的功能得到合理的应用与充分的发挥,以使数控机床能安全、可靠、高效地工作。

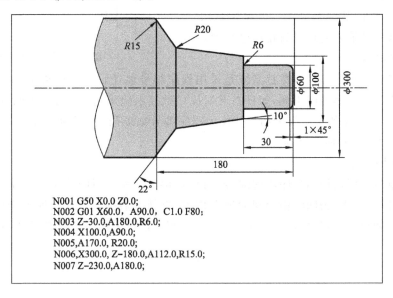

```
N001 G50 X0.0 Z0.0;
N002 G01 X60.0, A90.0, C1.0 F80;
N003 Z-30.0,A180.0,R6.0;
N004 X100.0,A90.0;
N005,A170.0, R20.0;
N006,X300.0, Z-180.0,A112.0,R15.0;
N007 Z-230.0,A180.0;
```

任务一　程序结构与基本指令

 知识准备

一、数控车削编程技术基础

从分析零件图样到获得数控机床所需控制介质（工序单或控制带）的全过程，称为数控加工程序的编制，简称数控编程。不同的数控系统使用的数控程序语言规则和格式也不尽相同。

二、数控车削程序的组成及格式

数控车削程序是按数控系统规定使用的指令代码、程序段格式和加工程序格式来编制的。因此，只有先了解程序的结构和编程规则，才能正确编写出数控车削程序。

下面以数控车削ϕ30外圆轴（见图2-1）为例介绍FANUC 0i系统数控车削程序的组成及格式。

1. 程序组成

FANUC 0i系统数控车零件的精加工程序见表2-1。

由表2-1可见：一个完整的数控加工程序由程序起始符、程序名、程序段号、程序内容（主体）、程序结束段、程序结束符等组成。

（1）程序起始符

程序起始符表示程序传输的开始，常用的字符有"％""&"等，其中FANUC 0i系统常用"％"。手工编程和手动输入时可以省略程序起始符。

（2）程序名

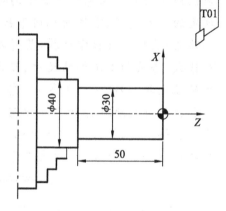

图2-1　数控车削外圆轴

程序名又称程序编号。数控系统是采用程序编号地址码区分存储器中的程序，不同数控系统程序编号地址码不同，如日本FANUC数控系统采用"O"为程序编号地址码；德国的SINUMERIK数控系统采用"％"作为程序编号地址码；美国的AB8400数控系统采用"P"作为程序编号地址码等。

（3）程序段号

程序段号是用以识别程序段的编号，由地址码"N"和后面的若干位数字（01～9999）组成，最好以5或10为间隔由小到大依次排列，以便之后插入程序段时不会改变程序段号的顺序。如第一个程序段采用"N10"，第二个程序段可采用"N20"，以此类推。

表 2-1　FANUC 0i 系统精加工程序

程序	注释	
％	程序起始符	
O0001；	程序名	
N10 G00 X50 Z50 T0101；	调用 1 号刀并加刀补。建立工件坐标系,刀具快速移动到换刀点	
N20 M03 S500；	主轴正转,转速 500 r/min	
N30 G00 X30 Z2；	程序主体	刀具快速定位至工件正前方 2 mm
N40 G01 Z−50 F100；		切削φ30 段外圆,长度 50 mm,进给速度 100 mm/min
N50 G01 X42 ；		刀具车端面,并退出工件表面
N60 G00 X50 Z50；		快速返回至换刀点
N70 T0100；		取消 1 号刀刀补
N80 M05；		主轴停转
N90 M30；	程序结束段	程序结束,并返回程序开头
％	程序结束符	

程序段号必须位于程序段之首,用以识别和区分不同的程序段。加工时,数控系统是按照程序段的先后顺序执行的,与程序段号的大小无关,程序段号只起一个标记作用,以便于程序的校验和修改。有些数控系统在说明书中说明了可省略程序段号,但在使用某些循环指令、跳转指令调用子程序时不可以省略。

（4）程序主体

程序主体是整个程序的核心,由许多程序段组成。每个程序段由若干个字组成,每个字又由表示地址的英文字母、数字和符号组成。程序主体规定了数控机床要完成的全部动作和顺序,包含了加工前的机床状态要求和刀具加工零件时的运动轨迹。

NC 程序由各个程序段组成,每一个程序段执行一个加工步骤。一个程序段中含有执行一个工序所需的全部数据。程序段由若干字和段结束符组成。程序段结束符写在每一程序段之后,表示该程序段结束,用";"作为每个程序段的结束标志。

（5）程序结束段

程序结束可通过程序结束指令"M02"或"M30"实现,它位于整个主程序的最后。两者均可使机床切断所有动作,区别在于执行"M02"指令后机床复位,光标停留在程序结束处;而执行"M30"指令后机床和数控系统均复位,光标自动返回至程序开头,做好重复加工下一个零件的准备。

（6）程序结束符

程序结束符表示程序传输的结束,常用的字符有"％""&"等,其中 FANUC 0i 系统常用"％"。手工编程和手动输入时可以省略程序结束符。

2. 程序段格式

程序段格式如下:

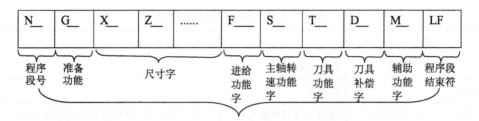

在程序段中,必须明确组成程序段的各要素:

移动目标:终点坐标值 X,Z;

沿怎样的轨迹移动:准备功能字 G;

进给速度:进给功能字 F;

切削速度:主轴转速功能字 S;

使用刀具:刀具功能字 T;

机床辅助动作:辅助功能字 M。

程序段格式举例:

N30 G01 X88.1 Z－30.2 F100 S800 T0101 M08

N40 X90(本程序段省略了续效字"G01 Z－30.2 F100 S800 T0101 M08",但它们的功能仍然有效)

FANUC 0i 系统程序字及地址符的意义及说明见表2-2。

表 2-2 FANUC 0i 系统程序字及地址符的意义及说明

程序字	地址码(符)	意义	说明
程序号	O	用于指定程序的编号	主程序编号,子程序编号
程序段号	N	又称顺序号,是程序段的名称	由地址符 N 和后面的 2~4 位数字组成
准备功能字	G	用于控制系统动作方式的指令	用地址符 G 和两位数字组成,从 G00~G99 共 100 种。G 功能是使数控机床做好某种操作准备的指令,如 G01 表示直线插补运动
尺寸字	X,Y,Z,U,V,W,A,B,C,R,I,J,K	用于确定加工时刀具移动的坐标位置	X,Y,Z 用于确定终点的直线坐标尺寸;A,B,C 用于确定附加轴终点的角度坐标尺寸;R 用于确定圆弧半径;I,J,K 用于确定圆弧的圆心坐标
进给功能字	F	用于指定切削的进给速度(或进给量)	表示刀具中心运动时的进给速度,由地址符 F 和后面的数字组成,单位为 mm/min 或 mm/r。F 指令在螺纹切削程序段中常用来指定螺纹的导程,单位为 mm/r
主轴功能字	S	用于指定主轴速度	由地址符 S 和后面的数字组成,单位为 r/min。对于具有恒线速度功能的数控车床,程序中的 S 指令用来指定车削加工的线速度

续表

程序字	地址码(符)	意义	说明
刀具功能字	T	用于指定加工时所用的刀具编号	由地址符 T 和后面的数字组成,数字的位数由所用的系统决定,对于 FANUC 0i 系统数控车床,后跟四位数字,如 T0101 指调用 1 号刀具及 1 号刀补
辅助功能字	M	用于控制机床或系统的辅助装置的开关动作	由地址符 M 和后面的两位数字组成,从 M00~M99 共 100 种。各种机床的 M 代码规定有差异,必须根据说明书的规定进行编程

由上述可知,在程序段"N20 G01 X80.5 Z－35 F60 S300 T0101 M03;"中,各个程序字的含义见下表 2-3。

表 2-3　各程序字的含义

程序字	含义
N20	程序段序号字
G01	准备功能字,表示直线插补
X80.5	坐标字,指刀具运动终点的 X 坐标位置在 X 轴正向 80.5 mm 处
Z－35	坐标字,指刀具运动终点的 Z 坐标位置在 Z 轴负向 35 mm 处
F60	进给功能字,表示进给速度为 60 mm/min
S300	主轴转速功能字,表示主轴转速为 300 r/min
T0101	刀具功能字,表示选择 1 号刀具及刀补
M03	辅助功能字,表示主轴正转
;	程序段结束符号

三、常用数控车削基本编程指令

数控加工程序编制的规则,首先是由所采用的数控系统来决定的,不同的数控系统对各种指令的功能做了不同规定,所以应详细阅读数控系统编程、操作说明书。

1. 模态指令

(1) 进给功能字 F

在工作时 F 值一直有效,直到被新的 F 值取代。在快速定位时(如 G00 方式下),速度与 F 无关,只能通过机床控制面板上的快速倍率修调旋钮来调整。

F 后数字的单位取决于进给速度的指定方式,见表 2-4。在螺纹切削程序段中,F 指令常用来指定螺纹的导程。当程序中第一次遇到直线或圆弧插补指令时必须编写 F 值,其实际值可以通过 CNC 操作面板上的进给倍率修调旋钮来调整。当执行螺纹加工时,进给倍率开关无效,进给倍率固定在 100%。

表 2-4　进给功能字 F

数控系统	每分钟进给指令	主轴每转进给指令	通电后系统默认
FANUC 0i 系统	G98	G99	G99 状态

F功能包括每分钟进给(对应的进给量单位为 mm/min)和主轴每转进给(对应的进给量单位为 mm/r)两种指令。对于数控车床而言,F功能常使用主轴每转进给表示。

G98 定义进给速度,单位:mm/min;G99 定义进给速度,单位:mm/r。

编程举例:

……

N60 G98 F200;　进给量为 200 mm/min

……

N120 G99 F 0.3;　进给量为 0.3 mm/r

……

(2)主轴功能字 S

主轴功能字的地址符是 S,又称为 S 功能或 S 指令,用于指定主轴转速(r/min)或切削速度(m/min)。S 所编程的主轴转速可以借助于机床控制面板上的主轴倍率开关进行修调。S 指令指定的切削速度或主轴转速分别由 G96 和 G97 指令设定,数控车床开机时默认 G97 指定的主轴转速(r/min),见表 2-5。

表 2-5　主轴转速功能字 S

数控系统	切削速度控制指令	主轴转速控制指令	通电后系统默认
FANUC 0i 系统	G96	G97	G97 状态

恒表面切削线速度设置方法如下:

　　　　G96 S ___;　　S 后面数字的单位为 m/min。

设置恒表面切削线速度后,如果不需要时可以取消,其方式如下:

　　　　G97 S ___;　　S 后面数字的单位为 r/min。

例如:

　　G96 S200;表示主轴切向速度(圆周线速度)为 200 m/min。

　　G97 S200;表示转速为 200 r/min。

在设置恒表面切削线速度后,由于主轴的转速在工件不同截面上是变化的,为防止主轴转速过高而发生危险,在设置恒切削速度前,可以将主轴最高转速设置在某一个最高值。切削过程中,当执行恒表面切削线速度时,主轴最高转速将被限制在这个最高值。设置方法如下:

　　　　G50 S ___;　　S 的单位为 r/min。

数控车削加工时,切削速度 v_c 与主轴转速 n 的关系公式为

$$v_c = \pi dn/1000$$

式中:v_c——切削速度,m/min;

d——工件待加工表面的直径,mm;

n——主轴转速,r/min。

(3)刀具功能字 T

刀具功能字的地址符是 T,又称为 T 功能或 T 指令,用于指定加工时所用刀具的编号,对于数控车床而言还具有换刀功能。

当一个程序段同时包含 T 代码和刀具移动指令时,先执行 T 代码,而后执行刀具移动指令。建议 T 指令单独使用一个程序段。

FANUC 0i 系统的 T 功能由 T 和其后的若干位数字组成。对于数控车床而言,T 后跟 4 位数字,前 2 位数字选择刀具号,后 2 位数字兼作指定刀具补偿和刀尖圆弧半径补偿,当后 2 位数字置于 00 时,表示取消刀具补偿。例如:T0101 表示前 2 位数字用于选用 1 号刀具,后 2 位数字用于指定 1 号刀具补偿;T0100 表示取消 1 号刀的刀具补偿,取消补偿时注意刀具位置。

2. 准备功能指令

准备功能也称 G 功能或 G 代码,由地址符 G 加 2 位数字构成该功能的指令。G 功能指令用来规定坐标系、刀具和工件的相对运动轨迹、刀具补偿、单位选择等多种操作。G 功能指令分若干组(指令群),有模态功能指令和非模态功能指令之分。非模态 G 功能指令只在所在程序段中有效,因此也称作一次性代码。模态功能指令可与同组 G 功能指令互相注销,模态 G 功能指令一旦被执行,则一直有效,直至被同组 G 功能指令注销为止。不同组的 G 指令可放在同一程序段中;在同一程序段中有多个同组的 G 代码时,以最后一个为准。G 指令中的基本指令见表 2-6。

表 2-6 FANUC 0i 数控系统常用 G 代码表

地址	组别	功能	程序格式及说明
G00	01	快速进给、定位	G00 X_ Z_
G01		直线插补	G01 X_ Z_ F_
G02		顺时针圆弧插补	G02/G03 X_ Z_ R_ F_
G03		逆时针圆弧插补	G02/G03 X_ Z_ I_K_ F_
G04	00	暂停	G04[X/U/P] X,U 单位:s;P 单位:ms(整数)
G20	06	英制输入	G20
G21		米制输入	G21
G28	00	回归参考点	G28 X_ Z_
G29		由参考点回归	G29 X_ Z_
G32	01	螺纹切削(由参数指定绝对和增量)	G32 X(U)_ Z(W)_ F_ F 指定单位为 mm/r 的导程
G40	07	刀具补偿取消	G40
G41		左半径补偿	G41/G42 G00/G01 X_ Z_ F_
G42		右半径补偿	
G50	00	设定工件坐标系/主轴最高转速限制	设定工件坐标系:G50 X_ Z_ 偏移工件坐标系:G50 U_ W_
G53		机械坐标系选择	G53 X_ Z_

续表

地址	组别	功能	程序格式及说明
G54	12	选择工件坐标系 1	G54~G59 G00/G01 X_ Z_
G55		选择工件坐标系 2	
G56		选择工件坐标系 3	
G57		选择工件坐标系 4	
G58		选择工件坐标系 5	
G59		选择工件坐标系 6	
G70	00	精加工循环	G70 P(ns) Q(nf)
G71		外圆粗车循环	G71 U(△d) R(e) G71 P(ns) Q(nf) U(△u) W(△w) F_
G72		端面粗切削循环	G72 U(△d) R(e) G72 P(ns) Q(nf) U(△u) W(△w) F_
G73		封闭切削循环	G73 U(△i) W(△k) R(△d) G73 P(ns) Q(nf) U(△u) W(△w) F_
G74		端面切断循环	G74 R(e) G74 X(U)_Z(W)_P(△i)Q(△k)R(△d) F_
G75		内径/外径切断循环	G75 R(e) G75 X(U)_Z(W)_P(△i)Q(△k)R(△d) F_
G76		复合形螺纹切削循环	G76 P(m) r) (a) Q(△dmin)R (d) G76 X(U)_Z(W)_R(i)P(k)Q(△d)F(L)
G90	01	直线车削循环加工	G90 X(U)_Z(W)_R_F_
G92		螺纹车削循环	G92 X(U)_Z(W)_R_F_
G94		端面车削循环	G94 X(U)_Z(W)_R_F_
G96	02	恒线速度设置	G96 S_
G97		恒线速度取消	G97 S_
G98	05	每分钟进给速度	G98 F_
G99		每转进给速度	G99 F_

注：① G 代码有两类：模态 G 代码和非模态 G 代码。其中，非模态 G 代码只限于在被指定的程序段中有效，模态 G 代码具有续效性，在后续程序段中，同组其他 G 代码未出现之前其一直有效。G 代码按其功能的不同分为若干组，00 组的 G 代码为非模态，其他均为模态 G 代码。

② G 代码按其功能进行了分组，同一功能组的代码可相互代替，但不允许写在同一程序段中。

3. 辅助功能指令

辅助功能又称 M 指令或 M 代码，主要用来表示机床操作时各种辅助动作及其状态。其特点是靠继电器的得、失电来实现其控制过程。如主轴的旋转，切削液的开、关等。ISO 标准中，M 功能有 M00~M99 共 100 种。FANUC 0i 数控系统常用 M 代码见表 2-7。

表 2-7 FANUC 0i 数控系统常用 M 代码表

地址	含义	说明
M00	程序暂停	执行 M00 后,机床所有动作均被切断,重新按下自动循环启动按钮,使程序继续运行
M01	计划暂停	与 M00 作用相似,但 M01 可用机床"任选停止按钮"选择是否有效
M03	主轴顺时针旋转	主轴顺时针旋转
M04	主轴逆时针旋转	主轴逆时针旋转
M05	主轴旋转停止	主轴旋转停止
M06	自动换刀	用于自动换刀或显示待换刀号
M08	冷却液开	冷却液开
M09	冷却液关	冷却液关
M02	主程序结束	执行 M02 后,机床便停止自动运转,机床处于复位状态
M30	主程序结束	执行 M30 后,返回到程序的开头;而 M02 可用参数设定不返回到程序开头,程序复位到起始位置
M98	调用子程序	调用子程序
M99	子程序结束	子程序结束,返回主程序

注:由于生产机床的厂家很多,每个厂家使用的 G 功能、M 功能与 ISO 标准也不完全相同,因此对某一台数控机床,必须根据机床说明书的规定进行编程。

 技能演练

1. 数控编程是指 _____

_____

2. 标出示例程序中程序起始符、程序名、程序段号、程序内容、程序结束段、程序结束符。

```
                    %
                    O0001;
                    N10 G00 X50 Z50 T0101;
                    N20 M03 S500;
                    N30 G00 X30 Z2;
                    N40 G01 Z-50 F100;
                    N50 G01 X42;
                    N60 G00 X50 Z50;
                    N70 T0100;
                    N80 M05;
                    N90 M30;
                    %
```

3. 写出各程序段的含义。

（1）进给速度单位学习

……

N10 G98 F100;　　　进给量为 _____

……

N100 G99 F 0.15;　　进给量为 _____

……

（2）主轴速度学习

G96 S100;　　表示 _____

G50 S10000;　表示 _____

（3）刀具 T 功能学习

T0303;　表示 _____

T0400;　表示 _____

（4）模态功能指令的特点

_____

4. 写出表 2-8 中各准备功能指令的含义。

表 2-8　准备功能指令的含义

地址	功能含义
G00	
G01	
G02	
G03	
G04	
G32	
G40	
G41	
G42	
G50	
G70	
G71	
G72	
G73	
G76	
G90	
G92	

续表

地址	功能含义
G94	
G96	
G98	
G99	

5. 写出表 2-9 中各辅助功能指令的含义。

表 2-9　辅助功能指令含义

地址	功能含义
M00	
M01	
M03	
M04	
M05	
M08	
M09	
M02	
M30	
M98	
M99	

6. 写出表 2-10 中各程序字的含义。

表 2-10　各程序字的含义

程序字	含义
N25	
G01	
X50	
Z-18	
F150	
S1000	
T0101	
M03	
;	

任务二　销轴编程（G00 和 G01 指令）

 知识准备

一、G00 指令

（1）指令功能

快速点定位，规定刀具以点定位控制方式从刀具所在点快速移动到下一个目标位置，用于切削开始时的快速进刀、切削结束时的快速退刀和空行程中。

（2）指令格式

G00 X __ Z __ ;

程序中：X，Z——终点坐标值（绝对坐标值）；X 采用直径编程；G00 也可写成 G0。

（3）编程举例

如图 2-2 所示零件，要求刀具快速从点 A(122,30) 移动到点 B(37,3) 的运动路线分别为：A—B；A—C—B；A—D—B。

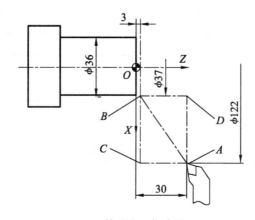

图 2-2　快速定位指令编程

程序代码（绝对值编程）如下：

```
G00 X37.0 Z3.0;      刀具由点 A 移动到点 B
G00 Z3.0;            刀具由点 A 移动到点 C
     X37.0;          由点 C 移动到点 B
G00 X 37.0;          刀具由点 A 移动到点 D
     Z3.0;           由点 D 移动到点 B
```

① G00 为模态指令，持续有效，直到被同组 G 代码所取代为止。

② G00 移动速度不能用程序指令设定，而是由机床生产厂家预先设定，但是可以通过面板上的快速倍率修调按键调节，即 G00 指令后面不填写 F 进给功能字。

③ G00 的执行过程中,刀具由程序起点加速到最大速度,然后快速移动,最后减速到终点,实现快速反应。运动过程无运动轨迹要求,无切削加工过程。

④ 刀具的实际移动路线的选择依据是避免刀具在移动过程中与工件产生干涉。其目标点不能设置在工件上,一般应距离工件 2～5 mm。

⑤ G00 一般用于加工前的快速定位和加工后的快速退刀。

二、G01 指令

(1) 指令功能

直线插补指令,刀具所走的路线为一条直线。G01 作为切削加工指令,既可以单坐标移动,又可以进行两坐标/三坐标联动方式的插补运动。用于加工圆柱形外圆、内孔、锥面等。

(2) 指令格式

$$G01\ X \underline{\quad}\ Z \underline{\quad}\ F \underline{\quad};(G01\ 也可写成\ G1)$$

程序中：X,Z——终点坐标值(绝对坐标值);

　　　　　F——进给速度。

(3) 编程举例

如图 2-3 所示零件用直线插补指令编程(使用绝对值编程)如下：

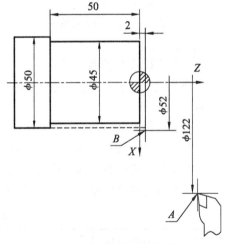

图 2-3　直线插补指令编程

G00 X52.0 Z2.0;　　　刀具移动到起刀点 B

　　　X45.0;

G01 Z−50.0 F0.25;　　外圆直线插补

　　　X52.0;　　　　　端面直线插补

G00 Z2.0;　　　　　　回起刀点 B

　　　X122.0;

　　　Z30.0;　　　　　回换刀点 A

① G01 为模态指令,持续有效,直到被同组 G 代码取代为止。

② G01 为直线插补指令,必须给定进给速度 F 指令,其进给速度的大小由 F 指令的值决定。F 指令为模态量,程序中的 F 指令在没有新的 F 指令替代的情况下一直有效。

③ G01 为指令的绝对坐标值编程或增量坐标值编程。

④ 没有相对运动的坐标值可以省略不写。

技能演练

1. 零件如图 2-4 所示,毛坯为 ϕ30 的圆棒料,材料为 45 钢。

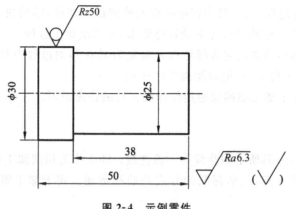

图 2-4 示例零件

1）确定数控车削加工工艺

（1）分析零件

① _____ 。

② _____ 。

（2）确定工艺路线

该零件分 4 个工步完成：_____ → _____ →

_____ → _____ 。

（3）选择装夹表面与夹具

使用 _____ 装夹 _____ 表面，棒料伸出

卡盘长度约 70 mm。

（4）选择刀具

1 号刀为 90°偏刀：加工外圆和端面。

2 号刀为切断刀：切断，选左刀尖点作为刀位点，刀宽 4 mm。

（5）确定切削用量并填写表 2-11

表 2-11　切削用量

切削用量 工步	背吃刀量（mm）	进给量（mm/r）	主轴转速（r/min）
车平右端面			
粗车 ϕ 25 的外圆			
精车 ϕ 25 的外圆			
切断			

（6）设定工件坐标系

选取工件 _____ 为工件坐标系的原点。

（7）计算各基点坐标（在图中标出各点的位置）并填于表 2-12 中

表 2-12   各基点坐标

点	坐标值(X,Z)
A	
B	
C	
D	

2) 学习 G00 和 G01 指令

① 快速进给指令 G00

指令格式：_____

② 直线插补指令 G01

指令格式：_____

3) 编制图 2-4 所示零件的数控加工程序

_____   _____
_____   _____
_____   _____
_____   _____
_____   _____
_____   _____
_____   _____
_____   _____
_____   _____
_____   _____
_____   _____
_____   _____

2. 写出图例 2-5 的节点坐标并编写其精加工程序。

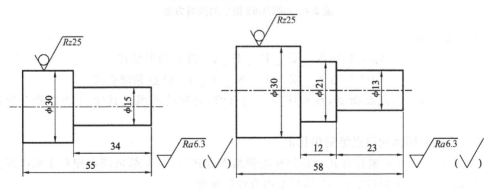

图 2-5   编程图实例

任务三　圆弧面编程（G02 和 G03 指令）

 知识准备

（1）指令功能

圆弧插补指令用于数控车床上加工圆弧轮廓，G02 为顺时针圆弧插补指令，G03 为逆时针圆弧插补指令，均用于加工圆弧形表面。

（2）G02/G03 方向的判断

使用 G02/G03 圆弧插补指令，对圆弧顺、逆方向的判断按右手笛卡尔坐标系确定，依据已知的 2 个坐标轴，判断出第 3 个坐标轴的正方向。在数控车床中，观察者沿圆弧所在坐标系（XOZ 平面）的垂直坐标轴的负方向（$-Y$）看去，顺时针方向为 G02 指令，逆时针方向为 G03 指令。前、后刀架顺时针和逆时针圆弧插补的判断方法如图 2-6 所示。后置刀架中，G02 为顺时针圆弧插补，G03 为逆时针圆弧插补；前置刀架中，G03 为顺时针圆弧插补，G02 为逆时针圆弧插补。前、后刀架的圆弧插补方向呈镜像关系。

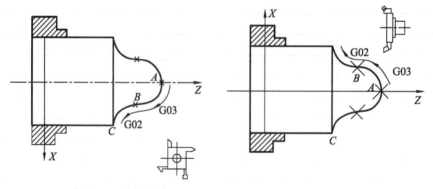

(a) 刀架前置圆弧判断方法　　　(b) 刀架后置圆弧判断方法

图 2-6　G02/G03 指令的判断方法

（3）指令格式

　　　　G02/G03 X ＿ Z ＿ R ＿ F ＿；　终点和半径式。

　　　　G02/G03 X ＿ Z ＿ I ＿ K ＿ F ＿；　终点和圆心式。

① G02/G03 为模态指令，在程序中一直有效，直到被同组的其他 G 功能指令取代为止。

② X,Z 是圆弧的终点绝对坐标值。

③ 不管是在绝对编程方式下还是在增量编程方式下，I,K 都是圆心相对于圆弧起点的增量值，且一直为增量值；X,I 都是采用直径值编程。

④ R 为圆弧半径，R 取值的正负取决于圆弧圆心角的大小，若圆弧圆心角小于等于

$180°$,则 R 为正值;若圆弧圆心角大于 $180°$,则 R 为负值。

（4）编程举例

【例1】 如图 2-7 所示,BC 为一段 1/4 的顺圆圆弧,试写出其精加工程序。

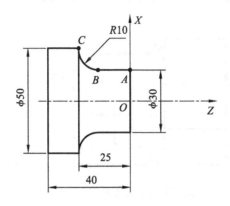

图 2-7 顺圆圆弧插补举例

将编程原点设在工件右端面与中心线的交点上,

按终点圆心式编程,程序如下:

G02 X50 Z－25 I20 K0

按终点半径式编程,程序如下:

G02 X50 Z－25 R10

【例2】 如图 2-8 所示,AB 为一段 1/4 的逆圆圆弧,试写出其精加工程序。

将编程原点设在右端面与中心线的交点上,

按终点圆心式编程,程序如下:

G03 X40 Z－10 I0 K－10

按终点半径式编程,程序如下:

G03 X40 Z－10 R10

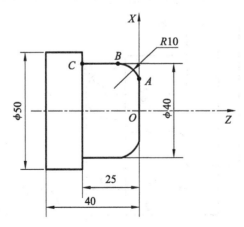

图 2-8 逆圆圆弧插补举例

【例3】 如图 2-9 所示,该零件是同时包含顺圆弧和逆圆弧的综合实例,试写出从点 A 到点 D 的精加工程序。

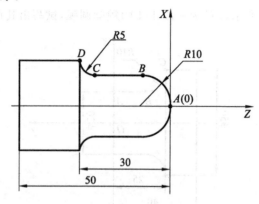

图 2-9　顺、逆圆弧综合插补举例

在本例中将给出一个完整的程序,编程原点仍然设在工件的右端面与中心线的交点处,程序如下:

N10 M03 S600 T0101;	主轴正转,并将 1 号刀转到工作位置
N20 G00 X0 Z4;	快速定位
N30 G01 Z0 F0.5;	将刀具靠到圆弧起点 A 上
N40 G03 X20 Z-10 I0 K-10 F0.2;	A—B 逆圆圆弧插补
N50 G01 Z-25;	B—C 直线插补
N60 G02 X30 Z-30 I10 K0;	C—D 顺圆圆弧插补
N70 M05 M02;	主轴停转,程序结束

技能演练

1. 零件如图 2-10 所示,毛坯为 φ50 的圆棒料,加工余量为 0.5 mm,材料为 45 钢。

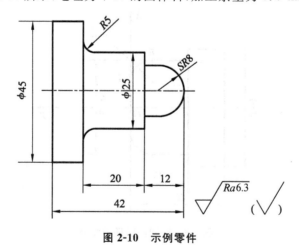

图 2-10　示例零件

1) 确定数控车削加工工艺

(1) 分析零件图

_____

(2) 确定数控车削加工工艺

① 确定工艺路线

精加工零件的外表面。

② 选择装夹表面与夹具

使用_____装夹_____表面,棒料伸

出卡盘长度约 62 mm。

③ 选择刀具

1 号刀为 90°偏刀:加工外圆和端面。

2 号刀为切断刀:切断,选左刀尖点作为刀位点,刀宽 4 mm。

④ 确定切削用量

加工余量 0.5 mm。

(3) 设定工件坐标系

选取工件_____为工件坐标系的原点。

(4) 计算各基点坐标(在图中标出各点的位置)并填于表 2-13 中

表 2-13　各基点坐标

点	坐标值(X,Z)	点	坐标值(X,Z)
A		E	
B		F	
C		G	
D			

2) 学习 G02 和 G03 指令

① 快速进给指令 G02

指令格式:_____

② 直线插补指令 G03

指令格式:_____

3) 编制图 2-10 所示零件的数控加工程序

_____　_____

_____　_____

_____　_____

_____　_____

_____　_____

_____　_____

2. 编写图例 2-11 的精加工程序。

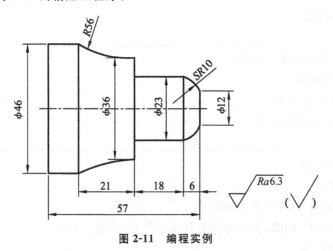

图 2-11　编程实例

知识拓展

数控系统中,某些编程指令的拓展功能有时能极大地简化加工程序的编写,以下介绍的是利用 G01,G02/G03 指令的拓展功能进行零件轮廓的倒角、倒圆铣削。

一、轮廓倒角(见图 2-12)

编程格式:G01 X＿ Y＿ ,C ＿ F＿;(X ＿ Y ＿ 为倒角处两直线轮廓交点坐标;C ＿为倒角的直角边长)

二、轮廓倒圆

(1) 直线-直线之间圆角（见图 2-13a）

编程格式:G01 X＿ Y＿ ,R₂＿ F＿;(X ＿ Y ＿ 为倒圆处两直线轮廓交点坐标;R₂＿为圆角半径)

注意:利用 G01 指令倒圆,只能用于凸结构圆角,不能用于凹结构圆角。

(2) 直线-圆弧之间圆角(见图 2-13b)

编程格式:

……

G01 X＿ Y＿ ,R₃＿ F＿;(X ＿ Y ＿为倒圆处直线与圆弧交点坐标,R₃＿为倒圆半径)

G03(G02) X＿ Y＿ R₂＿ ;(R₂＿为圆弧插补半径)

……

(3) 圆弧-直线之间圆角(见图 2-13c)

编程格式:

……

G03(G02) X＿ Y＿ R₁＿ ,R₃＿ F＿ ;(X ＿ Y ＿为倒圆处圆弧与直线交点坐标,R₁＿为圆弧插补半径,R₃＿为倒圆半径)

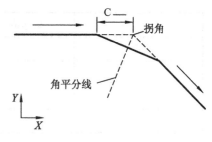

图 2-12　轮廓倒角示意图

G01 X ＿ Y ＿ ；

……

（4）圆弧-圆弧之间圆角（见图 2-13d）

编程格式：

……

G02（G03）X ＿ Y ＿ R₁＿ ，R₃ ＿ F ＿ ；（X ＿ Y ＿为倒圆处圆弧与圆弧交点坐标，R_1＿为圆弧插补半径，R_3＿为倒圆半径）

G02（G03）X ＿ Y ＿ R₂＿ ；（R_2＿为圆弧插补半径）

……

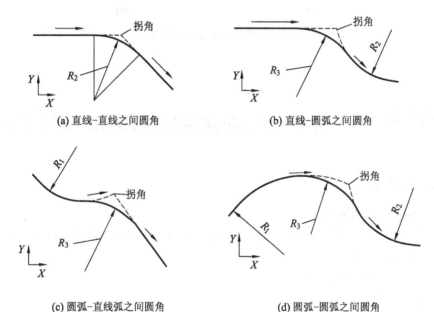

(a) 直线-直线之间圆角　　　　　　　(b) 直线-圆弧之间圆角

(c) 圆弧-直线弧之间圆角　　　　　　(d) 圆弧-圆弧之间圆角

图 2-13　轮廓倒圆示意图

如图 2-14 所示轮廓，以轮廓中心为工件原点，应用 G01/G02/G03 指令的拓展功能编写轮廓加工程序，其轮廓铣削 NC 程序见表 2-14。

表 2-14　轮廓倒角、倒圆编程示例

轨迹路线	FANUC 0i 系统程序
$F{\rightarrow}A$	G01 X－20 Y10 F100
$A{\rightarrow}B$	G02 X3 Y23 R30,R8
$B{\rightarrow}C$	G03 X20 Y10 R40,R5
$C{\rightarrow}D$	G01 X20 Y－20,R12
$D{\rightarrow}E$	X－20,C7
$E{\rightarrow}F$	X－20 Y0

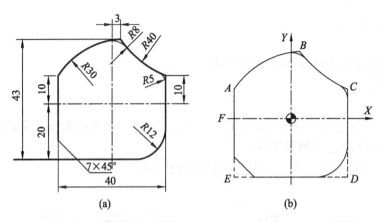

图 2-14　轮廓倒角、倒圆编程举例

 任务四　**外圆、端面编程（G90 和 G94 指令）**

知识准备

一、G90 单一固定循环

单一固定循环可以将一系列连续加工动作，如"切入—切削—退刀—返回"，用一个循环指令完成，从而简化了程序。

1. 圆柱面切削循环指令 G90

（1）指令格式

$$G90 \ X(U) \_ \ Z(W) \_ \ F \_ ;$$

程序中：X,Z——圆柱面切削的终点坐标值；

U,W——圆柱面切削的终点相对于循环起点的坐标分量；

F——进给速度。

用 G90 功能切削如图 2-15 所示 ϕ30 外圆的执行过程为：刀具从程序起点 A 开始以 G00 方式径向移动至指令中的 X 坐标处点 B，再以 G01 的方式沿轴向切削进给至终点坐标处点 C，然后以 G01 方式退至循环开始的 X 坐标处点 D，最后以 G00 方式返回循环起始点 A 处，准备下个动作。

（2）编程举例

用 G90 功能切削如图 2-16 所示 ϕ30 外圆的程序为：

$$G90 \ X30 \ Z-40 \ F100;$$

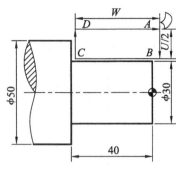

图 2-15　圆柱面切削循环

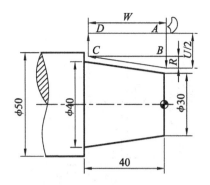

图 2-16　圆锥面切削循环

2. 圆锥面切削循环指令 G90

（1）指令格式

$$G90 \; X(U) \_ \; Z(W) \_ \; R \_ \; F \_ ;$$

程序中：X,Z——圆锥面切削的终点坐标值；

　　　　U,W——圆锥面切削的终点相对于循环起点的坐标分量；

　　　　R——圆锥面切削的起点相对于终点的半径差。对外径车削,锥度左大右小时 R 值为负,反之为正;对内孔车削,锥度左小右大时 R 值为正,反之为负。

用 G90 功能切削如图 2-16 所示锥面的刀具运行轨迹与切削圆柱体类似,只是刀具走 BC 线段时,走的是与圆锥体母线相平行的一条斜线。

（2）编程举例

用 G90 功能切削如图 2-16 所示圆锥面的程序为：

$$G90 \; X40 \; Z-40 \; R-5 \; F100 ;$$

二、G94 端面切削循环

径向尺寸较大,而轴向尺寸较小时的盘类零件适于用 G94 循环来加工,它的车削特点是利用刀具的端面切削刃作为主切削刃。

1. 端面切削循环指令 G94

（1）指令格式

$$G94 \; X(U) \_ \; Z(W) \_ \; F \_ ;$$

程序中：X,Z——绝对值编程时,为切削终点在工件坐标系下的坐标;增量编程时,为切削终点相对于循环起点的增量坐标值,用 U,W 表示;

　　　　F——进给速度。

（2）走刀路线

G94 指令与 G90 指令的区别是：G94 先沿 Z 方向快速进刀,再车削工件端面,退刀光整外圆,再快速退回循环起点。按刀具走刀方向,第一刀为 G00 方式快速进刀;第二刀切削工件端面;第三刀 Z 方向退刀光整工件外圆;第四刀按 G00 方式快速退刀回循环起点（见图 2-17）。

（3）编程举例

运用端面切削循环指令对图 2-18 所示零件进行编程。

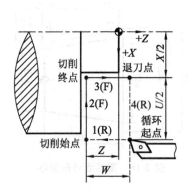

图 2-17　G94 的切削循环过程

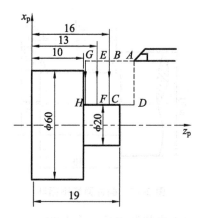

图 2-18　G94 圆柱示例图

程序代码如下：

$$A-B-C-D-A: \quad G94\ X20\ Z16\ F30$$
$$A-E-F-D-A: \quad\quad\quad Z13$$
$$A-G-H-D-A: \quad\quad\quad Z10$$

2. 圆锥端面切削循环指令 G94

（1）指令格式

$$G94\ X(U)\_\ Z(W)\_\ R\_\ F\_;$$

程序中：X,Z——绝对值编程时，为切削终点在工件坐标系下的坐标；增量编程时，为切削终点相对于循环起点的增量坐标值，用 U,W 表示；

　　　　R——端面起始点至终点在位移 Z 向的坐标增量，编程时切削起点坐标 Z 值大于终点坐标 Z 值，R 为正，反之 R 为负。

　　　　F——进给速度。

（2）走刀路线

本指令为圆锥端面切削循环指令，如图 2-19 所示。

（3）编程举例

运用带锥度端面切削循环指令对图 2-20 所示零件编程。

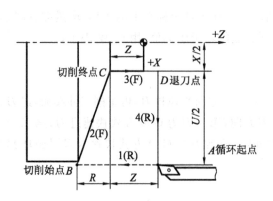

图 2-19　G94 的圆锥端面循环过程

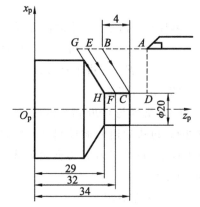

图 2-20　G94 圆锥示例图

程序代码如下：

$$A-B-C-D-A: \quad G94 \ X20 \ Z34 \ R-4 \ F30$$
$$A-E-F-D-A: \qquad\qquad Z32$$
$$A-G-H-D-A: \qquad\qquad Z29$$

3. 外圆加工程序编写

编写图 2-21 中的外圆切削程序。表 2-15 为其程序代码。

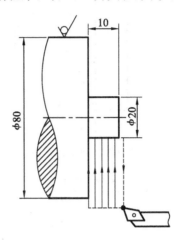

图 2-21　外圆示例图

表 2-15　程序代码

程　序	注　释
O5006；	程序名
N10 G99 G21；	设定转进给、米制编程
N20 M03 S600；	主轴正转,转速为 600 r/min
N30 T0101；	换 1 号端面车刀,导入刀具刀补
N40 G00 X83.0 Z2.0；	快速到达循环起点
N50 G94 X20.2 Z−2.0 F0.3；	循环加工,切削深度为 2 mm,进给量为 0.3 mm/r
N60 Z−4.0；	模态指令,继续循环加工
N70 Z−6.0；	
N80 Z−8.0；	
N90 Z−9.8；	
N100 G94 X20.0 Z−10.0 F0.10 S1000；	精加工,进给量为 0.10 mm/r,转速为 1000 r/min
N110 G00 X100.0；	刀具沿径向快速退出
N120 Z150.0；	刀具沿轴向快速退出
N130 M30；	主程序结束并返回程序起点

4. 锥面加工程序编写

编写图 2-22 中的锥面切削程序。表 2-16 为其程序代码。

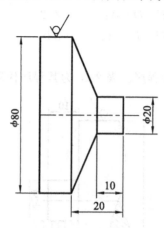

图 2-22　锥面示例图

表 2-16　程序代码

程　序	注　释
O5007；	程序名
N10 M03 S600；	主轴正转，转速为 600 r/min
N20 T0202；	换 2 号端面车刀，导入刀具刀补
N30 G00 X86.0 Z3.0；	快速到达循环起点
N40 G94 X20.10 Z6.0 R−11.0 F0.3；	循环加工，进给量为 0.3 mm/r
N50 Z2.0；	
N60 Z−1.0；	
N70 Z−4.0；	模态指令，循环加工
N80 Z−7.0；	
N90 Z−9.8；	
N100 G94 X20.0 Z−10.0 R−11.0 F0.10 S1000；	精加工循环，进给量为 0.1 mm/r，主轴转速为 1000 r/min
N110 G00 X100.0；	刀具沿径向快速退出
N120 Z150.0；	刀具沿轴向快速退出
N130 M30；	主程序结束并返回程序起点

 技能演练

1. 零件如图 2-23 所示，毛坯为 φ50 的圆棒料，材料为 45 钢。

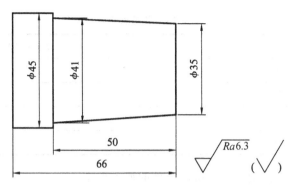

图 2-23 示例零件

1) 确定数控车削加工工艺

（1）分析零件图

_____

（2）确定数控车削加工工艺

① 确定工艺路线。

该零件分 4 个工步完成：_____ → _____ →

_____ → _____。

② 选择装夹表面与夹具。

使用_____装夹_____表面,棒料伸出卡盘长度约 86 mm。

③ 选择刀具。

1 号刀为 90°偏刀:加工外圆和端面。

2 号刀为切断刀:切断,选左刀尖点作为刀位点,刀宽 4 mm。

④ 确定切削用量,填写表 2-17。

表 2-17 切削用量

切削用量 工步	背吃刀量（mm）	进给量（mm/r）	主轴转速（r/min）
车平右端面			
粗车 φ25 的外圆			
精车 φ25 的外圆			
切断			

（3）设定工件坐标系

选取工件_____为工件坐标系的原点。

（4）计算各基点坐标（在图中标出各点的位置）并填于表 2-18 中

表 2-18 各基点坐标

点	坐标值(X,Z)
A	
B	
C	
D	

2）应用 G90 指令编写图 2-24 所示零件的加工程序

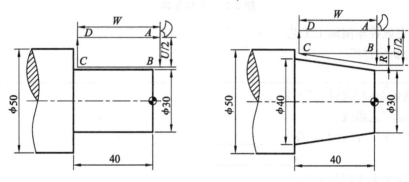

图 2-24 编程举例

3）编制图 2-23 所示零件的数控加工程序

2. 零件如图 2-25 所示,毛坯为 φ80×36 的圆棒料,材料为 45 钢。

1) 确定数控车削加工工艺

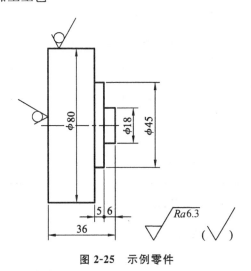

图 2-25　示例零件

(1) 分析零件图

_____

_____

(2) 确定数控车削加工工艺

① 确定工艺路线。

该零件分 3 个工步完成:_____ → _____ →

_____。

② 选择装夹表面与夹具。

使用_____装夹_____表面,棒料伸出

卡盘长度约 20 mm。

③ 选择刀具。

1 号刀为 90°偏刀:加工端面及台阶面。

④ 确定切削用量,填写表 2-19。

表 2-19　切削用量

切削用量 工步	背吃刀量(mm)	进给量(mm/r)	主轴转速(r/min)

（3）设定工件坐标系

选取工件＿＿＿＿＿＿＿＿＿＿＿＿＿＿＿＿＿为工件坐标系的原点。

（4）计算各基点坐标（在图中标出各点的位置）并填于表2-20中

表2-20　各基点坐标

点	坐标值(X,Z)
A	
B	
C	
D	
E	

2）应用G94指令编写图2-26所示零件的加工程序

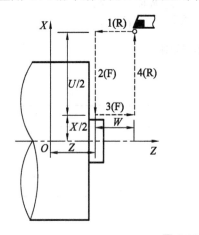 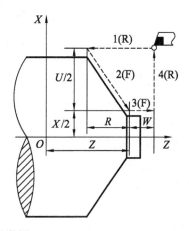

图2-26　编程举例

3）编制图2-25所示零件的数控加工程序

＿＿＿＿＿＿＿＿＿＿＿＿＿＿＿　　＿＿＿＿＿＿＿＿＿＿＿＿＿＿＿

＿＿＿＿＿＿＿＿＿＿＿＿＿＿＿　　＿＿＿＿＿＿＿＿＿＿＿＿＿＿＿

＿＿＿＿＿＿＿＿＿＿＿＿＿＿＿　　＿＿＿＿＿＿＿＿＿＿＿＿＿＿＿

＿＿＿＿＿＿＿＿＿＿＿＿＿＿＿　　＿＿＿＿＿＿＿＿＿＿＿＿＿＿＿

＿＿＿＿＿＿＿＿＿＿＿＿＿＿＿　　＿＿＿＿＿＿＿＿＿＿＿＿＿＿＿

＿＿＿＿＿＿＿＿＿＿＿＿＿＿＿　　＿＿＿＿＿＿＿＿＿＿＿＿＿＿＿

＿＿＿＿＿＿＿＿＿＿＿＿＿＿＿　　＿＿＿＿＿＿＿＿＿＿＿＿＿＿＿

＿＿＿＿＿＿＿＿＿＿＿＿＿＿＿　　＿＿＿＿＿＿＿＿＿＿＿＿＿＿＿

＿＿＿＿＿＿＿＿＿＿＿＿＿＿＿　　＿＿＿＿＿＿＿＿＿＿＿＿＿＿＿

＿＿＿＿＿＿＿＿＿＿＿＿＿＿＿　　＿＿＿＿＿＿＿＿＿＿＿＿＿＿＿

＿＿＿＿＿＿＿＿＿＿＿＿＿＿＿　　＿＿＿＿＿＿＿＿＿＿＿＿＿＿＿

3. 选择合适指令编写图例 2-27 的程序。

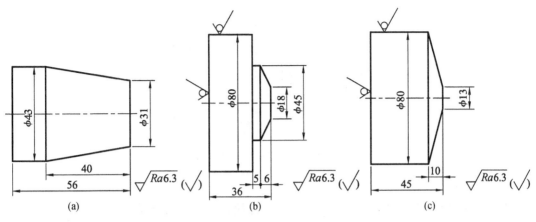

图 2-27　编程实例

任务五　切槽与切断（G04 指令）

　知识准备

一、G04 指令

（1）指令功能

暂停功能，程序暂时停止运行，刀架停止进给，但主轴继续旋转。

（2）指令格式

$$G04\ X(P)\_\ ;$$

程序中：X——暂停时间，用小数点编程指定暂停时间，s；

　　　　P——暂停时间，只能用整数指定暂停时间，ms。

在进行车槽、车阶梯轴等加工时，常要求刀具在短时间内实现无进给光整加工，此时可用 G04 指令实现刀具暂时停止进给。G04 为非模态指令，只在本程序段中有效。

（3）编程举例

零件中槽底停留片刻的程序：

　　　N40 G04 X1.5;　　　　　　槽底暂停 1.5 s

　　　（N40 G04 P1500;　　　　　暂停 1500 ms）

二、绝对/增量尺寸字

FANUC 0i 系统是用地址(X,Z)设定绝对尺寸；用(U,W)设定增量尺寸；混合编程时为(X,W)或(U,Z)。

试写出图 2-28 所示零件的精加工程序。

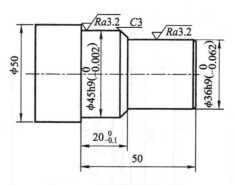

图 2-28　增量坐标编程示例

……

N50 G00 X34 Z0;　　　　　　　　绝对坐标编程,定位至轮廓起点

N60 G01 X36 W−1 F0.1;　　　　　倒角 C1,X 轴绝对坐标编程,Z 轴增量坐标编程

N70 W−29;　　　　　　　　　　车 φ36 外圆,Z 轴增量坐标编程

N80 X45 W−3;　　　　　　　　　倒角 C3,X 轴绝对坐标编程,Z 轴增量坐标编程

N90 W−17;　　　　　　　　　　车 φ45 外圆,Z 轴增量坐标编程

N100 X50;　　　　　　　　　　　车端面

……

三、FANUC 0i 系统的子程序

(1) 子程序结构

　　　　　　　　　　　O1000(子程序名)

　　　　　　　　　　　……

　　　　　　　　　　　M99　子程序结束,返回主程序

(2) 子程序调用

　　　　　　　　　　　O0001(主程序名)

　　　　　　　　　　　……

　　　　　　　　　　　M98 P21000　调用子程序 O1000,调用 2 次

　　　　　　　　　　　……

　　　　　　　　　　　M02/M30

程序中:O——后跟 4 位数字,表示主程序和子程序名;

　　　　M99——子程序结束指令;

　　　　M98——子程序调用指令;

　　　　P——后跟 7 位数字,前 3 位表示调用次数(前置零可以省略),省略时表示
　　　　　　　只调用一次;后 4 位表示子程序号。

　　如果主程序在存储器方式下工作,当子程序结束时,M99 后面用 P 指定一个顺序号,
则子程序结束后直接返回到 P 指定的主程序的程序段号。

　　　　　　　　　　主程序　　　　　　　　　　　　子程序

　　　　　　　　　　O0001　　　　　　　　　　　　O1000

N10 ……
N20 M98 P1000
N30 ……
N40 ……
N50 ……
N60 ……

N10 ……
N20 ……
N30 ……
N40 M99 P50

（3）子程序嵌套

一个主程序可以调用多个子程序，被调用的子程序也可以调用其他子程序，这种方式称为子程序的嵌套。子程序的调用最多可以嵌套 4 级。

主程序	子程序	子程序	子程序
O0001	O1000	O2000	O3000
……	……	……	……
M98 P1000	M98 P2000	M98 P3000	M98 P4000
……	……	……	……
M30	M99	M99	M99

子程序调用指令 M98 可以与运动指令出现在同一个程序段中，如：G00 X100 M98 P20002。

技能演练

1. 零件如图 2-29 所示，毛坯为 φ30 的圆棒料，材料为 45 钢。

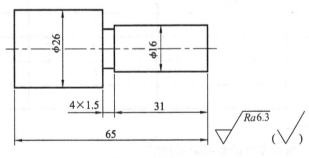

图 2-29　示例零件

1）确定数控车削加工工艺

（1）分析零件图

_____

（2）确定数控车削加工工艺

① 确定工艺路线。

该零件分 5 个工步完成：_____ → _____ →

_____ → _____ → _____。

② 选择装夹表面与夹具。

使用_____装夹_____表面，棒料伸出卡盘长度约 80 mm。

③ 选择刀具。

1 号刀为 90°偏刀:粗加工外表面和端面。

2 号刀为 90°偏刀:精加工外表面和端面。

3 号刀为切断刀。

④ 确定切削用量,填写表 2-21。

表 2-21　切削用量

工步＼切削用量	背吃刀(mm)	进给量(mm/r)	主轴转速(r/min)
车右端面			
粗车外表面			
精车外表面			
切槽			
切断			

（3）设定工件坐标系

选取工件_____为工件坐标系的原点。

（4）计算各基点坐标(在图中标出各点的位置)并填于表 2-22 中

表 2-22　各基点坐标

点	坐标值(X,Z)	点	坐标值(X,Z)
A		E	
B		F	
C		G	
D			

2）学习 G04 指令

3）编制图 2-29 所示零件的数控加工程序

_____　_____
_____　_____
_____　_____
_____　_____
_____　_____
_____　_____
_____　_____
_____　_____

2. 编写图 2-30 中的切槽程序。

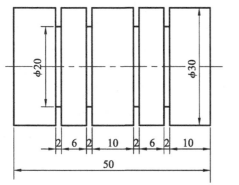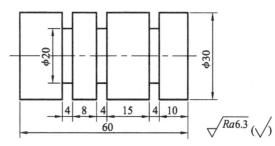

图 2-30　切槽编程实例

任务六　圆弧面精、粗加工编程(G70 和 G71 指令)

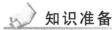 知识准备

一、精车固定循环(G70)

指令格式：

$$G70 \ P(ns) \ Q(nf);$$

程序中：ns——指定精加工路线的第一个程序段的段号；

nf——指定精加工路线的最后一个程序段的段号。

G70 指令用在 G71,G72,G73 指令粗车工件后来进行精车循环。在 G70 状态下，在指定的精车描述程序段中的 F,S,T 有效。若不指定，则维持粗车前指定的 F,S,T 状态。G70 到 G73 中,ns 到 nf 间的程序段不能调用子程序。当 G70 循环结束时，刀具返回到起点并读下一个程序段。

二、外(内)径粗车循环 G71

指令格式：

$$G71 \ U(\Delta d) \ R(e);$$

$$G71 \ P(ns) \ Q(nf) \ U(\Delta u) \ W(\Delta w) \ F \_ \ S \_ \ T \_;$$

程序中：Δd——每次 X 向循环的切削深度(半径值,无正负号)；

e——每次 X 向切削退刀量(半径值,无正负号)；

ns——指定精加工路线的第一个程序段的段号；

nf——指定精加工路线的最后一个程序段的段号；

Δu——X 向精加工余量(直径量,外圆加工为正,内孔加工为负)；

Δw——Z 向精加工余量；

F,S,T——粗车时的进给速度、主轴转速、刀具号。指令中的 F 值和 S 值一经指定,则在程序段号"ns"和"nf"之间所有的 F 和 S 值均无效。

使用 G71 粗车循环时,零件沿 X 轴的外形必须是单调递增或单调递减。其加工路线如图 2-31 所示,刀具从循环起点(点 C)开始,快速退刀至点 D,退刀量由 Δw 和 $\Delta u/2$ 值确定;再快速沿 X 向进刀 Δd(半径值)至点 E;然后按 G01 进给至点 G 后,沿 45°方向快速退刀至点 H(X 向退刀量由 e 值确定);Z 向快速退刀至循环起点的 Z 值处(点 I);再次 X 向进刀至点 J(进刀量为 $e+\Delta d$)进行第二次切削;该循环至粗车完成后,再进行平行于精加工表面的半精车(这时,刀具沿精加工表面分别留出 Δw 和 Δu 的余量);半精车完成后,快速退回循环起点,结束粗车循环所有动作。

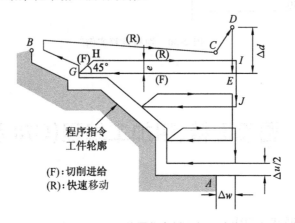

图 2-31　G71 外圆粗车循环加工路线

三、编程举例

编写如图 2-32 所示的外圆粗车循环加工程序。

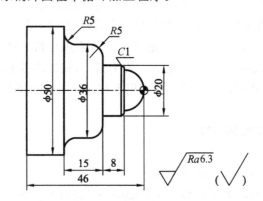

图 2-32　外圆粗车循环应用示例

加工程序如下:

O0005;	程序名
N10 G98 G00 X100 Z100;	设置加工起点
N20 T0101;	调用 1 号刀具及刀补
N30 M03 S600;	粗车转速

N40 G00 X52 Z3;	刀具到达循环起点位置
N50 G71 U2 R1;	设置粗车循环参数,粗切量 2 mm
N60 G71 P70 Q170 U0.4 W0 F100;	粗车循环,X 向留 0.4 mm 余量精切
N70 G00 X0 S1000;	精加工轮廓起始段,此段不允许有 Z 方向的定位,S1000 为精车转速
N80 G01 Z0 F50;	F50 为精车进给速度
N90 G03 X16 Z−8 R8;	
N100 G01 X18;	
N110 X20 Z−9;	
N120 Z−16;	
N130 X26;	
N140 G03 X36 Z−21 R5;	
N150 G01 Z−26;	
N160 G02 X46 Z−31 R5;	
N170 G01 X52;	精加工轮廓结束段
N180 G70 P70 Q170;	调用精车循环
N190 G00 X100 Z100;	回加工起点
N200 M05;	主轴停转
N210 M30;	程序结束并返回加工开头

技能演练

1. 零件如图 2-33 所示,毛坯为 ϕ50 的圆棒料,材料为 45 钢。

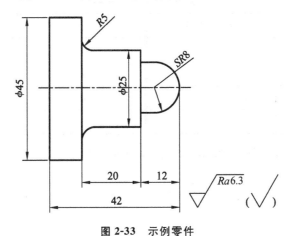

图 2-33　示例零件

1) 确定数控车削加工工艺

(1) 分析零件图

（2）确定数控车削加工工艺

① 确定工艺路线。

精加工零件的外表面。

② 选择装夹表面与夹具。

使用＿＿＿＿＿＿＿＿＿＿＿装夹＿＿＿＿＿＿＿＿＿＿＿＿表面,棒料伸出卡盘长度约 62 mm。

③ 选择刀具。

1 号刀为 90°偏刀:粗加工外圆和端面。

2 号刀为 90°偏刀:精加工外圆和端面。

3 号刀为切断刀:切断,选左刀尖点作为刀位点,刀宽 4 mm。

④ 确定切削用量,填写表 2-23。

表 2-23　切削用量

切削用量\\工步	背吃刀量(mm)	进给量(mm/r)	主轴转速(r/min)
粗车外表面			
精车外表面			
切断			

（3）设定工件坐标系

选取工件＿＿＿＿＿＿＿＿＿＿＿＿＿为工件坐标系的原点。

（4）计算各基点坐标(在图中标出各点的位置)并填于表 2-24 中

表 2-24　各基点坐标

点	坐标值(X,Z)	点	坐标值(X,Z)
A		E	
B		F	
C		G	
D			

2）学习 G71 和 G70 指令,写出 G71 指令中各参数的含义

G71 U(Δd) R(e);

G71 P(ns) Q(nf) U(Δu) W(Δw) F _ S _ T _;

程序中:Δd——

e——

ns——

nf——

Δu——

Δw——

F, S, T——

3）编制图 2-33 所示零件的数控加工程序

_____ | _____
_____ | _____
_____ | _____
_____ | _____
_____ | _____
_____ | _____
_____ | _____
_____ | _____
_____ | _____
_____ | _____
_____ | _____
_____ | _____
_____ | _____
_____ | _____
_____ | _____
_____ | _____
_____ | _____
_____ | _____
_____ | _____

2. 运用 G71 指令编写图 2-34 所示零件的程序。

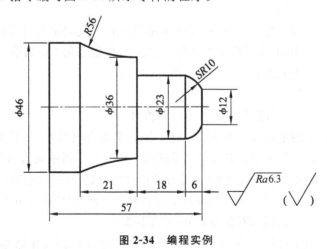

图 2-34 编程实例

知识拓展

刀具补偿功能是用来补偿刀具实际安装位置（或实际刀尖圆弧半径）与理论编程位置（刀尖圆弧半径）之差的一种功能。刀具补偿功能是数控车床的一种主要功能，它分为两大类:刀具偏移补偿(即刀具位置补偿)和刀尖圆弧半径补偿。

一、刀具位置补偿

1. 刀具位置补偿的目的

编程时,设定刀架上各刀在工作位置时其刀尖位置是一致的,但由于刀具的几何形状及安装的不同,实际刀尖位置是不一致的,其相对于工件原点的距离也是不同的,因此要将各刀具的位置值进行比较或设定,称为刀具位置补偿。图 2-35a 所示为刀具安装位置,图 2-35b 所示为两把刀在同一基准下的位置偏移量。

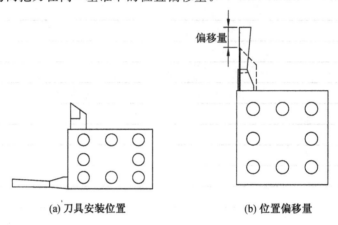

(a) 刀具安装位置   (b) 位置偏移量

图 2-35   刀具位置补偿

图 2-35b 中这个偏差量可通过刀具补偿值设定,使刀具在 X 方向和 Z 方向获得相应的补偿量。通过对刀或刀具预调,使每把刀的刀位点尽量重合于某一理想基准点;同时,测定各号刀的刀位偏差值,并存入相应的刀具偏置寄存器中以备加工时随时调用。

2. 刀具位置补偿的应用

刀具位置可以由刀具号来实现,在程序中用指定的 T 代码来表示刀具号。

FANUC 0i 系统中,T 代码指定有 2 种方式:2 位数指令和 4 位数指令。一般情况下,常用 4 位数指令指定刀具偏置,这里只介绍 4 位数指令。

T 代码的说明: T　×　×　＋　×　×

　　　　　　　　刀具号　　　刀具补偿号

4 位数指令是 T 地址后跟 4 位数字,前 2 位数字为刀具号,后 2 位数字为刀具补偿号。刀具补偿号实际上是刀具补偿寄存器的地址号,该寄存器中放有刀具的几何偏置量和磨损偏置量(X 轴偏置和 Z 轴偏置)。刀具补偿号可以是 00～32 中的任意一个数,刀具补偿号为 00 时,表示不进行刀具补偿或取消刀具补偿。例如"G00 X20 Z10 T0101;"表示调用 1 号刀具,且有刀具补偿,补偿量在 01 号存储器内。

当刀具磨损后或工件尺寸有误差时,只要修改每把刀相应存储器中的数值即可。例如,某工件加工后外圆直径比要求尺寸大(减小)了 0.02 mm,则可以用 U－0.02(或 U＋0.02)修改相应存储器中的数值;当长度方向尺寸有误差时,修改方法类同。

由此可见,刀具偏移可以根据实际需要分别或同时对刀具轴向和径向的偏移量进行修正。修正的方法是:在程序中事先给定各刀具及其刀具补偿号,每个刀具补偿号中的 X

向刀具补偿值和 Z 向补偿值由操作者按实际需要输入数控装置。每当程序调用这一刀具补偿号时,该刀具补偿值就生效,使刀尖从偏离位置恢复到编程轨迹,从而实现刀具偏移量的修正。

需要注意的是:

① 刀具补偿程序段内有 G00 或 G01 功能才生效,而且偏移量补偿在一个程序的执行过程中完成,这个过程是不能省略的。

② 在调用刀具时,必须在取消刀具补偿状态下调用刀具。

二、刀尖半径补偿

1. 刀尖半径补偿的目的

车刀的刀尖由于磨损等原因总有一个小圆弧(车刀不可能是绝对尖的),但是编程计算点是根据理想刀尖(假想刀尖)O' 来计算的,如图 2-36 所示,因此实际车削时,起作用的切削刃是车刀圆弧的各切点,这样就会产生加工表面形状误差,如图 2-37 所示。

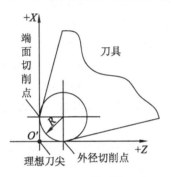

图 2-36 刀尖圆弧和刀尖

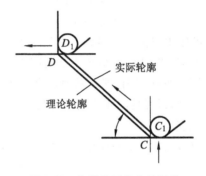

图 2-37 车圆锥时产生的误差

为保持工件轮廓形状,加工时不允许刀具中心轨迹与被加工工件轮廓重合,而应与工件轮廓偏移一个半径值 R,这种偏移称为刀尖半径补偿。采用机床的刀尖半径补偿功能,编程者只需按工件轮廓线编程。数控系统执行刀尖半径补偿后,刀具自动偏离工件轮廓一个刀具半径值,从而消除了刀尖圆弧半径对工件形状的影响,如图 2-38 所示。

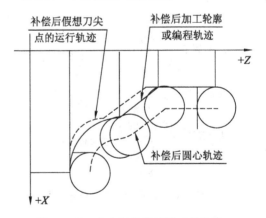

图 2-38 刀尖半径补偿时的刀具轨迹

2. 刀尖半径补偿的指令

FANUC 0i 系统中,均使用 G41/G42,G40 刀尖半径补偿指令,功能和用法类似。

G41:刀尖半径左补偿。

G42:刀尖半径右补偿。

G40:取消刀尖半径补偿。

(1) 左、右补偿判别方法

前置刀架左、右补偿判别方法如图 2-39 所示。后置刀架左、右补偿判别方法如图2-40

所示。所以,不论是前置刀架还是后置刀架,沿车刀进给方向观察车外轮廓都是用刀尖半径右补偿 G42,车内轮廓都是用刀尖半径左补偿 G41。

图 2-39　前置刀架左、右补偿判别方法　　　　图 2-40　后置刀架左、右补偿判别方法

(2) 指令格式

$$G00/G01\ G41\ X\ \_\ Z\ \_\ ;建立刀尖半径左补偿$$
$$G00/G01\ G42\ X\ \_\ Z\ \_\ ;建立刀尖半径右补偿$$
$$G00/G01\ G40\ X\ \_\ Z\ \_\ ;取消刀尖半径补偿$$

(3) 机床中刀尖半径参数及刀尖位置号输入(见图 2-41 和图 2-42)

① G41,G42 和 G40 指令不能与圆弧切削指令写在同一个程序段内,但可与 G1,G0 指令写在同一程序段内,即它是通过直线运动来建立或取消刀具补偿的。

② 在调用新刀具前或要更改刀具补偿方向时,中间必须取消前一个刀具补偿,以避免产生加工误差。

③ 在 G41 或 G42 程序段后面加 G40 程序段,便可以取消刀尖半径补偿,其格式为

$$G41(或\ G42)……;$$
$$G40……;$$

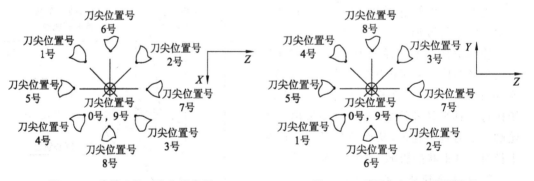

图 2-41　前置刀架刀尖位置代号　　　　图 2-42　后置刀架刀尖位置代号

程序的最后必须以取消偏置状态结束,否则刀具不能在终点定位,而是停在与终点位置偏移一个矢量的位置上。

④ G41,G42 和 G40 是模态代码。

⑤ 在 G41 方式中,不要再指定 G42 方式,否则补偿会出错;同样,在 G42 方式中,不要再指定 G41 方式。当补偿取负值时,G41 和 G42 可互相转化。

⑥ 在使用 G41 和 G42 之后的程序段中,不能出现连续 2 个或 2 个以上的不移动指令,否则 G41 和 G42 会失效。

（4）编程举例

如图 2-43 所示,试写出零件锥度精加工程序调用刀尖圆弧半径补偿的程序。

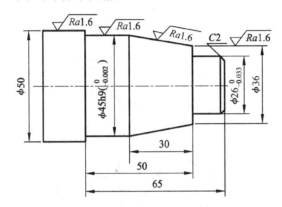

图 2-43　刀尖圆弧半径补偿应用示例

……

G00 X52.0;

　　Z－13.0;

G00 G42 X36.0;　　　　　　调用工件轮廓右补偿,车刀进给至锥度精加工起点

G01 Z－15.0 F0.1;　　　　　车刀进给至锥度加工起点

　　X45.0 Z－45.0;　　　　　外圆锥精车

G00 G40 X52.0;　　　　　　取消刀尖圆弧半径补偿,车刀退回 X 轴起刀点

G00 Z2.0;　　　　　　　　　车刀退回 Z 轴起刀点

……

任务七　复杂端面加工编程(G72 指令)

 知识准备

指令格式:

　　　　　　　　G72 W△d) R(e);

　　　　　　　　G72 P(ns) Q(nf) U(△u) W(△w) F _ S _ T _;

程序中:△d——每次 Z 向循环的切削深度(无正负号);

　　　　e——每次 Z 向切削退刀量;

　　　　ns——指定精加工路线的第一个程序段的段号;

　　　　nf——指定精加工路线的最后一个程序段的段号;

　　　　△u——X 向精加工余量(直径量,外圆加工为正,内孔加工为负);

　　　　△w——Z 向精加工余量;

F,S,T——粗车时的进给速度、主轴转速、刀具号。

G72 循环指令加工路线与 G71 类似,不同之处在于该循环是沿 Z 向进行分层切削的,如图 2-44 所示。

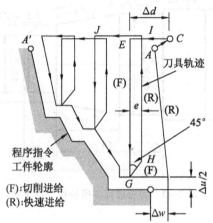

图 2-44　端面粗车循车加工路线

技能演练

1. 零件如图 2-45 所示,毛坯为 ϕ80×43 的圆棒料,材料为 45 钢。

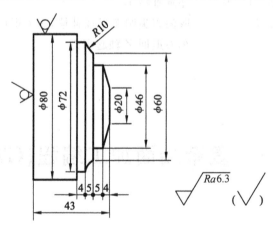

图 2-45　示例零件

1) 确定数控车削加工工艺

(1) 分析零件图

_____

(2) 确定数控车削加工工艺

① 确定工艺路线。

该零件分 3 个工步完成:_____ → _____ →

_____ 。

② 选择装夹表面与夹具。

使用＿＿＿＿＿＿＿＿＿＿＿＿＿＿＿装夹＿＿＿＿＿＿＿＿＿＿＿＿＿＿＿＿＿表面,棒料伸出卡盘长度约 28 mm。

③ 选择刀具。

1号刀为 90°偏刀:粗加工外表面和端面。

2号刀为 90°偏刀:精加工外表面和端面。

④ 确定切削用量,填写表 2-25。

表 2-25　切削用量

切削用量 工步	背吃刀量(mm)	进给量(mm/r)	主轴转速(r/min)
车右端面			
粗车外表面			
精车外表面			

(3) 设定工件坐标系

选取工件＿＿＿＿＿＿＿＿＿＿＿＿＿＿＿＿＿＿＿为工件坐标系的原点。

(4) 计算各基点坐标(在图中标出各点的位置)并填于表 2-26 中

表 2-26　各基点坐标

点	坐标值(X,Z)	点	坐标值(X,Z)
A		E	
B		F	
C		G	
D			

2) 学习 G72 指令

指令格式:

$$G72 \ W\Delta d) \ R(e);$$

$$G72 \ P(ns) \ Q(nf) \ U(\Delta u) \ W(\Delta w) \ F \_\_ \ S \_\_ \ T \_\_;$$

程序中: Δd ——

e ——

ns——

nf——

Δu ——

Δw ——

F, S, T ——

3）编制图 2-45 所示零件的数控加工程序

_____　　　　_____
_____　　　　_____
_____　　　　_____
_____　　　　_____
_____　　　　_____
_____　　　　_____
_____　　　　_____

2. 运用 G72 指令编写图 2-46 所示零件的程序。

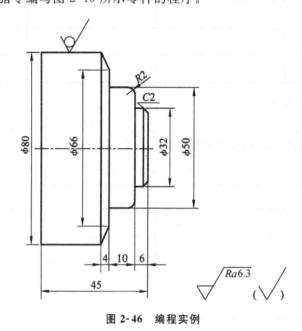

图 2-46　编程实例

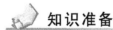　任务八　锻件与铸件加工编程（G73 指令）

知识准备

一、指令格式

$$G73\ U(\Delta i)\ W(\Delta k)\ R(\Delta d);$$

$$G73\ P(ns)\ Q(nf)\ U(\Delta u)\ W(\Delta w)\ F\_\_S\_\_T\_\_;$$

程序中：Δi——X 方向总退刀量（半径值、正值）；

　　　　　Δk——Z 方向总退刀量；

Δd——粗车循环的次数;

ns——指定精加工路线的第一个程序段的段号;

nf——指定精加工路线的最后一个程序段的段号;

Δu——X 向精加工余量(直径量);

Δw——Z 向精加工余量;

F,S,T——粗车时的进给速度、主轴转速、刀具号。

固定形状粗车循环也称为封闭切削循环,它是按照一定的切削形状逐渐接近最终形状的车削方法,可以高效地切削铸造成形、锻造成形或已粗车成形的工件。用 G73 指令进行封闭粗切循环的加工路线如图 2-47 所示。

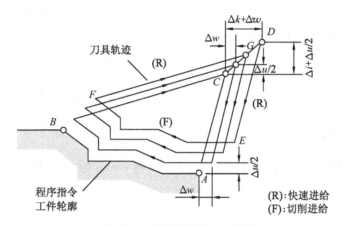

图 2-47　封闭粗切循环加工路线

二、编程举例

编写如图 2-48 所示的固定形状粗车循环加工程序。

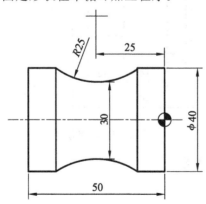

图 2-48　固定形状粗车循环应用示例

加工程序如下:

O0006;	程序名
N10 G98 G00 X100 Z100;	设置加工起点
N20 T0101;	调用 1 号刀具及刀补

N30 M03 S600;	粗车转速
N40 G00 X52 Z3;	刀具到达循环起点位置
N50 G73 U5 W3 R3;	设置粗车循环参数
N60 G73 P70 Q120 U0.5 W0 F100;	粗车循环,X 向留 0.5 mm 余量精切
N70 G00 X40 S1000;	精加工轮廓起始段,S1000 为精车转速
N80 G01 Z0 F50;	F50 为精车进给速度
N90 Z—10;	
N100 G02 X40 Z—40 R25;	
N110 G01 Z—50;	
N120 X50;	精加工轮廓结束段
N130 G70 P70 Q120;	调用精车循环
N140 G00 X100 Z100;	回加工起点
N150 M05;	主轴停转
N160 M30;	程序结束并返回加工开头

技能演练

1. 零件如图 2-49 所示,毛坯为锻件,表面留有 5 mm 的余量,材料为 45 钢。

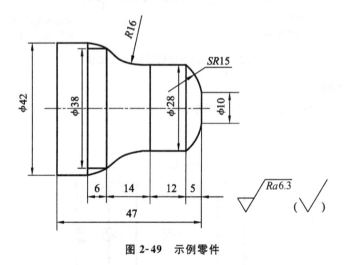

图 2-49　示例零件

1) 确定数控车削加工工艺

(1) 分析零件图

_____

(2) 确定数控车削加工工艺

① 确定工艺路线。

该零件分 4 个工步完成:_____ → _____ → _____ →

_____。

② 选择装夹表面与夹具。

使用＿＿＿＿＿＿＿＿＿＿＿＿＿＿装夹＿＿＿＿＿＿＿＿＿＿＿＿＿＿＿表面,棒料伸出卡盘长度约 28 mm。

③ 选择刀具。

1 号刀为 90°偏刀:粗加工外表面和端面。

2 号刀为 90°偏刀:精加工外表面和端面。

3 号刀为切断刀。

④ 确定切削用量,填写表 2-27。

表 2-27 切削用量

切削用量 \ 工步	背吃刀量(mm)	进给量(mm/r)	主轴转速(r/min)
车右端面			
粗车外表面			
精车外表面			
切断			

(3) 设定工件坐标系

选取工件＿＿＿＿＿＿＿＿＿＿＿＿＿＿＿＿＿为工件坐标系的原点。

(4) 计算各基点坐标(在图中标出各点的位置)并填于表 2-28 中

表 2-28 各基点坐标

点	坐标值(X,Z)	点	坐标值(X,Z)
A		E	
B		F	
C		G	
D			

2) 学习 G73 指令

指令格式

G73 U(Δi) W (Δk) R(Δd);

G73 P(ns) Q(nf) U(Δu) W(Δw) F ＿ S ＿ T ＿;

程序中:Δi——

Δk——

Δd——

ns——

nf——

Δu——

Δw——

F, S, T——

3) 编制图 2-49 所示零件的数控加工程序

_____ _____
_____ _____
_____ _____
_____ _____
_____ _____
_____ _____

2. 运用 G73 指令编写图 2-50 所示零件的加工程序。

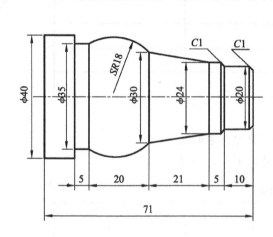 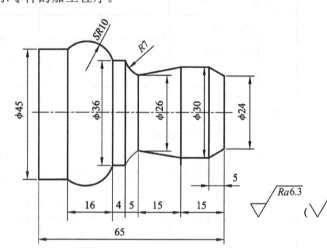

图 2-50   编程实例

  任务九   螺纹件加工编程(**G32 和 G92 指令**)

知识准备

一、G32 指令

1. 指令功能

等螺距螺纹的切削。

2. 指令格式

$$G32\ X(U)\_\ Z(W)\_\ F\_;$$

程序中：X, Z——螺纹切削终点的坐标值；

　　　　$X(U)$——省略时为圆柱螺纹切削；

  $Z(W)$——省略时为端面螺纹切削;

  $X(U),Z(W)$——均不省略为锥面螺纹切削;

  U,W——螺纹切削终点相对于起点的坐标增量;

  F——螺纹的导程,mm。

  G32 指令加工螺纹时,其加工路线一般为一矩形,即从螺纹起点以 G00 方式径向进刀,然后进行纵向车螺纹,再以 G00 方式径向退刀、纵向退刀,如图 2-51 所示。

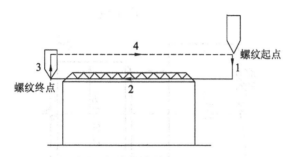

图 2-51 等螺距螺纹切削加工过程

3. 编程举例

试用 G32 指令编写如图 2-52 所示的圆柱螺纹切削程序。

加工程序如下:

O0007;	
N10 G54 G98 G21;	用 G54 指定工件坐标系、分进给、米制编程
N20 M03 S600;	主轴正转,转速 600 r/min
N30 T0101;	换螺纹刀,导入刀具刀补
N40 G00 X32 Z4;	快速到达循环起点,考虑空刀导入量
N50 G01 X29.1 F60;	进给到切螺纹起始点径向外侧(起刀点)
N60 G32 Z−27 F2;	螺纹背吃刀量 0.9 mm,切第一次
N70 G01 X32 F60;	沿径向退出
N80 G00 Z4;	快速返回到起刀点
N90 G01 X28.5 F60;	切第二次
N100 G32 Z−27 F2;	
N110 G01 X32 F60;	
N120 G00 Z4;	
N130 G01 X27.9 F60;	切第三次
N140 G32 Z−27 F2;	
N150 G01 X32 F60;	
N160 G00 Z4;	
N170 G01 X27.5 F60;	切第四次
N180 G32 Z−27 F2;	
N190 G01 X32 F60;	

N200 G00 Z4；

N210 G01 X27.4 F60；   切第五次（精车）

N220 G32 Z−27 F2；

N230 G01 X32 F60；

N240 G00 X100；

N250 Z100；   退刀

N260 M30；   程序结束

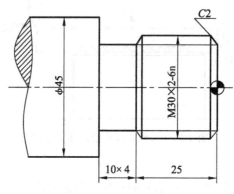

图 2-52   圆柱螺纹切削示例

二、螺纹固定循环 G92

1. 指令格式

$$G92\ X(U)\_\ Z(W)\_\ R\_\ F\_;$$

程序中：X, Z——螺纹切削终点的坐标值；

U, W——螺纹切削终点相对于起点的坐标增量；

R——螺纹切削起点与切削终点的半径差；加工圆柱螺纹时，R 为 0；加工圆锥螺纹时，当 X 向切削起始点坐标小于切削终点坐标时，R 为负，反之为正。

F——螺纹的导程，mm。

用 G32 指令编写螺纹加工程序，每切一刀，至少要 4 个程序段，程序长而烦琐。G92 指令适用于对直螺纹和锥螺纹进行循环切削，每指定一次，螺纹切削自动进行一个循环，其循环加工轨迹和 G90 类似，只是在第二步刀具到达某一位置时，可启动螺纹倒角，到达 $Z(W)$ 坐标。螺纹倒角距离可通过系统参数设定，一般为 $0.1L \sim 12.7L$。

2. 编程举例

试用 G92 指令编写如图 2-52 所示的圆柱螺纹切削程序。

加工程序如下：

……T0101；   换螺纹刀，导入刀具刀补

G00 X32 Z4；   快速到达循环起点，考虑升速进刀段

G92 X29.1 Z−27 F2；   螺纹背吃刀量 0.9 mm，考虑降速退刀段，循环 1

    X28.5；   螺纹切削循环 2

X27.9；	螺纹切削循环 3
X27.5；	螺纹切削循环 4
X27.4；	螺纹切削循环 5
X27.4；	无进给光整
G00 X100 Z100；	退刀

　　　　······

　　从上例可看出，螺纹切削循环指令 G92 把 G32 指令的"切入—螺纹切削—退刀—返回"4 个动作作为 1 个循环，大大地简化了程序。

技能演练

　　1. 零件如图 2-53 所示，毛坯为 φ50 的圆棒料，材料为 45 钢。

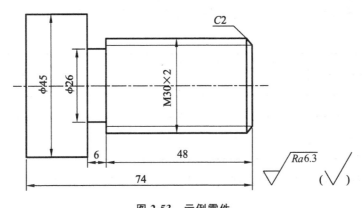

图 2-53　示例零件

　　1) 确定数控车削加工工艺

　　(1) 分析零件图

_____

　　(2) 确定数控车削加工工艺

　　① 确定工艺路线。

　　该零件分 6 个工步完成：_____ → _____ → _____ → _____ → _____ → _____ 。

　　② 选择装夹表面与夹具。

　　使用 _____ 装夹 _____ 表面，棒料伸出卡盘长度约 90 mm。

　　③ 选择刀具。

　　1 号刀为 90°偏刀：粗加工外表面和端面。

　　2 号刀为 90°偏刀：精加工外表面和端面。

　　3 号刀为切断刀：切槽与切断，刀宽 4 mm。

　　4 号刀为螺纹刀：车削 M30 螺纹。

　　④ 确定切削用量，填写表 2-29。

表 2-29   切削用量

工步 ＼ 切削用量	背吃刀量(mm)	进给量(mm/r)	主轴转速(r/min)
车右端面			
粗车外表面			
精车外表面			
切槽			
车螺纹			
切断			

(3) 设定工件坐标系

选取工件＿＿＿＿＿＿＿＿＿＿＿＿＿＿＿＿＿为工件坐标系的原点。

(4) 计算各基点坐标(在图中标出各点的位置)并填于表 2-30 中

表 2-30   各基点坐标

点	坐标值(X, Z)	点	坐标值(X, Z)
A		E	
B		F	
C		G	
D			

2) 运用 G32 和 G92 指令编写图 2-54 所示零件的加工程序

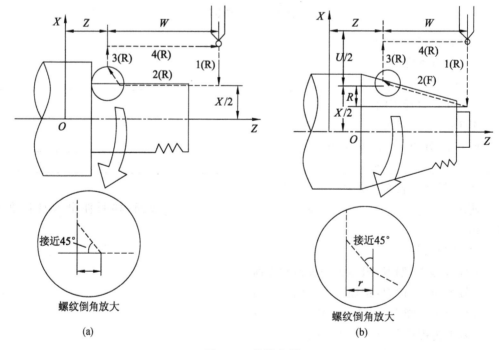

(a)

(b)

图 2-54   编程实例

3）编制图 2-53 所示零件的数控加工程序

_____   _____
_____   _____
_____   _____
_____   _____
_____   _____
_____   _____
_____   _____
_____   _____
_____   _____
_____   _____
_____   _____
_____   _____
_____   _____

2. 分别使用 G32 与 G92 指令编写图 2-55 所示零件的加工程序。

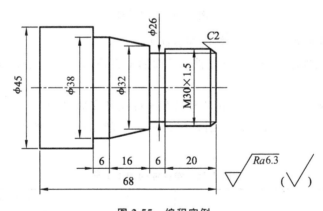

图 2-55 编程实例

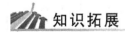 知识拓展

一、G76 斜进法螺纹指令格式

$$G76 \ P(mra) \ Q(dmin) \ R(d);$$

$$G76 \ X(u) \ Z(w) \ R(i) \ P(k) \ Q(\Delta d) \ F(l);$$

程序中：m——螺纹精加工重复次数；

      r——倒角量；

      a——牙型角度；

$d$min——最小切削深度;

d——精加工余量;

u——牙底坐标;

w——螺纹终点坐标;

i——螺纹两头直径差;

Δd——第一刀切削深度;

l——螺纹导程;

k——螺纹高度。

二、编程举例

1. 识图

(1) 零件如图 2-56 所示。

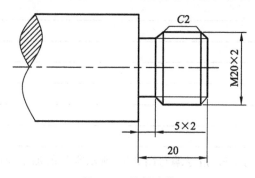

图 2-56　外螺纹件

(2) 该零件由外圆、倒角、槽、螺纹等表面组成。

(3) 该零件编程原点均设置在工件前端面的中心处,基点坐标分别加以计算。

2. 加工工艺

该工件的轮廓采用粗车轮廓循环和精车轮廓循环完成,槽的车削要根据槽宽和切槽刀的宽度分次加以完成,螺纹的车削将采用螺纹切削循环指令加以完成。加工工艺见表 2-31。

表 2-31　螺纹件的加工工艺

工步号	工步内容	刀具	切削用量		
			切削深度 (mm)	主轴转速 (r/min)	进给速度 (mm/r)
1	粗车 φ20 外圆	T01	1	600	F0.2
2	粗车 φ20 外圆至尺寸要求	T02	0.3	1000	F0.1
3	粗、精车槽至尺寸要求	T03	4	600	F0.1
4	粗、精车螺纹至尺寸要求	T03		600	

3. 编程实例

根据上述分析,图 2-56 所示零件 G76 指令编程的加工程序及注释见表 2-32。

表 2-32 螺纹件的 G76 加工程序及注释

程序清单	注 释
O0001；	程序号
N10 G00 X100 Z100；	设置加工起点
N20 T0101；	螺纹刀
N30 M03 S600；	转速
N40 G00 X20 Z5；	螺纹起刀点
N50 G76 P020060 Q50 R0.1；	螺纹车削参数设置
N60 G76 X17.84 Z−17 R0 P1080 Q500 F2；	
N70 G00 X100；	
N80 Z100；	回到加工起点
N90 M05；	主轴停转
N100 M30；	程序结束并回到加工开头

项目三

典型零件数控车床加工
工艺分析及编程操作

3

数控加工可大量减少工装数量,要改变零件的形状和尺寸,只需要修改零件的加工程序即可,适用于新产品研制和改型;数控加工质量稳定,加工精度高,重复精度高,适应飞行器的加工要求;数控加工在多品种、小批量生产情况下生产效率较高,能减少生产准备、机床调整和工序检验的时间,而且由于使用最佳切削量而减少了切削时间。数控机床可加工常规方法难以加工的复杂型面,甚至能加工一些无法观测的加工部位。数控车床操作流程主要为开机、返回参考点操作、车床手动操作、输入工件加工程序、刀具和工件装夹、对刀、程序校验、首件试切、工件加工等。

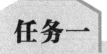

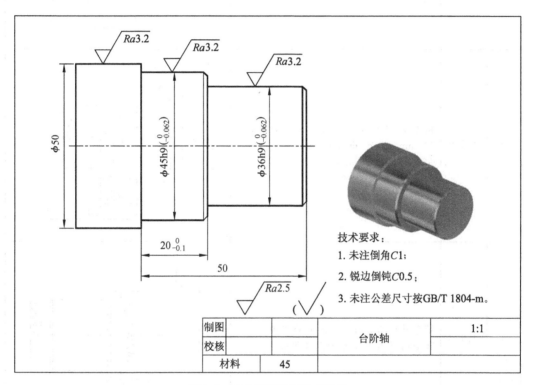

技术要求:

1. 未注倒角C1;

2. 锐边倒钝C0.5;

3. 未注公差尺寸按GB/T 1804-m。

制图		台阶轴	1:1
校核			
材料	45		

图 3-1 台阶轴零件图及三维图

一、台阶轴的加工工艺分析及工艺方案的制定

1. 加工工艺分析

由零件图可知,零件特征主要为外圆、台阶、端面。加工过程中应保证 $\phi 36h9$、$\phi 45h9$ 的尺寸精度及表面粗糙度轮廓。

2. 加工工艺路线

台阶轴加工工艺路线见表 3-1。

表 3-1　台阶轴加工工艺路线

序号	工步	工序内容	加工简图
1	工步 1	车端面，建立工件坐标系	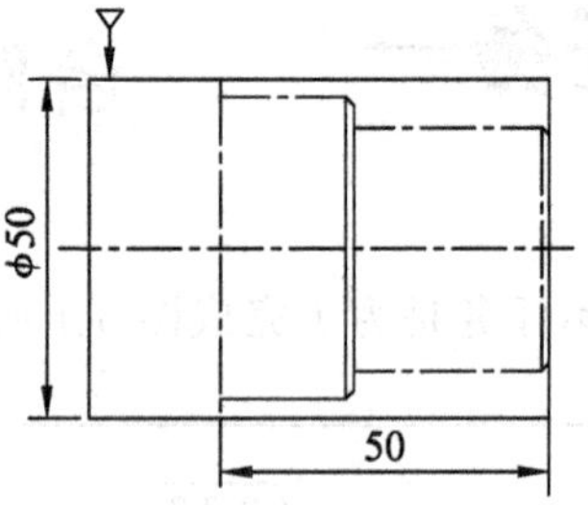 φ50　50
2	工步 2	粗车 φ45h9 mm×50 mm、φ36h9 mm× 30 mm 处至 φ45.5 mm×50 mm、φ36.5 mm×30 mm	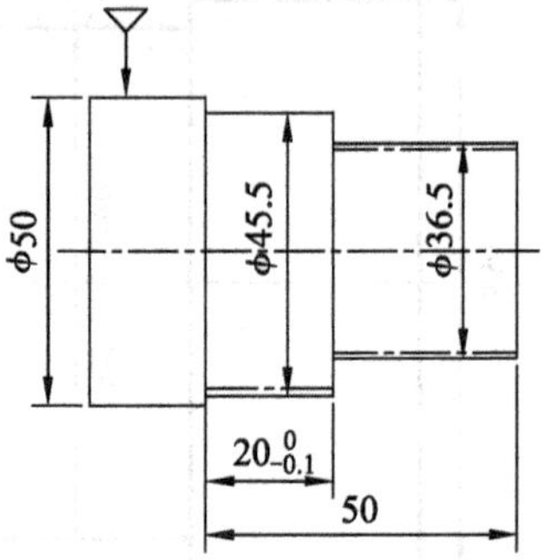 φ50　φ45.5　φ36.5　20$_{-0.1}^{0}$　50
3	工步 3	精车 φ45h9 mm×50 mm、φ36h9 mm× 30 mm，并倒角去锐至图样要求	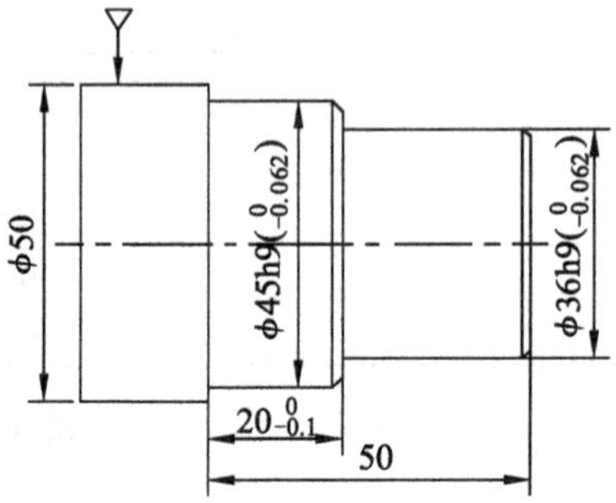 φ50　φ45h9($_{-0.062}^{0}$)　φ36h9($_{-0.062}^{0}$)　20$_{-0.1}^{0}$　50
4	工步 4	检测	

3. 确定切削刀具

T1：90°偏刀。

4. 确定切削用量

根据零件被加工表面的质量要求、刀具材料和工件材料，参考相关资料选取切削速度和进给量。数控加工工艺卡见表 3-2。

表 3-2 数控加工工艺卡

班级	姓名	产品名称或代号	零件名称	零件图号
			台阶轴	
工序号	程序编号	夹具名称	使用设备	车间
	SC20151(O0001)	三爪自定心卡盘	CK6136 数控车床	数控中心

工步号	工步内容	刀具号	刀具规格（mm）	主轴转速（r/min）	进给速度（mm/r）	背吃刀量（mm）	备注
1	车端面	T1	25×25	800	0.15	0.5	自动
2	粗车外圆及台阶、ϕ45h9 mm×50 mm、ϕ36h9 mm×30 mm	T1	25×25	800	0.25	2	自动
3	精车外圆及台阶、ϕ45h9 mm×50 mm、ϕ36h9 mm×30 mm	T1	25×25	1200	0.1	0.25	自动
4	检测						

编制		审核		批准		年 月 日		共 页	第 页

二、编制数控加工参考程序（见表 3-3）

表 3-3 FANUC 0i 系统台阶轴加工参考程序

O0001		程 序 名	
程序段号	程序内容	动作说明	
N010	G90 G99 G00 X80 Z100	绝对坐标编程，进给速度单位为 mm/r，车刀定位到换刀点	
N020	M03 S800	启动主轴，转速为 800 r/min	
N030	T0101 M08	换 1 号刀，切削液开	
N040	G00 X52 Z2	刀具移动到起刀点	
N050	G01 Z0 F0.15	车刀进给至端面，车端面开始	
N060	X0	车端面	
N070	G00 Z2	退刀	
N080	X52	刀具移动到起刀点	
N090	X45.5	车刀进给一个背吃刀量(2.25 mm)	
N100	G01 Z—50 F0.25	粗车外圆	
N110	X52	车端面	
N120	G00 Z2	车刀回到起刀点	
N130	X41.5	车刀进给一个背吃刀量(2 mm)	
N140	G01 Z—30	粗车外圆	

续表

O0001		程 序 名
程序段号	程序内容	动作说明
N150	X47	车端面
N160	G00 Z2	车刀回到起刀点
N170	X37.5	车刀进给一个背吃刀量(2 mm)
N180	G01 Z－30	粗车外圆
N190	X47	车端面
N200	G00 Z2	车刀回到起刀点
N210	X36.5	车刀进给一个背吃刀量(0.5 mm)
N220	G01 Z－30	粗车外圆
N230	X47	车端面
N240	G00 Z2	车刀回到起刀点
N250	X80 Z100	车刀回到换刀点
N260	M05	主轴停止
N270	M00	暂停,检查工件,调整磨耗参数
N280	M03 S1200	主轴正转,转速为1200 r/min,精加工开始
N290	T0101	
N300	G00 X52 Z2	车刀定位到起刀点
N310	G00 X34	车刀进给至 X 方向精加工起点
N320	G01 Z0 F0.1	车刀进给至 Z 方向精加工起点
N330	X36 Z－1	倒角
N340	Z－30	精车外圆
N350	X43	车端面
N360	X45 Z－31	倒角
N370	Z－50	精车外圆
N380	X49	车端面
N390	X50 Z－50.5	去锐
N400	X52	退刀
N410	G00 Z2	车刀退回起刀点
N420	X80 M09	切削液关
N430	Z100	车刀退回换刀点
N440	M05	主轴停止
N450	M30	程序结束并返回程序开始

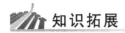 **知识拓展**

在数控加工中无论是手工编程还是自动编程,都要按已经确定的加工路线和允许的误差进行刀位点的计算。所谓刀位点,就是刀具运动过程中的相关坐标点,包括基点与节点。所以,通常的数学处理的内容主要包括基点坐标的计算、节点坐标的计算及辅助计算等内容。

1. 基点坐标的计算

所谓基点,就是指构成零件轮廓的各相邻几何要素间的交点或切点,如两直线间的交点、直线与圆弧的交点或切点等。一般来说,基点坐标值可根据图样原始尺寸,利用三角函数、几何、解析几何等求出,数据计算精度应与图样加工精度相适应,一般最高精确到机床最小设定单位。

如图 3-2 所示零件两圆弧相切于点 B,在 $\triangle ABC$ 中,$AC = 30.442 \text{ mm}/2 = 15.221 \text{ mm}$,$BC = 18 \text{ mm}$,由勾股定理可得出 $AB = 9.609 \text{ mm}$,因此 B 点 Z 坐标 $Z_B = -(18 + 9.609) \text{ mm} = -27.609 \text{ mm}$。圆弧 $R18$ 的起点 O、终点 B 坐标分别为 $O(0,0)$、$B(30.442, -27.609)$。

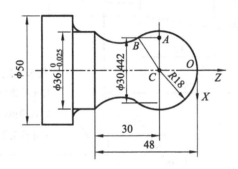

图 3-2 基点计算示例

基点坐标的计算是手工编程中一项重要而烦琐的工作,基点坐标计算一旦出错,则据此编制的程序也就不能正确反映加工所希望的刀具路径与精度,从而导致零件报废。人工计算效率低,数据可靠性低,只能处理一些简单的图形数据。对于一些复杂图形的数控计算,建议采用 CAD 辅助图解法。

2. 节点坐标计算

所谓节点,就是在满足公差要求的前提下,用若干插补线段(直线或圆弧)拟合逼近实际轮廓曲线时,相邻两插补线段的交点。公差是指用插补线段逼近实际轮廓曲线时允许存在的误差。节点坐标的计算相对比较复杂,方法也很多,是手工编程的难点。因此,通常对于复杂的曲线、曲面加工要尽可能采用自动编程,以减少误差,提高程序的可靠性,从而减轻编程人员的工作负担。

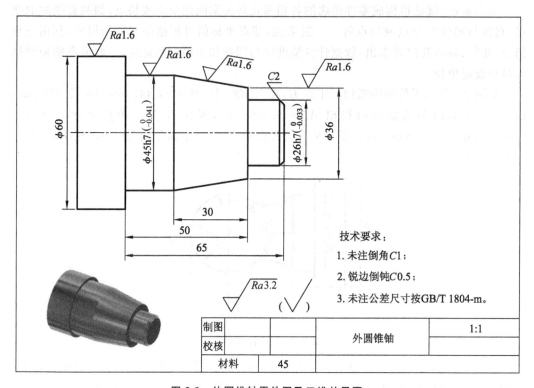

任务二　　外圆锥轴加工及编程

本任务是为了完成图 3-3 所示的外圆锥轴零件的加工工艺方案制定与程序编制。

技术要求：

1. 未注倒角 *C*1；

2. 锐边倒钝 *C*0.5；

3. 未注公差尺寸按GB/T 1804-m。

制图		外圆锥轴	1:1
校核			
材料	45		

图 3-3　外圆锥轴零件图及三维效果图

一、外圆锥轴的加工工艺分析及工艺方案的制定

1. 加工工艺分析

由零件图可知，零件特征主要为外圆、外圆锥、台阶、端面。加工过程中要保证φ45h7尺寸精度及表面粗糙度轮廓。

（1）车正锥的加工路线

车正锥的加工路线如图 3-4 所示。图 3-4a 所示的加工路线为相似三角形，主要优点为刀具的进给运动距离短，但需要计算每次走刀起点与终点的坐标值，计算较为烦琐。如图 3-4b 所示，每次车削的起刀点相同，只需要根据锥度的长度合理分配其终端坐标 *Z* 方向的长度即可，编程方便，但车削的背吃刀量不同。如图 3-4c 所示的圆锥加工路线是终点坐标相同，每次车削根据加工余量确定背吃刀量即可。

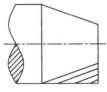

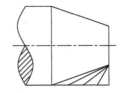
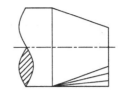

| (a)平行循环进给路线 | (b)起点相同的循环进给路线 | (c)终点相同的循环进给路线 |

图 3-4 车正锥的加工路线

（2）车倒锥的加工路线

车倒锥的加工路线和车正锥相似，如图 3-5 所示。

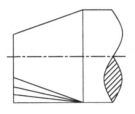
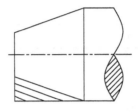

| (a)起点相同的循环进给路线 | (b)平行循环进给路线 |

图 3-5 车倒锥的加工路线

2. 加工工艺路线

外圆锥轴加工工艺路线见表 3-4。

表 3-4 外圆锥轴加工工艺路线

序号	工步	工序内容	加工简图
1	工步1	车端面，建立工件坐标系	
2	工步2	粗、精车 ϕ45h7 mm×50 mm，ϕ26h7 mm×15 mm 及倒角去锐至图样尺寸	

续表

序号	工步	工序内容	加工简图
3	工步 3	粗、精车外圆锥至图样尺寸要求	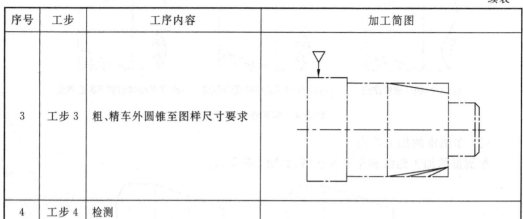
4	工步 4	检测	

3. 确定切削刀具

T1：90°偏刀。

4. 确定切削用量

根据零件被加工表面的质量要求、刀具材料和工件材料,参考相关资料选取切削速度和进给量。数控加工工艺卡见表 3-5。

表 3-5　数控加工工艺卡

班级	姓名	产品名称或代号	零件名称	零件图号
			外圆锥零件	
工序号	程序编号	夹具名称	使用设备	车间
	SC20152(O0002)	三爪自定心卡盘	CK6136 数控车床	数控中心

工步号	工步内容	刀具号	刀具规格（mm）	主轴转速（r/min）	进给速度（mm/r）	背吃刀量（mm）	备注
1	车端面	T1	25×25	800	0.15	0.5	自动
2	粗、精车 ϕ45h7 mm×50 mm、ϕ 26h7 mm×15 mm 及倒角去锐至图样尺寸	T1	25×25	粗车：800 精车：1200	粗车：0.25 精车：0.1	粗车：2 精车：0.25	自动
3	粗、精车外圆锥至图样尺寸要求	T1	25×25	1200	粗车：0.25 精车：0.1	0.25	自动
4	检测						
编制		审核		批准		年　月　日	共　页　第　页

二、编制数控加工参考程序(见表 3-6)

表 3-6　FANUC 0i 系统外圆锥轴加工参考程序

O0002		程 序 名
程序段号	程序内容	动作说明
N010	G90 G99 G00 X80 Z100	绝对坐标编程,进给速度单位为 mm/r,车刀定位到换刀点
N020	M03 S800	启动主轴,转速为 800 r/min
N030	T0101 M08	换 1 号刀,切削液开
N040	G00 X52 Z2	刀具移动到起刀点
N050	G01 Z0 F0.15	车刀进给至端面,车端面开始
N060	X0	车端面
N070	G00 Z2	退刀
N080	X52	刀具移动到起刀点
N090	X45.5	车刀进给一个背吃刀量(2.25 mm)
N100	G01 Z-65 F0.25	粗车外圆
N110	X52	车端面
N120	G00 Z2	车刀回到起刀点
N130	X41.5	车刀进给一个背吃刀量(2 mm)
N140	G01 Z-15	粗车外圆
N150	X47	车端面
N160	G00 Z2	车刀回到起刀点
N170	X37.5	车刀进给一个背吃刀量(2 mm)
N180	G01 Z-15	粗车外圆
N190	X47	车端面
N200	G00 Z2	车刀回到起刀点
N210	X33.5	车刀进给一个背吃刀量(2 mm)
N220	G01 Z-15	粗车外圆
N230	X47	车端面
N240	G00 Z2	车刀回到起刀点
N250	X29.5	车刀进给一个背吃刀量(2 mm)
N260	G01 Z-15	粗车外圆
N270	X47	车端面
N280	G00 Z2	车刀回到起刀点
N290	X26.5	车刀进给一个背吃刀量(1.5 mm)
N300	G01 Z-15	粗车外圆

续表

O0002		程　序　名
程序段号	程序内容	动作说明
N310	X36.5	车端面,车刀定位至外圆锥面起点
N320	G01 X45.5 Z−25	按照起点相同的循环进给路线加工外圆锥面,粗车第一刀
N330	G00 Z−15	退刀
N340	X36.5	车刀定位至外圆锥面起点
N350	G01 X45.5 Z−35	按照起点相同的循环进给路线加工外圆锥面,粗车第二刀
N360	G00 Z−15	退刀
N370	X36.5	车刀定位至外圆锥面起点
N380	G01 X45.5 Z−45	按照起点相同的循环进给路线加工外圆锥面,粗车第二刀
N390	G00 Z2	退刀
N400	X80 Z100	车刀回到换刀点
N410	M05	主轴停止
N420	M00	暂停,检查工件,调整磨耗参数
N430	M03 S1200	主轴正转,转速为 1200 r/min,精加工开始
N440	T0101	
N450	G00 X52 Z2	车刀定位至起刀点
N460	G00 X18	车刀进给至倒角起点
N470	G01 X26 Z−2 F0.1	倒角
N480	Z−15	精车外圆
N490	G42 X36	车端面
N500	X45 Z−45	精车锥面
N510	G40 Z−65	精车外圆
N520	X49	车端面
N530	X50 Z−65.5	去锐
N540	X52	退刀
N550	G00 Z2	车刀退回起刀点
N560	X80 M09	切削液关
N570	Z100	车刀退回换刀点
N580	M05	主轴停止
N590	M30	程序结束并返回程序开始

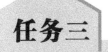

轴的外沟槽加工及编程

本任务是为了完成图 3-6 所示外沟槽轴零件的加工工艺方案制定和程序编制。

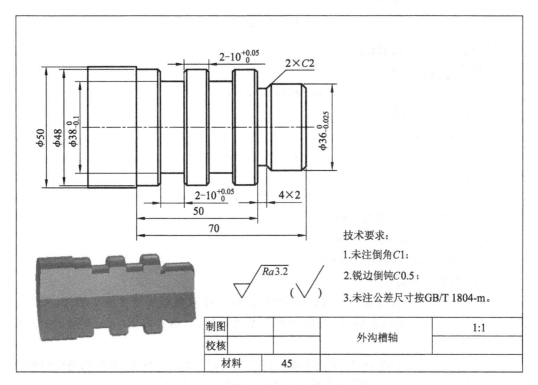

图 3-6 外沟槽轴的零件图及三维图

一、外沟槽轴的加工工艺分析及工艺方案的制定

1. 加工工艺分析

根据零件图样分析,零件特征主要为外圆、槽面、端面,重点在沟槽。加工过程中要保证 $\phi36$、$\phi38$ 尺寸精度及表面粗糙度轮廓。

(1)沟槽的种类和作用

沟槽的形状和种类较多,常用的外沟槽有矩形沟槽、圆弧形沟槽、梯形沟槽等,如图 3-7 所示。矩形沟槽的作用通常是使所装配的零件有正确的轴向位置,在磨削、车螺纹、插齿等加工过程中便于退刀;V 形槽是安装 V 带的沟槽;圆弧槽一般用于滑轮和圆形带传动。

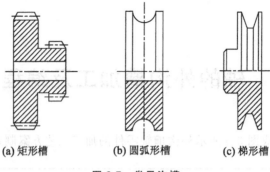

(a) 矩形槽   (b) 圆弧形槽   (c) 梯形槽

图 3-7   常见沟槽

(2) 切刀刀头长度的确定

① 切槽刀刀头长度

$$L = 槽深 + (2 \sim 3)$$

② 切断刀刀头长度

切断实心材料:

$$L = D/2 + (2 \sim 3)$$

切断空心材料:

$$L = h + (2 \sim 3)$$

式中: L——切槽刀刀头长度, mm;

  D——被切断工件直径, mm;

  h——被切断的工件壁厚, mm。

(3) 外沟槽的车削方法

① 车削精度不高且宽度较窄的矩形沟槽时, 可以用刀宽等于槽宽的车槽刀, 采用直进法(G01)一次进给至槽底后, 用 G04 暂停进给进行修光, 然后再用 G01 退回至加工起点, 如图 3-8 所示。

② 车削较宽的沟槽时, 可以采用多次直进法切割, 如图 3-9a 所示, 并在沟槽壁两侧留一定的精车余量, 然后根据槽深、槽宽进行精车, 如图 3-9b 所示。

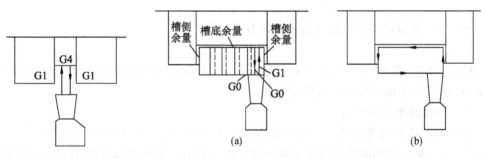

图 3-8   窄槽加工示意图   图 3-9   宽槽加工示意图

③ 车削较小的圆弧形槽, 一般用圆弧成形刀车削。车削较大的圆弧形槽, 一般用圆弧成形刀配合 G02 或 G03 车削。

④ 车削较小的梯形槽, 一般以成形刀车削完成。车削较大的梯形槽, 用梯形刀直进

法（G01 及 G04）或采用多次直进法切割完成。

2．加工工艺路线

外沟槽轴加工工艺路线见表 3-7。

表 3-7 外沟槽轴加工工艺路线

序号	工步	工序内容	加工简图
1	工步 1	夹毛坯，伸出 85 mm，车端面，建立各把刀的工件坐标系	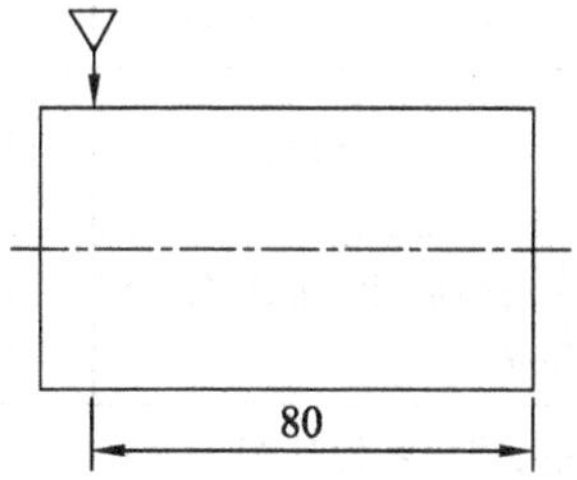
2	工步 2	粗、精车零件外圆、倒角至图样尺寸	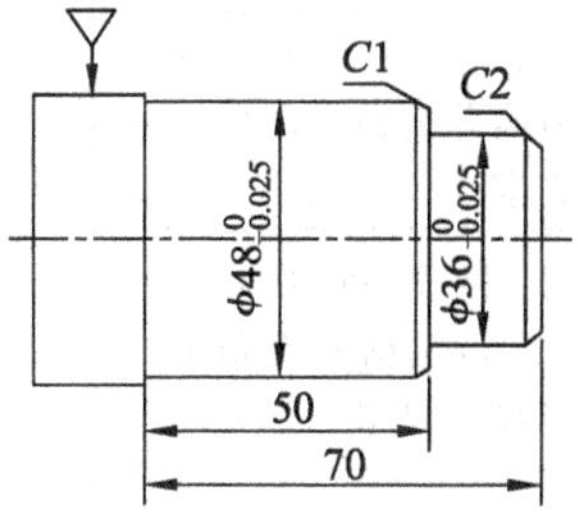
3	工步 3	粗、精车 4 mm×2 mm 沟槽并倒角至图样尺寸要求	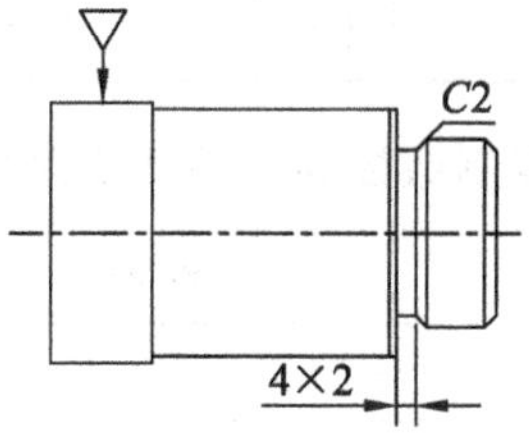
4	工步 4	粗、精车 ϕ38 mm×10 mm 沟槽并倒角至图样尺寸要求	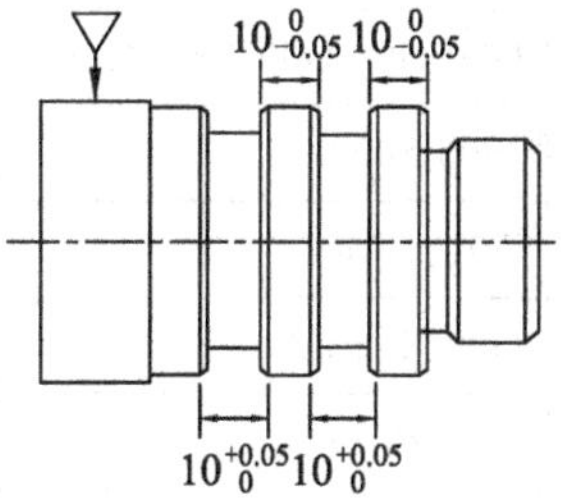
5	工步 5	检测	

3．确定切削刀具

T1：90°偏刀；T2：切槽刀，刀头宽度 4 mm。

4．确定切削用量

根据零件被加工表面的质量要求、刀具材料和工件材料，参考相关资料选取切削速度和进给量。数控加工工艺卡见表 3-8。

表 3-8　数控加工工艺卡

班级	姓名	产品名称或代号	零件名称	零件图号
			外沟槽零件	
工序号	程序编号	夹具名称	使用设备	车间
	SC20153(O0003)	三爪自定心卡盘	CK6136 数控车床	数控中心

工步号	工步内容	刀具号	刀具规格（mm）	主轴转速（r/min）	进给速度（mm/r）	背吃刀量（mm）	备注
1	车端面，建立工件坐标系	T1 T2	25×25	800	0.15	0.5	手动 自动
2	粗、精车零件外圆、倒角至图样尺寸	T1	25×25	粗车:800 精车:1200	粗车:0.25 精车:0.1	粗车:2 精车:0.25	自动
3	粗、精车 4 mm×2 mm 沟槽并倒角至图样尺寸要求	T2	25×25	700	0.07	4	自动
4	粗、精车 φ38 mm×10 mm沟槽并倒角至图样尺寸要求	T2	25×25	700	0.07	4	自动
5	检测						
编制		审核		批准		年　月　日	共　页　第　页

二、编制数控加工参考程序(见表 3-9)

表 3-9　FANUC 0i 系统外沟槽轴加工参考程序

O0003		程序名
程序段号	程序内容	动作说明
N010	G90 G99 G00 X80 Z100	绝对坐标编程,进给速度单位为 mm/r,车刀定位到换刀点
N020	M03 S800	起动主轴,转速为 800 r/min
N030	T0101 M08	换 1 号刀,切削液开
N040	G00 X52 Z2	刀具移动到起刀点
N050	G01 Z0 F0.15	车刀进给至端面,车端面开始
N060	X0	车端面
N070	G00 Z2	退刀
N080	X52	刀具移动到起刀点
N090	X48.5	车刀进给一个背吃刀量(0.75 mm)
N100	G01 Z-70 F0.25	粗车外圆

续表

O0003		程 序 名
程序段号	程序内容	动作说明
N110	X52	车端面
N120	G00 Z2	车刀回到起刀点
N130	X44.5	车刀进给一个背吃刀量(2 mm)
N140	G01 Z—20	粗车外圆
N150	X49	车端面
N160	G00 Z2	车刀回到起刀点
N170	X40.5	车刀进给一个背吃刀量(2 mm)
N180	G01 Z—20	粗车外圆
N190	X49	车端面
N200	G00 Z2	车刀回到起刀点
N210	X36.5	车刀进给一个背吃刀量(2 mm)
N220	G01 Z—20	粗车外圆
N230	X49	车端面
N240	G00 Z2	退刀
N250	X52	刀具移动到起刀点
N260	M03 S1200	设置转速 1200 r/min,开始外圆面精车
N270	G00 X28	车刀定位到倒角起点
N280	G01 X36 Z—2 F0.1	倒角 C2
N290	Z—20	精车 ϕ36 外圆
N300	X46	车端面
N310	X48 Z—21	倒角 C1
N320	Z—70	精车 ϕ48 外圆
N330	X52	车端面
N340	G00 Z2	退刀
N350	X80 Z100	车刀回到换刀点
N360	M05	主轴停止
N370	M00	暂停,检查工件,调整磨耗参数
N380	M03 S700	主轴正转,转速为 700 r/min,车 4 mm×2 mm 槽
N390	T0202	换 2 号刀,切槽刀
N400	G00 X52 Z2	车刀定位至起刀点

续表

| O0003 | | 程 序 名 | |
程序段号	程序内容	动作说明	
N410	G00 Z—20	车刀进给至切槽起点,刀头宽度 4 mm,左侧面对刀	
N420	G01 X32.5 F0.07	切槽至槽底,留余量	
N430	X40	退至倒角起点	
N440	Z—16		
N450	X32 Z—20	倒角 C2	
N460	G04 X1.5	槽底暂停 1.5 s,精车槽底	
N470	G01 X52	车端面	
N480	G00 Z—34	定位至第一个 10 mm 槽处,注意刀头宽度和槽宽	
N490	M98 P31000	调用子程序 O1000,调用 3 次	
N500	G00 Z—54	定位至第二个 10 mm 槽处,注意刀头宽度和槽宽	
N510	M98 P31000	调用子程序 O1000,调用 3 次	
N520	G00 X52	退刀	
N530	Z2	车刀退回起刀点	
N540	X80 M09	切削液关	
N550	Z100	车刀退回换刀点	
N560	M05	主轴停止	
N570	M30	程序结束并返回程序开始	
O1000		10 mm 槽子程序	
N010	G90 G01 X38 F0.07	绝对坐标编程,切至槽底	
N020	G04 X1.5	槽底暂停 1.5 s,精车槽底	
N030	G01 X50 F0.2	车端面	
N040	G91 G00 Z—2	增量坐标编程,Z 方向定位至下一刀切槽起点	
N050	M99	子程序结束,返回主程序	

任务四　圆弧锥度轴加工及编程

在实际生产中,工件常常以毛坯的形式出现。从毛坯到产品,刀具加工的轨迹不仅只是精加工路线,而且还要考虑毛坯的粗加工情况。根据机床工艺系统的刚度,采用不同的切削深度。也就是说,从毛坯外圆切至工件要求的外径尺寸需要进行若干次走刀(径向分次加工),即重复加工若干次才能从毛坯外圆切至工件要求的外径尺寸,仅仅使用 G00、

G01、G02、G03 等准备功能指令进行编程会使得编程工作量大而复杂,因而学会循环指令的应用能简化编程。

本任务是为了完成图 3-10 所示的圆弧锥度轴零件的加工工艺方案制定和程序编制。

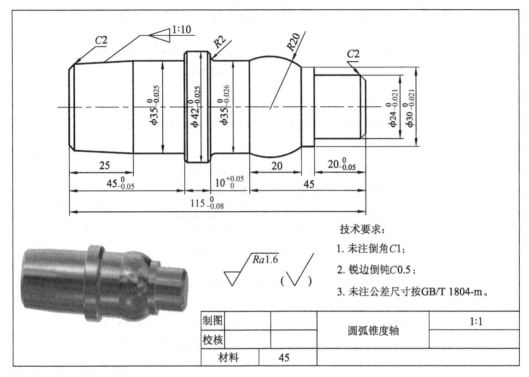

图 3-10 圆弧锥度轴零件图及三维图

一、圆弧锥度轴的加工工艺分析及工艺方案的制定

1. 加工工艺分析

圆弧面的粗加工与一般的外圆、锥面的加工不同,加工中存在切削用量不均匀,背吃刀量过大,容易损坏刀具的问题。因此,在圆弧面的粗加工中要合理选择加工路线和切削方法,在保证背吃刀量尽可能均匀的情况下,减少走刀次数和空行程。

(1) 凸圆弧的车削方法

车削凸圆弧表面时,需要合理设定其粗车加工路线,常用的圆弧加工路线有以下几种:

① 同心圆车削法。同心圆车削法是用不同的半径切除毛坯余量,此方法在确定了每次背吃刀量后,对 90°圆弧的起点、终点坐标计算简单,编程方便,如图 3-11a 所示。

② 车锥法。车锥法是用车圆锥的方法切除圆弧毛坯余量,如图 3-11b 所示。加工路线不能超过 A、B 两点的连线,否则会产生过切。车锥法一般适用于圆心角小于 90°的圆弧。A、B 两点坐标值计算为 $AC = BC = 0.586R$。点 A 坐标为 $((R - 0.586R), 0)$,点 B 坐标为 $(R, 0.586R)$。

③ 等径圆偏移法。等径圆偏移法如图 3-11c 所示,此方法数值计算简单,编程方便,切削余量均匀,适合半径较大的圆弧面的车削。

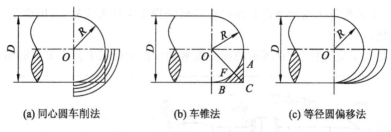

(a) 同心圆车削法   (b) 车锥法   (c) 等径圆偏移法

图 3-11   凸圆弧加工路线示意图

（2）凹圆弧面车削方法

当圆弧表面为凹圆弧时，加工方法有等径圆弧法、同心圆弧法、梯形法、三角形法，如图 3-12 所示。

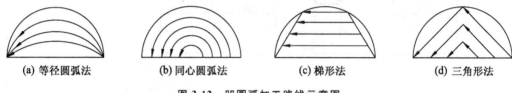

(a) 等径圆弧法   (b) 同心圆弧法   (c) 梯形法   (d) 三角形法

图 3-12   凹圆弧加工路线示意图

① 等径圆弧法如图 3-12a 所示，其特点是计算和编程简单，但走刀路线较其他几种方法长。

② 同心圆弧法如图 3-12b 所示，其特点是走刀路线短，精车余量均匀。

③ 梯形法如图 3-12c 所示，其特点是切削力分布合理，加工效率高。

④ 三角形法如图 3-12d 所示，走刀路线较同心圆法长，但是比梯形法与等径圆弧法短。

对于较长或必须经多道工序才能完成的轴类零件，为保证每次安装时的精度可用两顶尖装夹。两顶尖装夹轴类零件定位精度高，操作方便，但装夹前必须在工件两端钻出适宜的中心孔。

a. 两顶尖间装夹工件（见图 3-13）

① 分别安装前后顶尖并调整主轴轴线与尾座套筒轴线同轴，根据工件长度调整固定位置。

② 用鸡心卡头或哈弗夹头夹紧工件另一端的适当部位，拨杆伸出轴端。

③ 将有鸡心卡头的工件一端中心放置在前顶尖上，并使拨杆贴近拨盘的凹槽中或卡盘的卡爪，以带动工件旋转。

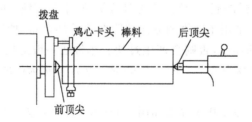

图 3-13   两顶尖装夹工件示意图

④ 将尾座顶尖顶入工件尾端中心孔中,其松紧程度以工件可以灵活转动且没有轴向窜动为宜;如后顶尖用固定顶尖支顶,应加润滑油,然后将尾座套筒锁紧。

b. 一夹一顶装夹工件

用两顶尖装夹工件,虽然定位精度较高,但是刚性较差,尤其是对粗大笨重的零件装夹时的稳定性不够,切削用量的选择受到限制,这时可以选择工件一端用卡盘夹持,另一端用顶尖支承的一夹一顶方式(见图 3-14)。这种装夹方法安全、可靠,能承受较大的轴向切削力,但是对于相互位置精度要求较高的工件,掉头车削时校正较困难。

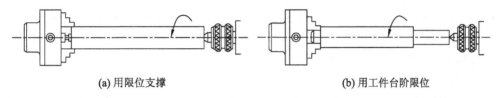

(a) 用限位支撑　　　　　　　　　　　　(b) 用工件台阶限位

图 3-14　一夹一顶装夹工件示意图

用一夹一顶的方式装夹工件时,为了防止工件的轴向窜动,通常在卡盘内装一个轴向支撑,或在工件的被夹持部位车削一个 10 mm 左右的台阶,以作为轴向限位支撑。

2. 加工工艺路线

圆弧锥度轴加工工艺路线见表 3-10。

表 3-10　圆弧锥度轴加工工艺路线

序号	工步	工序内容	加工简图
1	工步 1	夹毛坯,伸出 60 mm,车端面,建立工件坐标系	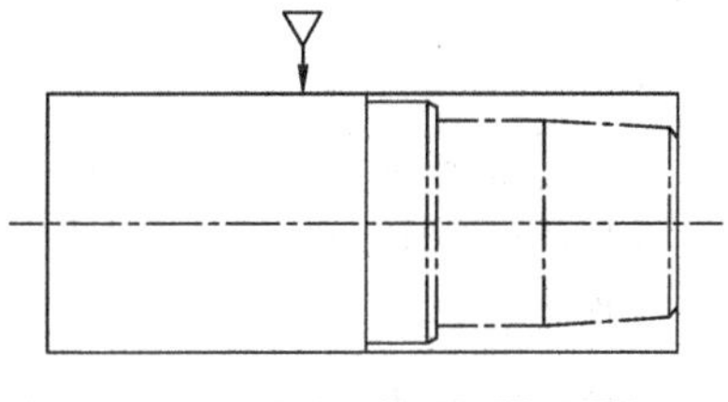
2	工步 2	粗、精车 $\phi 42_{-0.026}^{0}$ mm × 57 mm、$\phi 35_{-0.025}^{0}$ mm×45 mm 及 1∶10 锥度至图样尺寸	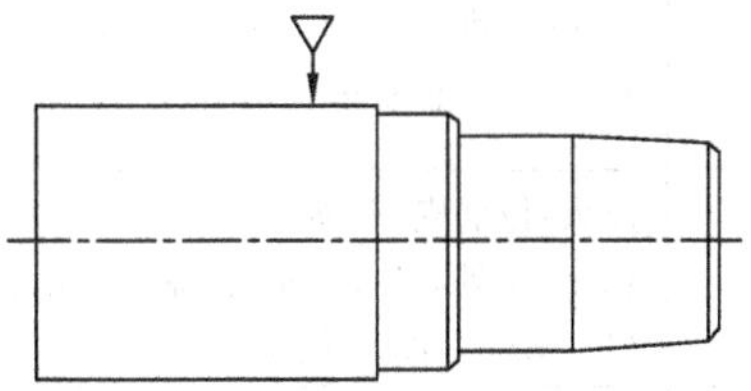
3	工步 3	掉头,包铜皮,夹 $\phi 35_{-0.025}^{0}$ mm × 45 mm处,平端面,控制总长 115 mm 至图样尺寸	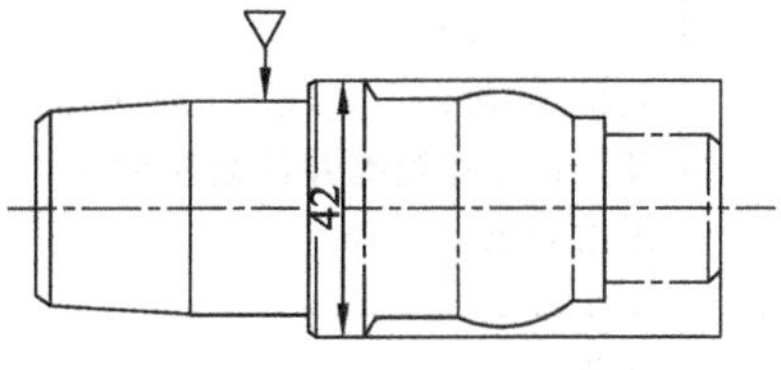

续表

序号	工步	工序内容	加工简图
4	工步 4	粗、精车 $\phi 24_{-0.021}^{0}$ mm $\times 20_{-0.05}^{0}$ mm、$\phi 30_{-0.021}^{0}$ mm、$R20$ mm、$\phi 33_{-0.025}^{0}$ mm $\times$ 15 mm 及 $R2$ mm 外轮廓并倒角去锐至图纸要求	42
5	工步 5	检测	

3. 确定切削刀具

T1：90°偏刀；T2：35°外圆刀。

4. 确定切削用量

根据零件被加工表面的质量要求、刀具材料和工件材料,参考相关资料选取切削速度和进给量。数控加工工艺卡见表 3-11。

表 3-11　数控加工工艺卡

班级	姓名		产品名称或代号	零件名称		零件图号	
				圆弧锥度轴			
工序号	程序编号		夹具名称	使用设备		车间	
	SC20154(O0004) SC20155(O0005)		三爪自定心卡盘 顶尖	CK6136 数控车床		数控中心	
工步号	工步内容	刀具号	刀具规格（mm）	主轴转速（r/min）	进给速度（mm/r）	背吃刀量（mm）	备注
1	夹毛坯,伸出 60 mm,车端面,保证总长 116 mm,建立工件坐标系	T1	25×25	800	0.15	1	手动自动
2	粗、精车 $\phi 42_{-0.025}^{0}$ mm $\times$ 57 mm,$\phi 35_{-0.025}^{0}$ mm $\times$ 45 mm 及 1：10 锥度至图样尺寸	T1	25×25	粗车:800 精车:1200	粗车:0.25 精车:0.1	粗车:2 精车:0.25	自动
3	掉头,包铜皮,夹 $\phi 35_{-0.025}^{0}$ mm $\times$ 45 mm 处,平端面,控制总长 115 mm 至图样尺寸	T1	25×25	800	0.15	0.5	手动
4	粗、精车 $\phi 24_{-0.021}^{0}$ mm $\times$ 20_{-0.05}^{0} mm,$\phi 30_{-0.021}^{0}$ mm,$R20$ mm,$\phi 33_{-0.025}^{0}$ mm $\times$ 15 mm 及 2 mm 外轮廓并倒角去锐至图纸要求	T2	25×25	粗车:800 精车:1200	粗车:0.25 精车:0.1	粗车:2 精车:0.25	自动
5	检测						
编制		审核		批准		年　月　日	共　页　第　页

二、编制数控加工参考程序(见表 3-12)

表 3-12 FANUC 0i 系统圆弧锥度轴加工参考程序

O0004		程序名(工步 2)
程序段号	程序内容	动作说明
N010	G90 G99 G00 X80 Z100	绝对坐标编程,进给速度单位为 mm/r,车刀定位到换刀点
N020	M03 S800	启动主轴,粗车转速为 800 r/min
N030	T0101 M08	换 1 号刀,切削液开
N040	G00 X46 Z2	刀具移动到起刀点
N050	G01 Z0 F0.15	车刀进给至端面,车端面开始
N060	X0	车端面
N070	G00 Z2	退刀
N080	X46	刀具移动到起刀点
N090	G71 U2 R1	外径粗车循环,设置粗车循环参数
N100	G71 P110 Q190 U0.5 W0.1 F0.25	粗车循环
N110	G00 X28.5	精加工轮廓起始段
N120	G01 Z0 F0.1	
N130	X32.711 Z−2.105	倒角 C2
N140	X35 Z−25	车锥面 1∶10
N150	Z−45	车 φ35 外圆
N160	X40	车端面
N170	X42 Z−46	倒角 C1
N180	Z−55	车 φ42 外圆
N190	X46	精加工轮廓结束段,车刀退回至 X 轴起刀点
N200	G00 X80 Z100	车刀移动到换刀点
N210	M05	主轴停止
N220	M00	程序暂停,零件测量,调整磨耗
N230	M03 S1200	设置精车转速 1200 r/min
N240	T0101	调用 1 号刀具
N250	G42 G00 X46 Z2	车刀定位到起刀点
N260	G70 P110 Q190	精车固定循环
N270	G40 G00 X80 M09	车刀移动到换刀点,切削液关
N280	Z100	

续表

O0004		程序名(工步2)
程序段号	程序内容	动作说明
N290	M30	程序结束
	O0005	程序名(工步4)
N010	G90 G99 G00 X80 Z100	绝对坐标编程,进给速度单位为 mm/r,车刀定位到换刀点
N020	M03 S800	起动主轴,粗车转速为 800 r/min
N030	T0202 M08	调用 2 号刀,切削液开
N040	G00 X46 Z2	刀具移动到起刀点
N050	G73 U9 W0 R5	固定形状粗车循环,设置循环参数
N060	G73 P70 Q170 U0.5 W0.1 F0.25	粗车循环
N070	G00 X20	精加工轮廓起始段
N080	G01 Z0 F0.1	
N090	X24 Z−2	倒角 C2
N100	Z−20	车 φ24 外圆
N110	X30	车端面
N120	Z−25	车 φ30 外圆
N130	G03 X36 Z−45 R20	车 R20 圆弧面
N140	G01 X−58	车 φ36 外圆
N150	G02 X40 Z−60 R2	车 R2 圆弧
N160	G01 X42 Z−61	倒角 C1
N170	X46	精加工轮廓结束段,车刀退回至 X 轴起刀点
N180	G00 X80 Z100	车刀移动到换刀点
N190	M05	主轴停止
N200	M00	程序暂停,零件测量,调整磨耗
N210	M03 S1200	设置精车转速 1200 r/min
N220	T0202	调用 2 号刀具
N230	G42 G00 X46 Z2	车刀定位到起刀点
N240	G70 P70 Q170	
N250	G40 G00 X80 M09	车刀移动到换刀点,切削液关
N260	Z100	
N270	M30	程序结束

<table>
<tr><td>任务五</td><td colspan="2"></td></tr>
</table>

任务五　内圆弧孔轴套加工及编程

本任务是为了完成图 3-15 所示的内圆弧孔轴套零件的工艺方案制定和程序编制。

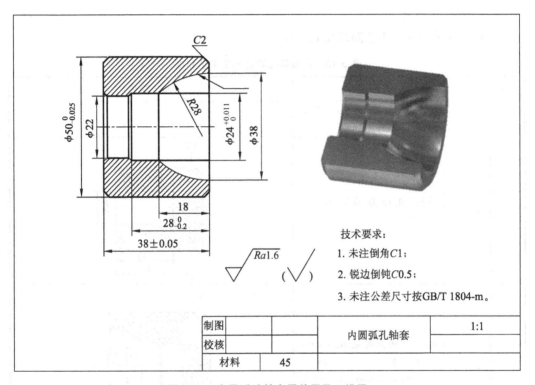

制图		内圆弧孔轴套	1:1
校核			
材料	45		

技术要求：

1. 未注倒角 $C1$；
2. 锐边倒钝 $C0.5$；
3. 未注公差尺寸按 GB/T 1804-m。

图 3-15　内圆弧孔轴套零件图及三维图

一、内圆弧孔轴套的加工工艺分析及工艺方案的制定

1. 加工工艺分析

内孔加工是在工件内部进行的，观察比较困难。刀杆尺寸受孔径的影响，选用时受限制，因此刚性比较差。内孔加工时要注意排屑和冷却。工件壁厚较薄时，要注意防止工件变形。数控车床上加工内孔常用的刀具有麻花钻、扩孔钻、铰刀、镗孔刀等。

对于精度要求不高的孔，可以用麻花钻直接钻出；对于精度要求较高的孔，钻孔后还要经过车孔、扩孔、铰孔才能完成。一般钻孔的尺寸精度为 IT11～IT12，表面粗糙度轮廓值为 $Ra12.5～25\ \mu m$。

加工内圆弧选用的车刀要注意主、副偏角值的选择，主偏角一般选择 $90°～93°$，副偏角根据内圆弧轮廓选择 $5°～50°$。主、副偏角不同的内圆弧加工示意如图 3-16 所示。

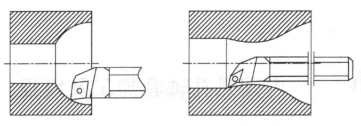

图 3-16　主、副偏角不同的内圆弧加工示意图

零件特征主要为内孔、内台阶、内圆弧、端面。

2. 加工工艺路线

内圆弧孔轴套加工工艺路线见表 3-13。

表 3-13　内圆弧孔轴套加工工艺路线

序号	工步	工序内容	加工简图
1	工步 1	夹毛坯,伸出 50 mm,车端面,建立工件坐标系	
2	工步 2	钻孔,孔径为 ϕ 20 mm × 45 mm	
3	工步 3	粗、精车内圆弧面 R28 mm,内孔 ϕ $24^{+0.011}_{0}$ mm × 10 mm,ϕ22 mm×10 mm并倒角至图样尺寸	
4	工步 4	粗、精车外圆、倒角去锐至图纸要求	

续表

序号	工步	工序内容	加工简图
5	工步5	倒角、切断至图样尺寸要求	
6	工步6	检测	

3. 确定切削刀具

麻花钻。

T1:90°偏刀;T2:切断刀,刀头宽度 4 mm;T3:内孔车刀。

4. 确定切削用量

根据零件被加工表面的质量要求、刀具材料和工件材料,参考相关资料选取切削速度和进给量。数控加工工艺卡见表 3-14。

表 3-14 数控加工工艺卡

班级	姓名	产品名称或代号	零件名称	零件图号
			内圆弧孔轴套	
工序号	程序编号	夹具名称	使用设备	车间
	SC20156(O0006)	三爪自定心卡盘	CK6136 数控车床	数控中心

工步号	工步内容	刀具号	刀具规格(mm)	主轴转速(r/min)	进给速度(mm/r)	背吃刀量(mm)	备注
1	夹毛坯,伸出 50 mm,车端面,建立工件坐标系	T1	25×25	800	0.15	1	手动
2	钻孔,孔径为 ϕ 20 mm × 45 mm		ϕ 20	280	手动控制	手动控制	手动
3	粗、精车内圆弧面 R28 mm,内孔 $\phi 24_{0}^{+0.011}$ mm×10mm, ϕ 22 mm×10 mm 并倒角至图样尺寸	T3	ϕ 16	粗车:800 精车:1200	粗车:0.15 精车:0.1	粗车:1.5 精车:0.2	自动
4	粗、精车外圆、倒角去锐至图纸要求	T1	25×25	粗车:800 精车:1200	粗车:0.25 精车:0.1	粗车:2 精车:0.25	自动
5	倒角、切断至图样尺寸要求	T2	25×25	600	0.08	5	自动

续表

班级		姓名		产品名称或代号		零件名称		零件图号
						内圆弧孔轴套		
6	掉头,包铜皮,φ22 mm 内孔倒角		T3	φ16	800	0.1		手动
7	检测							
编制		审核		批准		年 月 日	共 页	第 页

二、编制数控加工参考程序(见表 3-15)

表 3-15 FANUC 0i 系统内圆弧轴套加工参考程序

O0006		程 序 名
程序段号	程序内容	动作说明
N010	G90 G99 G00 X80 Z100	绝对坐标编程,进给速度单位为 mm/r,车刀定位到换刀点
N020	M03 S800	启动主轴,粗车转速为 800 r/min
N030	T0303 M08	换 3 号刀,切削液开
N040	G00 X20 Z2	刀具移动到起刀点
N050	G71 U1.5 R1	内径粗车循环,设置循环参数
N060	G71 P70 Q130 U−0.3 W0.1 F0.15	粗车循环
N070	G00 X38	精加工轮廓起始段
N080	G01 Z0 F0.1	
N090	G03 X24 Z−18 R28	车 R28 内圆弧
N100	G01 Z−28	车 φ24 内孔
N110	X22 Z−29	倒角 C1
N120	Z−39	车 φ22 内孔
N130	X20	精加工轮廓结束段,车刀退回至 X 轴起刀点
N140	G00 X80 Z100	车刀移动到换刀点
N150	M05	主轴停止
N160	M00	程序暂停,零件测量,调整磨耗
N170	M03 S1200	设置精车转速 1200 r/min
N180	T0303	调用 3 号刀具
N190	G00 X20 Z2	车刀定位到起刀点
N200	G70 P70 Q130	精车固定循环
N210	G00 X80 M09	车刀移动到换刀点,切削液关
N220	Z100	

续表

O0006		程序名	
程序段号	程序内容	动作说明	
N230	M05	主轴停止	
N240	M00	程序暂停	
N250	M03 S800	设置粗车转速 800 r/min	
N260	T0101	调用 1 号刀具	
N270	G00 X56 Z2	车刀定位到起刀点	
N280	G71 U2 R1	外径粗车循环,设置循环参数	
N290	G71 P300 Q340 U0.5 W0.1 F0.25	粗车循环	
N300	G00 X46	精车加工轮廓起始段,车刀定位到倒角起点	
N310	G01 Z0 F0.1		
N320	X50 Z-2	倒角 C2	
N330	Z-40	车 ϕ50 外圆	
N340	X55	精车加工轮廓结束段,车刀退回至 X 轴起刀点	
N350	G00 X80 Z100 M09	车刀移动到换刀点,切削液关	
N360	M05	主轴停止	
N370	M00	程序暂停	
N380	M03 S1200	设置精车转速 1200 r/min	
N390	T0101	调用 1 号刀具	
N400	G00 X56 Z2	车刀定位到起刀点	
N410	G70 P300 Q340	精车固定循环	
N420	G00 X80 M09	车刀移动到换刀点,切削液关	
N430	Z100		
N440	M05	主轴停止	
N450	M00	程序暂停	
N460	M03 S600	设置切断转速 600 r/min	
N470	T0202	调用 2 号切断刀,刀头宽度 4 mm	
N480	G00 X57 Z2	车刀定位到切断起刀点	
N490	Z-42		
N500	G01 X19 F0.08	切断	
N510	G00 X80 M09	车刀移动到换刀点,切削液关	
N520	Z100		
N530	M05	主轴停止	
N540	M30	程序结束	

任务六　圆柱外三角形螺纹轴加工及编程

在各种机械产品中,带有螺纹的零件应用广泛。螺纹零件的加工是数控车削的基本内容之一。

螺纹的种类很多,按形成螺旋线的形状不同可分为圆柱螺纹和圆锥螺纹;按用途不同可分为连接螺纹和传动螺纹;按牙型特征不同可分为三角形螺纹、矩形螺纹、梯形螺纹和锯齿形螺纹;按螺旋线的旋向不同可分为右旋螺纹和左旋螺纹;按螺旋线的线数可分为单线螺纹和多线螺纹。

本任务是为了完成图 3-17 所示的圆柱外三角形螺纹轴零件的加工工艺方案制定和程序编制。

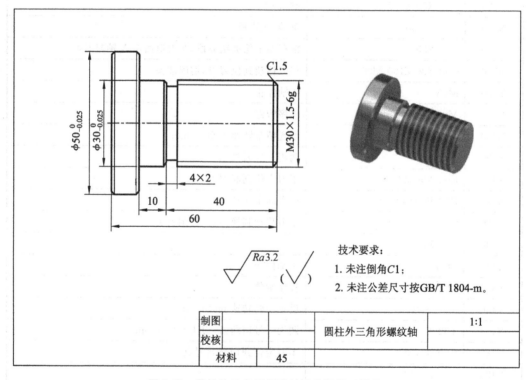

技术要求:
1. 未注倒角 C1;
2. 未注公差尺寸按 GB/T 1804-m。

制图		圆柱外三角形螺纹轴	1:1
校核			
材料	45		

图 3-17　圆柱外三角形螺纹轴零件图及三维图

一、圆柱外三角形螺纹轴的加工工艺分析及工艺方案的制定

1. 加工工艺分析

零件特征主要为外圆、退刀槽、螺纹。

普通螺纹的主要参数由牙型角 α、公称直径(d、D)、螺距 P、线数 n、旋向和精度组成。

螺纹的形成、尺寸和配合性能取决于螺纹要素,只有当内、外螺纹的各要素相同时才能相互配合。

2. 加工工艺路线

圆柱外三角形螺纹轴加工工艺路线见表 3-16。

表 3-16　圆柱外三角形螺纹轴加工工艺路线

序号	工步	工序内容	加工简图
1	工步 1	夹毛坯,伸出 60 mm,车端面、外圆,建立工件坐标系	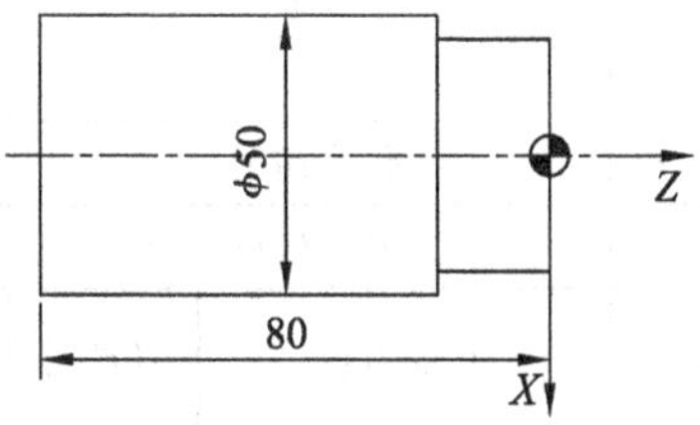
2	工步 2	粗车 ϕ30 mm×50 mm 至 ϕ30.5 mm×50 mm	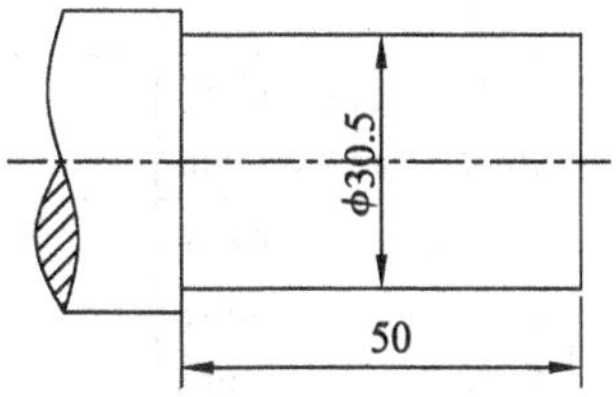
3	工步 3	精车 ϕ30 mm×50 mm、ϕ29.85 mm×40 mm 并倒角去锐至图样要求	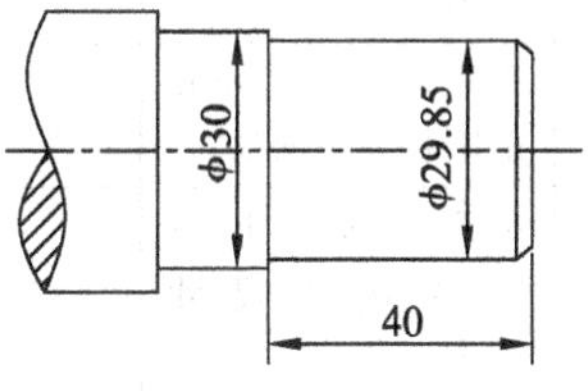
4	工步 4	车槽 4 mm×2 mm 至图样尺寸要求	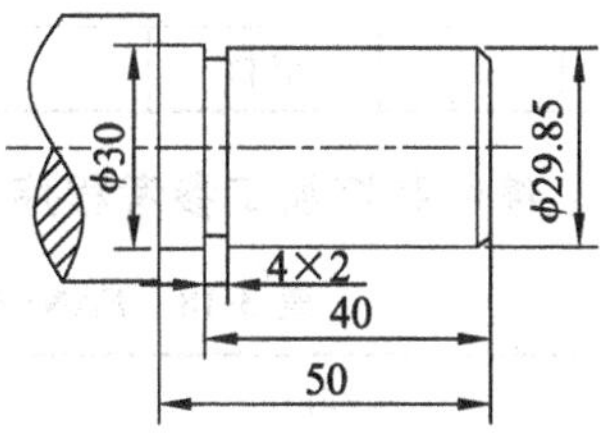
5	工步 5	车螺纹 M30×1.5 至图样尺寸要求	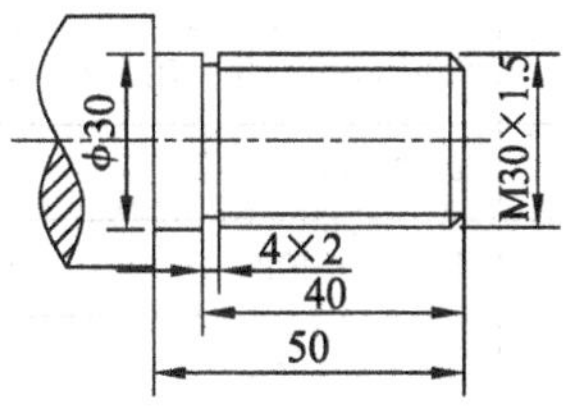
6	工步 6	检测	

3. 确定切削刀具

T1：90°偏刀；T2：切槽刀，刀头宽度 4 mm；T3：60°螺纹车刀。

4. 确定切削用量

根据零件被加工表面的质量要求、刀具材料和工件材料，参考相关资料选取切削速度和进给量。数控加工工艺卡见表 3-17。

表 3-17   数控加工工艺卡

班级		姓名		产品名称或代号		零件名称		零件图号
						圆柱外三角形螺纹轴		
工序号		程序编号		夹具名称		使用设备		车间
		SC20157(O0007)		三爪自定心卡盘		CK6136 数控车床		数控中心
工步号	工步内容		刀具号	刀具规格 （mm）	主轴转速 （r/min）	进给速度 （mm/r）	背吃刀量 （mm）	备注
1	车端面，建立工件坐标系		T1	25×25	800	0.15	1	手动
2	粗车外圆及台阶至 ϕ30.5 mm×50 mm		T1	25×25	800	0.25	2	自动
3	精车外圆及台阶至 ϕ30 mm×50 mm、ϕ29.85 mm×40 mm 并倒角去锐至图样要求		T1	25×25	1200	0.1	0.25	自动
4	车槽 4 mm×2 mm 至图样尺寸要求		T2	25×25	600	0.08		自动
5	车螺纹 M30×1.5 - 6g 至图样尺寸要求		T3	25×25	600			自动
6	检测							
编制		审核		批准		年 月 日	共 页	第 页

二、编制数控加工参考程序（见表 3-18）

表 3-18   FANUC 0i 系统圆柱外三角形螺纹轴加工参考程序

O0007		程 序 名
程序段号	程序内容	动作说明
N010	G90 G99 G00 X80 Z100	绝对坐标编程，进给速度单位为 mm/r，车刀定位到换刀点
N020	M03 S800	启动主轴，粗车转速为 800 r/min
N030	T0101 M08	换 1 号刀，切削液开
N040	G00 X52 Z2	车刀定位到起刀点
N050	G71 U2 R1	外径粗车循环，设置循环参数

续表

O0007		程 序 名
程序段号	程序内容	动作说明
N060	G71 P70 Q130 U0.5 W0.1 F0.25	粗车循环
N070	G00 X26.85	精车加工轮廓起始段,车刀定位到倒角起点
N080	G01 Z0 F0.1	
N090	X29.85 Z−1.5	倒角 C1.5
N100	Z−40	车 ϕ29.85 外圆
N110	X30 Z−41	倒角 C1
N120	Z−50	车 ϕ30 外圆
N130	X52	精车加工轮廓结束段,车刀退回至 X 轴起刀点
N140	G00 X80 Z100 M09	车刀移动到换刀点,切削液关
N150	M05	主轴停止
N160	M00	程序暂停
N170	M03 S1200	设置精车转速 1200 r/min
N180	T0101	调用 1 号刀具
N190	G00 X52 Z2	车刀定位到起刀点
N200	G70 P70 Q130	精车固定循环
N210	G00 X80 M09	车刀移动到换刀点,切削液关
N220	Z100	
N230	M05	主轴停止
N240	M00	程序暂停
N250	M03 S600	设置车槽转速 600 r/min
N260	T0202	调用 2 号切槽刀,刀头宽度 4 mm
N270	G00 X52 Z2	车刀定位到起刀点
N280	Z−40	
N290	X31	车刀定位到退刀槽起点
N300	G01 X26 F0.08	切退刀槽 4 mm×2 mm
N310	X30	车端面
N320	G00 X80 M09	车刀移动到换刀点,切削液关
N330	Z100	
N340	M05	主轴停止

O0007		程 序 名
程序段号	程序内容	动作说明
N350	M00	程序暂停
N360	M03 S600	设置车螺纹转速 600 r/min
N370	T0303	调用 3 号螺纹车刀
N380	G00 X32 Z2	车刀定位到螺纹切削起点
N390	G92 X29.05 Z－38 F1.5	螺纹切削循环第一刀
N400	X28.45	螺纹切削循环第二刀
N410	X28.05	螺纹切削循环第三刀
N420	X27.9	螺纹切削循环第四刀
N430	X27.9	无进给光整加工
N440	G00 X80 M09	车刀移动到换刀点,切削液关
N450	Z100	
N460	M05	主轴停止
N470	M30	程序结束

知识拓展

一、普通三角形螺纹的尺寸

普通三角形螺纹的尺寸计算公式见表 3-19。

表 3-19　普通三角形螺纹的尺寸计算公式

名　称		代号	计算公式
外螺纹	牙型角	α	$60°$
	原始三角形高度	H	$H=0.866P$
	牙型高度	h	$h=0.5413P$
	中径	d_2	$d_2=d-0.6495P$
	小径	d_1	$d_1=d-2h=d-1.0825P$
内螺纹	中径	D_2	$D_2=d_2$
	小径	D_1	$D_1=d_1$
	大径	D	$D=d=$公称直径
螺纹升角		φ	$\tan\varphi=\dfrac{nP}{\pi d_2}$

备注:P——螺距。

车削外螺纹时,工件受车刀挤压后会使螺纹大径尺寸胀大,因此车螺纹前的外圆直径应比螺纹大径(d)略小些。当螺距为 1.5～3.5 mm 时,外径一般可以小 0.15～0.25 mm。

二、常用普通螺纹的切削方法

(1) 低速车削螺纹法

低速车削螺纹时,一般都选用高速钢车刀,并且分别用粗、精车刀对螺纹进行车削。低速车削螺纹时,应根据机床和工件的刚性、螺距的大小选择不同的进刀方法。

① 直进法(见图 3-18a)。车削时,在每次往复行程后,车刀沿横向进刀,通过多次行程把螺纹车好。用此法车削时,车刀双面切削,容易产生扎刀现象,常用于车削螺距较小的三角形螺纹。

② 左右切削法(见图 3-18b)。车削过程中,在每次往复行程后,除了做横向进刀外,车刀同时向左或向右做微量进给,这样重复几次行程,直至把螺纹车好。

③ 斜进法(见图 3-18c)。在粗车螺纹时,为了操作方便,在每次往复行程后,除横向进给外,车刀只向一个方向做微量进给。但在精车时,必须用左右切削法才能使螺纹的两侧面都获得较小的表面粗糙度轮廓值。

左右切削法和斜进法,由于车刀单面切削,不易产生扎刀现象,常在车削较大螺距的螺纹时使用。用左右切削法精车螺纹时,左右移动量不宜过大,否则会造成牙槽底过宽及凹凸不平。

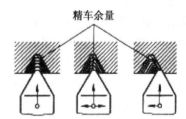

精车余量

(a) 直进法　(b) 左右切削法　(c) 斜进法

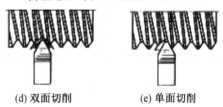

(d) 双面切削　　　(e) 单面切削

图 3-18　低速车三角形螺纹的进刀方法

(2) 高速车削螺纹法

用硬质合金车刀高速车螺纹,切削速度可比低速车削螺纹提高 10～15 倍,且进给次数可以减少 2/3 以上,生产效率大为提高,已被广泛采用。高速切削螺纹时,为了防止切屑拉毛牙侧,不宜采用左右切削法。

三、升速进刀段 δ_1 和降速退刀段 δ_2

各种螺纹上的螺旋线是按车床主轴每转一圈时纵向进刀为一个螺距(或导程)的规律进行车削的。由于车削螺纹起始时有一个加速过程,停刀时有一个减速过程,在这段距离中螺距不可能准确,所以应注意在两端要设置足够的升速进刀段和降速退刀段,如图 3-19 所示,以消除伺服滞后造成的螺距误差。升速进刀段和降速退刀段的尺寸计算如下:

升速进刀段:

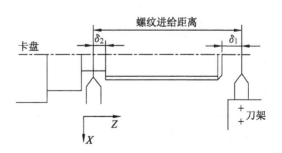

图 3-19　升速进刀段和降速退刀段示意图

$$\delta_1 = \frac{nP_h}{180}$$

降速退刀段：

$$\delta_2 = \frac{nP_h}{400}$$

式中：n——主轴转速，r/min；

$\quad\quad$ P_h——螺纹导程，mm。

一般可取 δ_1 为 2～5 mm，δ_2 为退刀槽长度的一半。

四、三角形螺纹加工切削用量的选择

在螺纹加工中，背吃刀量等于螺纹车刀切入工件表面的深度，如果其他切削刃同时参与切削，应为各切削刃切入深度之和。由此可以看到，随着螺纹车刀的每次切入，背吃刀量在逐步增加。受螺纹牙型截面大小和深度的影响，螺纹切削的背吃刀量可能是非常大的，而这一点不是操作者和编程人员能够轻易改变的。要使螺纹加工切削用量的选择比较合理，必须合理选择切削速度和进给量。

螺纹切削的进给量相当于加工中每次背吃刀量，要根据工件材料、工件刚度、刀具材料和刀具强度等诸多因素，并依据经验，通过试切来决定。每次切深过小会增加走刀次数，影响切削效率，同时加剧刀具磨损；切深过大又容易出现扎刀、崩尖及螺纹乱牙现象。为避免上述现象发生，螺纹加工的每次切深一般都是选择递减方式，即随着螺纹深度的加深，要相应地减小进给量。在螺纹切削复合循环指令当中，也同样经常采用递减方式，如第一刀的背吃刀量为1，那么第二刀的背吃刀量则为 $\frac{1}{\sqrt{2}}$，第三刀为 $\frac{1}{\sqrt{3}}$，第 n 刀为 $\frac{1}{\sqrt{n}}$，这一点可以在螺纹加工程序编制中灵活运用。

常用螺纹切削的进给次数与背吃刀量见表 3-20。

表 3-20　常用螺纹切削的进给次数与背吃刀量　　　　　　　　单位：mm

米制螺纹							
螺距	1.0	1.5	2.0	2.5	3.0	3.5	4.0
牙深	0.649	0.974	1.299	1.624	1.949	2.273	2.598
背吃刀量与进给次数	1次	0.7	0.8	0.9	1.0	1.2	1.5	1.5
	2次	0.4	0.6	0.6	0.7	0.7	0.7	0.8
	3次	0.2	0.4	0.6	0.6	0.6	0.6	0.6
	4次		0.16	0.4	0.4	0.4	0.6	0.6
	5次			0.1	0.4	0.4	0.4	0.4
	6次				0.15	0.4	0.4	0.4
	7次					0.15	0.2	0.4
	8次						0.15	0.3
	9次							0.2

续表

英制螺纹							
牙(in)	24	18	16	14	12	10	8
牙深	0.678	0.904	1.016	1.162	1.355	1.626	2.033
背吃刀量与 进给次数	1次	0.8	0.8	0.8	0.8	0.9	1.0	1.2

背吃刀量与 进给次数		24	18	16	14	12	10	8
	1次	0.8	0.8	0.8	0.8	0.9	1.0	1.2
	2次	0.4	0.6	0.6	0.6	0.6	0.7	0.7
	3次	0.16	0.3	0.5	0.5	0.6	0.6	0.6
	4次		0.11	0.14	0.3	0.4	0.4	0.5
	5次				0.13	0.21	0.4	0.5
	6次						0.16	0.4
	7次							0.17

任务七 圆柱内三角形螺纹轴套加工及编程

本任务是为了完成图 3-20 所示的圆柱内三角形螺纹轴套零件的加工工艺方案制定和程序编制。

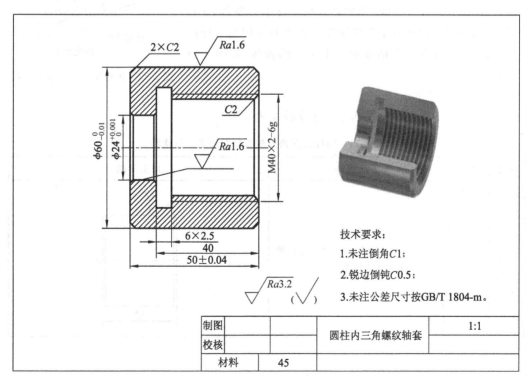

技术要求:

1.未注倒角C1;

2.锐边倒钝C0.5;

3.未注公差尺寸按GB/T 1804-m。

制图			圆柱内三角螺纹轴套		1:1
校核					
	材料	45			

图 3-20 圆柱内三角形螺纹轴套零件图及三维图

一、圆柱内三角形螺纹轴套的加工工艺分析及工艺方案的制定

1. 加工工艺分析

由工件零件图可知,零件特征主要为孔、退刀槽及圆柱内螺纹,加工过程中应保证孔 $\phi 24$、外圆 $\phi 60$ 和螺纹轴的尺寸精度及表面粗糙度轮廓。

(1) 内三角形螺纹孔径计算和螺纹深度计算

① 车削螺纹前孔径的计算

因为车刀切削时的挤压作用,内孔直径会缩小(车削塑性金属时较明显),所以车削内螺纹前孔径($D_孔$)应比内螺纹小径(D_1)略大些,又由于内螺纹加工后的实际顶径允许大于 D_1 的基本尺寸,所以实际生产中,普通螺纹在车内螺纹前的孔径尺寸可用下列公式近似计算(P 代表螺矩):

车削塑性金属的内螺纹时:

$$D_孔 \approx D - P$$

车削脆性金属的内螺纹时:

$$D_孔 \approx D - 1.05P$$

② 车削螺纹(攻螺纹)前孔深的计算

当车削不通孔螺纹时,由于车刀不能车出完整牙型,所以孔深要大于所需的螺纹孔深度。一般取:钻孔深度＝所需螺孔深度＋0.7×D(D 为螺纹大径)。

(2) 内螺纹车刀的安装

内螺纹车刀在安装时,刀尖必须与工件中心等高,且它的齿形要求对称和垂直于工件轴线。调整时可用对刀样板保证刀尖角的等分线严格地垂直于工件的轴线,如图 3-21 所示。

图 3-21　内螺纹车刀安装示意图

2. 加工工艺路线

圆柱内三角形螺纹轴套加工工艺路线见表 3-21。

表 3-21　圆柱内三角形螺纹轴套加工工艺路线

序号	工步	工序内容	加工简图
1	工步1	夹零件,伸出 65 mm,车端面、外圆,建立工件坐标系	52

续表

序号	工步	工序内容	加工简图
2	工步 2	钻孔 ϕ22 mm×52 mm	
3	工步 3	车内孔尺寸至 ϕ24 mm × 52 mm、ϕ36 mm×40 mm 至图样尺寸要求	
4	工步 4	车内沟槽 6 mm×2.5 mm 至图样尺寸要求	
5	工步 5	车内螺纹 M40×2－6g 至图样尺寸要求	
6	工步 6	切断	
7	工步 7	掉头,平端面,保证工件总长并倒角至图样尺寸要求	
8	工步 8	检测	

3. 确定切削刀具

麻花钻；T1：90°偏刀；T2：切断刀，刀头宽度 4 mm；T3：内孔刀；T4：内沟槽刀，刀头宽度 4 mm，内螺纹车刀（考虑 4 工位刀架，用完内沟槽刀并卸下后，安装内螺纹车刀）。

4. 确定切削用量

根据零件被加工表面的质量要求、刀具材料和工件材料，参考相关资料选取切削速度和进给量。数控加工工艺卡见表 3-22。

表 3-22　数控加工工艺卡

班级	姓名		产品名称或代号	零件名称		零件图号
				圆柱内三角形螺纹轴套		
工序号	程序编号		夹具名称	使用设备		车间
	SC20159（O0009）		三爪自定心卡盘	CK6136 数控车床		数控中心
工步号	工步内容	刀具号	刀具规格（mm）	主轴转速（r/min）	进给速度（mm/r）	背吃刀量（mm）	备注
1	夹毛坯，伸出 65 mm，车端面、外圆，建立工件坐标系	T1	25×25	800	0.15	0.5	手动
2	钻孔 ϕ22 mm×52 mm	麻花钻	ϕ22	280	0.1	0.5	手动
3	粗、精车内孔尺寸至ϕ24 mm×52 mm，ϕ36 mm×40 mm 并倒角至图样尺寸要求	T3	25×25	粗车：800 精车：1200	粗车：0.25 精车：0.1	粗车：2 精车：0.2	自动
4	车内沟槽 6 mm×2.5 mm 至图样尺寸要求	T4	ϕ16	600	0.08	4	自动
5	车内螺纹 M40×2-6g 至图样尺寸要求	T4	ϕ16	600			自动
6	切断	T2	25×25	600	0.08	4	自动
7	掉头，平端面，保证工件总长并倒角至图样尺寸要求	T1	25×25	800	0.15	0.5	手动
8	倒角	T3	25×25	800	0.1		自动
9	检测						
编制		审核	批准	年　月　日		共　页	第　页

二、编制数控加工参考程序（见表 3-23）

表 3-23　FANUC 0i 系统圆柱内三角形螺纹轴套加工参考程序

O0009		程　序　名
程序段号	程序内容	动作说明
N010	G90 G99 G00 X50 Z150	绝对坐标编程，进给速度单位为 mm/r，车刀定位到换刀点
N020	M03 S800	启动主轴，粗车转速为 800 r/min
N030	T0303 M08	换 3 号内孔车刀，切削液开
N040	G00 X22 Z2	刀具移动到起刀点
N050	G71 U2 R1	内径粗车循环，设置循环参数
N060	G71 P70 Q140 U0.2 W0.1 F0.25	粗车循环
N070	G00 X34	精车加工轮廓起始段，车刀定位到轮廓起点
N080	G01 Z0 F0.1	
N090	X38 Z−2	倒角 C2
N100	Z−40	车 φ38 外圆
N110	X26	车端面
N120	X24 Z−41	倒角 C1
N130	Z−51	车 φ24 外圆
N140	X22	精车加工轮廓结束段，车刀退回至 X 轴起刀点
N150	G00 X50 Z100	车刀移动到换刀点
N160	M05	主轴停止
N170	M00	程序暂停，零件测量，调整磨耗
N180	M03 S1200	设置精车转速 1200 r/min
N190	T0303	调用 3 号刀具
N200	G00 X22 Z2	车刀定位到起刀点
N210	G70 P70 Q140	精车固定循环
N220	G00 X50 M09	车刀移动到换刀点，切削液关
N230	Z100	
N240	M05	主轴停止
N250	M00	程序暂停
N260	M03 S600	设置车槽转速 600 r/min，车 6 mm×2.5 mm 退刀槽
N270	T0404	调用 4 号内沟槽刀，刀头宽度 4 mm
N280	G00 Z100	车刀定位至起刀点
N290	X22	
N300	Z2	车刀定位至内孔附近
N310	G01 Z−40 F0.25	车刀定位至切槽第一个起点

O0008		程 序 名
程序段号	程序内容	动作说明
N320	X43 F0.08	切槽
N330	X22 F0.25	退刀
N340	Z—38	车刀定位至切槽第二个起点
N350	X43 F0.08	切槽
N360	X22 F0.25	退刀
N370	G00 Z150 M09	退出内孔,切削液关
N380	X50	退至换刀点
N390	M05	主轴停止
N400	M00	程序暂停
N410	M03 S600	设置车螺纹转速 600 r/min
N420	T0404 M08	换 4 号内螺纹刀,切削液开
N430	G00 X35 Z2	刀具移动到起刀点
N440	G92 X38.9 Z—36 F2	螺纹切削循环第一刀
N450	X39.5	螺纹切削循环第二刀
N460	X39.9	螺纹切削循环第三刀
N470	X40	螺纹切削循环第四刀
N480	X40	无进给光整加工
N490	G00 Z150 M09	车刀移动到换刀点
N500	X50	
N510	M05	主轴停止
N520	M00	程序暂停
N530	M03 S600	设置切断转速 600 r/min
N540	T0202 M08	调用 2 号切断刀,刀头宽度 4 mm
N550	G00 X66	车刀定位到切断起点
N560	Z—54	
N570	G01 X23 F0.08	切断
N580	G00 X80 M09	车刀移动到换刀点,切削液关
N590	Z100	
N600	M05	主轴停止
N610	M30	程序结束

项目四

数控车削考核技能训练

一、考核要求

1. 必须穿戴劳动保护用品；

2. 严格按照图纸要求操作；

3. 合理选择设备参数；

4. 开车前,检查设备及工装夹具；

5. 符合安全、文明生产。

二、考核流程

1. 编程；

2. 输入程序；

3. 车削加工；

4. 清理现场。

三、考试规定及说明

1. 如操作违章,将停止考试；

2. 考试采用百分制,考试项目得分按鉴定比重进行折算；

3. 考试方式说明:该项目为实际操作题,考试过程按评分标准及操作过程进行评分；

4. 测量技能说明:本项目主要测试考生对车削莫氏变径套掌握的熟练程度；

5. 计时从正式考试开始,至操作完毕结束。提前完成操作不加分,超时按规定标准评分。

任务一   中级工实例一

一、实验准备

1. 考核场地

(1) 考场面积:每位选手一般不少于 10 m²;每个操作工位不少于 6 m²。

(2) 考核场地应整洁、卫生、明亮,设备完好,应备的工具、原材料齐全,符合规定的要求。考场设操作工位 10~20 个,每个工位应标明工位编号。

(3) 每个工位配有约 0.6 m² 的台面供选手书写,摆放工、量、刃具。

(4) 安全通道宽度不小于 2 m。

(5) 考场电源功率必须能够满足所有设备正常启动工作。

(6) 考场应配备消防及防护安全设施,并配有相应数量的清洁工具。

(7) 每个赛场应为本赛场的每个选手提供一套竞赛设备,并有一定数量的备用设备。

(8) 监考人员数量与考生人数之比为 1:5。

(9) 每个考场至少配机修工、电器维修工、医护人员各 1 名;距考场 10 m 处设警戒线,考试时有专人负责,无关人员不得随意出入。

(10) 场地条件。

电:三相电源 380 V,45 kW;两相电源:5 kW。

水:清洁用水。

气:提供压缩空气和每个工作位 1 把风枪。

电缆:电缆能有效隐藏或处理,确保安全。

污染:噪音 60~70 dB/(单机,2 m 距离),少量的油污和振动。

2. 材料准备(见表 4-1)

表 4-1   材料准备

名称	规格	数量	要求
锻钢 45	φ50×85	1 根/每位考生	

3. 设备准备(见表 4-2)

表 4-2   设备准备

名称	规格	数量	要求
数控车床	CK6150	1 人/台	
数控车床系统	FANUC 0i 或 SIUMERIK802D/C/S		
卡盘扳手	相应车床	1 副/每台车	
刀架扳手	相应车床	1 副/每台车	

说明:可结合实际情况,选择其他型号的车床及数控系统,如云南、大连车床,广州数控系统 GSK980TA,华中系统 HNC-21T 等。

4. 工、刃、量、辅具准备(见表 4-3)

表 4-3 工、刃、量辅具准备

序号	名称	型号	数量	要求
1	45°外圆车刀	25 mm×25 mm	1	
2	90°外圆车刀	25 mm×25 mm	1	
3	35°外圆车刀	25 mm×25 mm	1	
4	4 mm 外切槽刀	25 mm×25 mm	1	
5	外螺纹车刀	25 mm×25 mm	1	
6	外径千分尺	0.01/25~50 mm	各1	
7	游标卡尺	0.02/0~150 mm	1	
8	游标深度尺	0.02/0~200 mm	1	
9	数显卡尺	0.01/0~150 mm	1	
10	螺纹环规	M30×1.5 – 6g	1	
11	常用工具和铜皮	自选	自定	
12	金属直尺	200 mm	自定	
13	计算器		自定	
14	草稿纸		自定	

二、实验任务

完成图 4-1 所示零件的加工及编程。

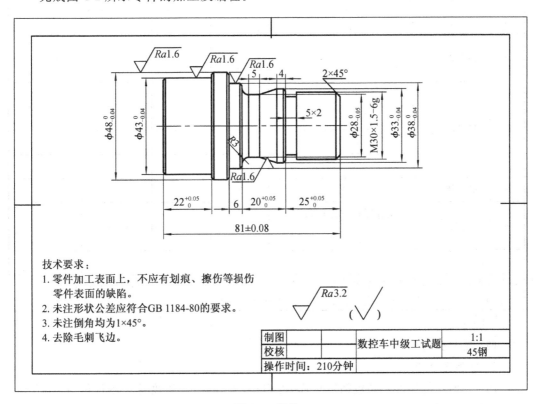

技术要求:
1. 零件加工表面上,不应有划痕、擦伤等损伤
   零件表面的缺陷。
2. 未注形状公差应符合GB 1184-80的要求。
3. 未注倒角均为1×45°。
4. 去除毛刺飞边。

$\sqrt{Ra3.2}$ ($\sqrt{}$)

制图		数控车中级工试题	1:1
校核			45钢
操作时间:210分钟			

图 4-1 零件一

三、评分标准(见表 4-4 和表 4-5)

表 4-4　总成绩表

序号	试题名称	配分	得分	权重	最后得分	备注
1	加工准备及工艺制定	10				
2	数控编程	20				
3	数控车床操作与工、量、刃具使用	5				
4	零件加工	60				
5	数控车床维护与精度检验	5				
	合计	100				

表 4-5　零件加工评分表

序号	项目	考核内容		配分		检测结果	得分
				IT	Ra		
1	外圆	$\phi 48_{-0.04}^{0}$	Ra1.6	5	2		
2		$\phi 43_{-0.04}^{0}$	Ra1.6	5	2		
3	螺纹	M30×1.5－6g	Ra3.2	5	2		
4	外圆	$\phi 33_{-0.04}^{0}$	Ra3.2	5	2		
5	外圆	$\phi 38_{-0.04}^{0}$	Ra3.2	5	2		
6	异形槽	$\phi 28_{-0.05}^{0}$	Ra3.2	2	2		
		R3	Ra3.2	2	2		
7	长度	81±0.08		3			
		$22_{0}^{+0.05}$		2			
		$20_{0}^{+0.05}$		2			
		$25_{0}^{+0.05}$		2			
8	退刀槽	5×2		2			
9	其他	轮廓形状有无缺陷		2			
		倒角、倒钝		4			
	合计			60			

评分标准:尺寸和形状位置精度每超差 0.01 mm 扣 2 分,粗糙度轮廓增值时扣该项全部分。

否定项:零件上有未加工形状或形状错误的,此件视为不合格。

考评员:　　　　　　　　　　　　　　　　　　　　　　　　　年　月　日

四、工艺分析

1. 零件图分析

图 4-1 所示的零件主要包括圆柱面、退刀槽、外螺纹、外锥度等。零件材料为 45 钢,毛坯规格为 ϕ 50 mm×85 mm。

2. 加工方案

(1) 零件综合了数控车削加工的基本功能,其精度要求较高,要分两次装夹才能完成加工,零件右端 ϕ38 外圆长度较短,不方便装夹,所以选择先加工左端。

(2) 夹持零件表面,使用直尺将毛坯伸出长度控制在 $35\sim40$ mm,毛坯伸出长度不能小于编程时 Z 轴的坐标点。使用加力杆将工件上紧,将刀具安装在正确的刀位上。

(3) 零件左端有 ϕ43 和 ϕ48 的尺寸,为了保证所有尺寸的精度和粗糙度轮廓,选用高转速、少切削量、慢进给的方式达到要求。

(4) 调头装夹时,夹持 ϕ43 外圆,为了保证工件在加工时不会出现轴向窜动,将 ϕ43 和 ϕ48 之间的端面作为定位端面。

(5) 加工右端外轮廓时,由于外轮廓是凹凸圆弧面,在编程时选用固定形状粗车循环指令 G73 进行编程。在编程时需特别注意,为了保证外螺纹牙尖角不翻毛刺且能有效地旋合,将外螺纹的圆柱面直径减小 0.2 mm。

(6) 外螺纹加工选用的是成型刀具,严格按要求安装,在装刀时用标准角度块规校验刀尖角的位置,从而保证加工螺纹的正确性;螺纹加工完后,用螺纹环规进行检测,通规完全旋进,止规旋进一牙左右。

3. 数控加工刀具卡片(见表 4-6)

表 4-6 数控加工刀具卡片

序号	刀具	加工内容	刀尖半径 (mm)	备注
1	45°外圆车刀	零件两端端面及保证总长	0.4	
2	90°外圆车刀	零件左端 ϕ43,ϕ48 外轮廓	0.4	
3	35°外圆车刀	零件右端 M30 螺纹大径,R3,ϕ33,ϕ28,ϕ38 外轮廓	0.4	
4	4 mm 外切槽刀	5×2 螺纹退刀槽	0.4	
5	外螺纹车刀	M30×1.5 - 6g 外螺纹		

4. 数控加工工艺卡片(见表 4-7)

表 4-7 数控加工工艺卡片

工步号	刀具	工步内容	刀具号	刀具规格 (mm)	主轴转速 (r/min)	进给速度 (mm/r)	背吃刀量 (mm)
1	45°端面车刀	左端端面	T0101	25×25	1000	100	1
2	90°外圆车刀	粗车左端外轮廓	T0202	25×25	1000	150	1.5
3	90°外圆车刀	精车左端外轮廓	T0202	25×25	1600	100	0.3
4	45°外圆车刀	右端端面	T0303	25×25	1000	100	1
5	35°外圆车刀	粗车右端外轮廓	T0404	25×25	1000	150	1.5
6	35°外圆车刀	精车右端外轮廓	T0404	25×25	1600	100	0.3
7	4 mm 外内切槽刀	右端外螺纹退刀槽	T0101	25×25	400	20	0.3
8	外螺纹车刀	右端外螺纹	T0202	25×25	1000		0.2

五、加工过程

1. 左侧端面加工

装夹示意图如图 4-2 所示。

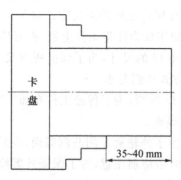

卡盘

35~40 mm

图 4-2 装夹示意图

2. 左端外轮廓加工(90°外圆车刀)

(1) 参考程序(见表 4-8)

表 4-8 左端外轮廓加工参考程序

序号	程　序	备　注
N10	O0001	
N20	G98 T0202	
N30	M03 S1000	
N40	G0 X50 Z5	
N50	G71 U1.5 R1	
N60	G71 P70 Q140 U0.3 W0.05 F150	
N70	G00 X40	
N80	G01 Z0 F100	
N90	G01 X42 Z−1	
N100	G01 Z−22	
N110	G01 X46	
N120	G01 X48 Z−23	
N130	G01 Z−34	
N140	G01 X50	
N150	G00 X100 Z100	
N160	M05	
N170	M00	
N180	G98 T0202	
N190	M03 S1600	
N200	G00 X50 Z5	

序号	程　序	备　注
N210	G70 P70 Q140	
N220	G00 X100 Z100	
N230	M30	

（2）加工结果（见图 4-3）

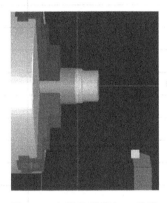

图 4-3　左端外轮廓加工结果

3. 调头装夹

将工作方式调至手轮状态，主轴正转，微调刀具，移动至合适处，纵向切削毛坯端面，当刀尖过工件中心后，主轴停止。此时，测量端面与基准面的长度，假设测得的数值是84.5 mm，实际需要的长度是 81 mm，这时将测量的数值减去实际的长度得出 3.5 mm，将刀具形状 Z 轴的对刀中输入 Z3.5，然后点击测量，刀具对刀完成。端面加工参考程序见表 4-9。

表 4-9　端面加工参考程序

序号	程　序	备　注
N10	O0002	
N20	G98 T0303	
N30	M03 S1000	
N40	G0 X52 Z4	
N50	G94 X−1 Z3 F100	
N60	Z2	
N70	Z1	
N80	Z0	
N90	G00 X100	
N100	G00 Z100	
N110	M30	

4. 右端外轮廓加工(35°外圆车刀)

(1) 参考程序(见表 4-10)

表 4-10　右端外轮廓加工参考程序

序 号	程　序	备　注
N10	O0004	
N20	G98 T0404	
N30	M03 S1000	
N40	G0 X50 Z5	
N50	G73 U11 R11	
N60	G73 P70 Q140 U0.3 W0.05 F150	
N70	G00 X26	
N80	G01 Z0 F100	
N90	G01 X29.8 Z−2	
N100	G01 Z−25	
N110	G01 X31	
N120	G01 X33 Z−26	
N130	G01 Z−29	
N140	G01 X28 Z−37	
N150	G01 Z−42	
N160	G02 X34 Z−45 R3	
N170	G01 X36	
N180	G01 X38 Z−46	
N190	G01 Z−51	
N200	G01 X46	
N210	G01 X49 Z−52.5	
N220	G01 X50	
N230	G00 X100 Z100	
N240	M05	
N250	M00	
N260	G98 T0404	
N270	M03 S1600	
N280	G00 X50 Z5	
N290	G70 P70 Q140	
N300	G00 X100 Z100	
N310	M30	

（2）加工结果（见图 4-4）

图 4-4　右端外轮廓加工结果

5．右端退刀槽加工（4 mm 外切槽刀）

（1）参考程序（见表 4-11）

表 4-11　右端退刀槽加工参考程序

序号	程　序	备　注
N10	O0003	
N20	G98 T0101	
N30	M03 S400	
N40	G0 X38 Z5	
N50	G0 Z－25	
N60	G01 X26 F20	
N70	G00 X38	
N80	G00 Z－23	
N90	G01 X26 F20	
N100	G00 X38	
N110	G00 Z200	
N120	M30	

（2）加工结果（见图 4-5）

图 4-5　右端退刀槽加工结果

6. 外螺纹加工（M30×1.5 外螺纹车刀）

（1）参考程序（见表 4-12）

表 4-12　外螺纹加工参考程序

序号	程　序	备　注
N10	O0004	
N20	G98 T0202	
N30	M03 S1000	
N40	G0 X35 Z5	
N50	G92 X30 Z−23 F1.5	
N60	X29.7	
N70	X29.4	
N80	X29.1	
N90	X28.8	
N100	X28.5	
N110	X28.2	
N120	X28.05	
N130	X28.05	
N140	G00 Z200	
N150	M30	

（2）加工结果（见图 4-6）

图 4-6　外螺纹加工结果

任务二　中级工实例二

一、实验准备

1. 考核场地、材料准备、设备准备参照任务一。

2. 工、刃、量、辅具准备（见表 4-13）。

表 4-13 工、刃、量、辅具准备

序号	名称	型号	数量	要求
1	45°外圆车刀	25 mm×25 mm	1	
2	90°外圆车刀	25 mm×25 mm	1	
3	35°外圆车刀	25 mm×25 mm	1	
4	4 mm 外切槽刀	25 mm×25 mm	1	
5	外螺纹车刀	25 mm×25 mm	1	
6	外径千分尺	0.01/25～50 mm	各 1	
7	游标卡尺	0.02/0～150 mm	1	
8	游标深度尺	0.02/0～200 mm	1	
9	数显卡尺	0.01/0～150 mm	1	
10	螺纹环规	M30×1.5 - 6g	1	
11	常用工具和铜皮	自选	自定	
12	金属直尺	200 mm	自定	
13	计算器		自定	
14	草稿纸		自定	

二、实验任务

完成图 4-2 所示零件的加工及编程。

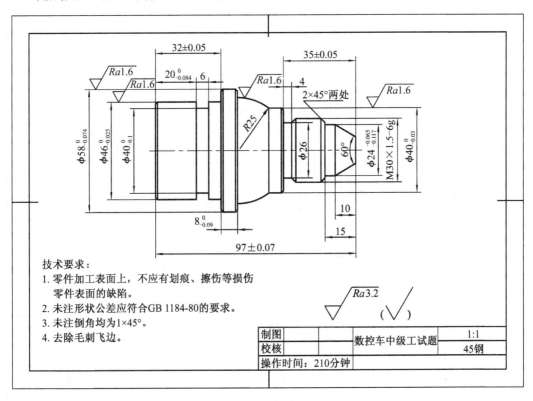

技术要求：
1. 零件加工表面上，不应有划痕、擦伤等损伤
   零件表面的缺陷。
2. 未注形状公差应符合GB 1184-80的要求。
3. 未注倒角均为1×45°。
4. 去除毛刺飞边。

制图		数控车中级工试题	1:1
校核			45钢
操作时间：210分钟			

图 4-7 零件二

三、评分标准(见表 4-14 和表 4-15)

表 4-14　总成绩表

序号	试题名称	配分	得分	权重	最后得分	备注
1	加工准备及工艺制定	10				
2	数控编程	20				
3	数控车床操作与工、量、刃具使用	5				
4	零件加工	60				
5	数控车床维护与精度检验	5				
	合计	100				

表 4-15　零件加工评分表

序号	考核项目		扣分标准	配分	得分
1	外圆	$\phi 58_{-0.074}^{0}$	每超差 0.01 扣 1 分	4	
		$\phi 46_{-0.025}^{0}$	每超差 0.01 扣 1 分	4	
		$\phi 24_{-0.117}^{-0.065}$	每超差 0.01 扣 1 分	4	
		$\phi 40_{-0.13}^{0}$	每超差 0.01 扣 1 分	4	
		97 ± 0.07	每超差 0.02 扣 1 分	1	
		32 ± 0.05	每超差 0.02 扣 1 分	1	
		35 ± 0.05	每超差 0.02 扣 1 分	1	
		$8_{-0.09}^{0}$	每超差 0.01 扣 1 分	2	
		$Ra1.6$	降低一个等级每处扣 0.5 分	2	
		轮廓成形	加工轮廓与图纸不符每处扣 1 分(4 处)	1	
2	螺纹	$M30 \times 1.5 - 6g$	螺纹环规检验,超差不得分	4	
		$Ra3.2$	降低一个等级扣 0.5 分	1	
		轮廓成形	加工轮廓与图纸不符扣 2 分	1	
3	球面	$R 25$	超差 0.2 不得分	2	
		$Ra1.6$	降低一个等级扣 1 分	1	
		轮廓成形	加工轮廓与图纸不符不得分	1	
4	锥面	$60°$	超差不得分	1	
		35 ± 0.05	每超差 0.02 扣 1 分	1	
		10	超差 0.2 不得分	1	
		$Ra1.6$	降低一个等级扣 0.5 分	1	
		轮廓成形	加工轮廓与图纸不符不得分	1	

续表

序号	考核项目		扣分标准	配分	得分
5	退刀槽	$4,\phi 26$	超差 0.2 不得分	2	
		$Ra3.2$	降低一个等级每处扣 0.5 分	1	
		轮廓成形	加工轮廓与图纸不符每处扣 1 分	1	
6	外圆槽	$\phi 40_{-0.1}^{0}$	每超差 0.01 扣 1 分	4	
		6	超差 0.2 不得分	1	
		$20_{-0.084}^{0}$	每超差 0.01 扣 1 分	2	
		$Ra3.2$	降低一个等级每处扣 0.5 分	1	
		轮廓成形	加工轮廓与图纸不符不得分	1	
7	总长	97 ± 0.07	每超差 0.02 扣 1 分	4	
8	倒角	$1\times45°$	一处未加工扣 0.5 分	2	
		$2\times45°$	一处未加工扣 0.5 分	2	
			合计	60	
否定项:未按机床操作规程进行操作,出现较严重的安全事故。					

评分人:　　　　年　月　日　　　　核分人:　　　　年　月　日

四、工艺分析

1. 零件图分析

图 4-7 所示零件主要包括圆柱面、圆弧面、退刀槽、外螺纹、外锥度等。零件材料为 45 钢,毛坯规格为 $\phi 60$ mm$\times$100 mm。

2. 加工方案

(1) 依据零件图可知,零件要分两次装夹才能完成加工,零件右端有圆弧面和螺纹,且 $\phi 40$ 外圆长度较短,不方便装夹,所以选择先加工左端。

(2) 夹持零件表面,使用直尺用将毛坯伸出长度控制在 45～50 mm,毛坯伸出长度不能小于编程时 Z 轴的坐标值。使用加力杆将工件上紧,将刀具安装在正确的刀位上。

(3) 零件左端有 $\phi 46$,$\phi 58$ 的尺寸,为了保证所有尺寸的精度和粗糙度轮廓,选用高转速、少切削量、慢进给的方式达到要求。

(4) 在加工 6 mm 外槽时,因为有尺寸和粗糙度轮廓要求,对此进行了粗、精加工。

(5) 调头装夹时,夹持 $\phi 46$ 外圆,为了保证工件在加工时不会出现轴向窜动,将 $\phi 46$ 和 $\phi 58$ 之间的端面作为定位端面。

(6) 加工右端外轮廓时,由于外轮廓是凹凸圆弧面,在编程时选用固定形状粗车循环指令 G73 进行编程。在编程时需特别注意,为了保证外螺纹牙尖角不翻毛刺且能有效地旋合,将外螺纹的圆柱面直径减小 0.2 mm。

(7) 外螺纹的加工选用的是成型刀具,严格按要求安装,在装刀时用标准角度块规校验刀尖角的位置,从而保证加工螺纹的正确性;螺纹加工完后,用螺纹环规进行检测,通规完全旋进,止规旋进一牙左右。

3. 数控加工刀具卡片(见表 4-16)

表 4-16　数控加工刀具卡片

序号	刀具	加工内容	刀尖半径 (mm)	备注
1	45°外圆车刀	零件两端端面及保证总长	0.4	
2	90°外圆车刀	零件左端 ϕ46,ϕ58 外轮廓	0.4	
3	4 mm 外切槽刀	ϕ40 外圆槽	0.4	
4	35°外圆车刀	零件右端 60°锥,M30 螺纹大径,ϕ40,R25 外轮廓	0.4	
5	外螺纹车刀	M30×1.5－6g 外螺纹		

4. 数控加工工艺卡片(见表 4-17)

表 4-17　数控加工工艺卡片

工步号	刀具	工步内容	刀具号	刀具规格 (mm)	主轴转速 (r/min)	进给速度 (mm/r)	背吃刀量 (mm)
1	45°端面车刀	左端端面	T0101	25×25	1000	100	1
2	90°外圆车刀	粗车左端外轮廓	T0202	25×25	1000	150	1.5
3	90°外圆车刀	精车左端外轮廓	T0202	25×25	1600	100	0.3
4	4 mm 外切槽刀	左端外圆槽	T0303	25×25	400	20	0.3
5	4 mm 外切槽刀	左端外圆槽	T0303	25×25	1000	100	0.3
6	45°外圆车刀	右端端断面	T0404	25×25	1000	100	1
7	35°外圆车刀	粗车右端外轮廓	T0101	25×25	1000	150	1.5
8	35°外圆车刀	精车右端外轮廓	T0101	25×25	1600	100	0.3
9	外螺纹车刀	右端外螺纹	T0202	25×25	1000		0.2

五、加工过程

1. 左侧端面加工

装夹示意图如图 4-8 所示。

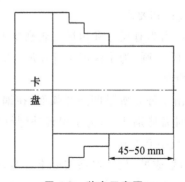

卡盘

45－50 mm

图 4-8　装夹示意图

2. 左端外轮廓加工(90°外圆车刀)

(1) 参考程序(见表 4-18)

表 4-18 左端外轮廓加工参考程序

序号	程 序	备 注
N10	O0001	
N20	G98 T0202	
N30	M03 S1000	
N40	G0 X60 Z5	
N50	G71 U1.5 R1	
N60	G71 P70 Q140 U0.3 W0.05 F150	
N70	G00 X44	
N80	G01 Z0 F100	
N90	G01 X46 Z-1	
N100	G01 Z-32	
N110	G01 X56	
N120	G01 X58 Z-33	
N130	G01 Z-42	
N140	G01 X60	
N150	G00 X100 Z100	
N160	M05	
N170	M00	
N180	G98 T0202	
N190	M03 S1600	
N200	G00 X60 Z5	
N210	G70 P70 Q140	
N220	G00 X100 Z100	
N230	M30	

(2) 加工结果(见图 4-9)

图 4-9 左端外轮廓加工结果

3. 退刀槽加工（4 mm 外切槽刀）

（1）参考程序（见表 4-19）

表 4-19　退刀槽加工参考程序

序号	程　序	备　注
N10	O0002	
N20	G98 T0303	
N30	M03 S500	
N40	G00 X48 Z5	
N50	G00 Z−26	
N60	G01 X40.3 F30	
N70	G00 X48	
N80	G00 Z−24	
N90	G01 X40.3 F30	
N100	G00 X48	
N110	G00 X100 Z100	
N120	M05	
N130	M00	
N140	G98 T0303	
N150	M03 S1000	
N160	G00 X48 Z5	
N170	G00 Z−26	
N180	G01 X40 F100	
N190	G01 Z−24	
N200	G01 X48	
N210	G00 X100	
N220	G00 Z100	
N230	M30	

（2）加工结果（见图 4-10）

图 4-10　退刀槽加工结果

4. 调头装夹

将工作方式调至首轮状态,主轴正转,微调刀具,移动至合适处,纵向切削毛坯端面,当刀尖过工件中心后,主轴停止。此时,测量端面与基准面的长度,假设测得的数值是99.5 mm,实际需要的长度是97 mm,这时将测量的数值减去实际的长度得出2.5 mm,将刀具形状 Z 轴的对刀中输入 Z 2.5,然后点击测量,刀具对刀完成。端面加工参考程序见表 4-20。

表 4-20 端面加工参考程序

序号	程 序	备 注
N10	O0003	
N20	G98 T0404	
N30	M03 S1000	
N40	G0 X62 Z4	
N50	G94 X−1 Z3 F100	
N60	Z2	
N70	Z1	
N80	Z0	
N90	G00 X100	
N100	G00 Z100	
N110	M30	

5. 右端外轮廓加工(35°外圆车刀)

(1) 参考程序(见表 4-21)

表 4-21 右端外轮廓加工参考程序

序号	程 序	备 注
N10	O0004	
N20	G98 T0101	
N30	M03 S1000	
N40	G0 X60 Z5	
N50	G73 U15 R15	
N60	G73 P70 Q140 U0.3 W0.05 F150	
N70	G00 X12.46	
N80	G01 Z0 F100	
N90	G01 X23.935 Z−10	
N100	G01 Z−15	
N110	G01 X26	
N120	G01 X29.8 Z−17	
N130	G01 Z−29	

续表

序号	程　序	备　注
N140	G01 X26 Z−31	
N150	G01 Z−35	
N160	G01 X38	
N170	G01 X40 Z−36	
N180	G01 Z−42	
N200	G03 X50 Z−57 R25	
N210	G01 X56	
N220	G01 X59 Z−58.5	
N230	G00 X100 Z100	
N240	M05	
N250	M00	
N260	G98 T0404	
N270	M03 S1600	
N280	G00 X60 Z5	
N290	G70 P70 Q140	
N300	G00 X100 Z100	
N310	M30	

（2）加工结果（见图 4-11）

图 4-11　右端外轮廓加工结果

6. 外螺纹加工（M30×1.5-6g 外螺纹刀）

（1）参考程序（见表 4-22）

表 4-22　外螺纹加工参考程序

序号	程　序	备　注
N10	O0004	
N20	G98 T0202	
N30	M03 S1000	
N40	G0 X35 Z5	

续表

序号	程　序	备　注
N50	G92 X30 Z−18 F1.5	
N60	X29.7	
N70	X29.4	
N80	X29.1	
N90	X28.8	
N100	X28.5	
N110	X28.2	
N120	X28.05	
N130	X28.05	
N140	G00 Z200	
N150	M30	

（2）加工结果（见图4-12）

图4-12　外螺纹加工结果

任务三　高级工实例一

一、实验准备

1. 考核场地、材料准备、设备准备参照中级工实例要求。

2. 工、刃、量、辅具准备见表4-23。

表4-23　工、刃、量、辅具准备

序号	名称	型号	数量	要求
1	45°外圆车刀	25 mm×25 mm	1	
2	90°外圆车刀	25 mm×25 mm	1	
3	35°外圆车刀	25 mm×25 mm	1	

序号	名称	型号	数量	要求
4	4 mm 外切槽刀	25 mm×25 mm	1	
5	90°内孔车刀	ϕ16 mm	1	
6	4 mm 内切槽刀	ϕ16 mm	1	
7	内螺纹车刀	ϕ16 mm	1	
8	外径千分尺	0.01/25～50 mm	各1	
9	内径百分表	18～35 mm	1	
10	游标卡尺	0.02/0～150 mm	1	
11	游标深度尺	0.02/0～200 mm	1	
12	数显卡尺	0.01/0～150 mm	1	
13	螺纹塞规	M30×1.5－7H	1	
14	常用工具和铜皮	自选	自定	
15	金属直尺	200 mm	自定	
16	计算器		自定	
17	草稿纸		自定	

二、实验任务

完成图 4-13 所示零件的加工及编程。

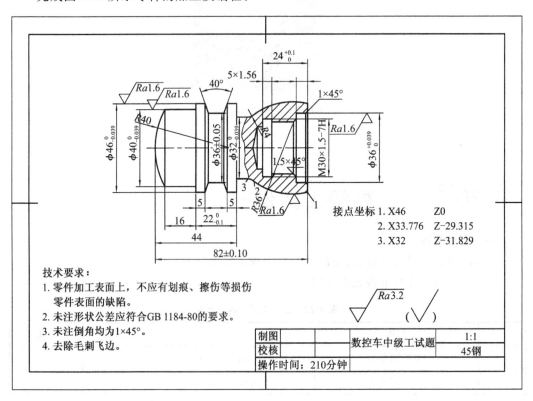

图 4-13 零件一

三、评分标准(见表 4-24 和表 4-25)

表 4-24 总成绩表

序号	试题名称	配分	得分	权重	最后得分	备注
1	加工准备及工艺制定	10				
2	数控编程	20				
3	数控车床操作与工、量、刃具使用	5				
4	零件加工质量	60				
5	数控车床维护与精度检验	5				
	合计	100				

表 4-25 零件质量评分表

序号	项目	考核内容		配 分		检测结果	得分
				IT	Ra		
1	外圆	$\phi 46_{0.039}^{0}$	Ra1.6	5	1		
2		$\phi 40_{-0.039}^{0}$	Ra1.60	5	1		
3		$\phi 32_{-0.039}^{0}$	Ra3.2	5	1		
4	圆弧	R40	Ra3.2	3	1		
		R36	Ra3.2	3	1		
5	内孔	$\phi 36_{0}^{0.039}$	Ra3.2	5	1		
6	螺纹	M30×1.5-7H	Ra3.2	5	1		
7	梯形槽	40°	Ra3.2	3			
8		$\phi 36 \pm 0.05$	Ra3.2	3			
9		侧面对称	Ra3.2	2			
10	长度	82 ± 0.1		3			
11		$24_{0}^{+0.1}$		2			
12		$22_{-0.1}^{0}$		2			
13	其他	轮廓形状有无缺陷		4			
14		倒角、倒钝		3			
	合计			60			

评分标准:尺寸和形状位置精度每超差 0.01 mm 扣 2 分,粗糙度轮廓增值时扣该项全部分。

否定项:零件上有未加工形状或形状错误的,此件视为不合格。

考评员: 年 月 日

四、工艺分析

1. 零件图分析

图 4-12 所示的零件主要包括圆柱面、圆弧面、V 型槽、内孔、退刀槽、内螺纹等。零件材料为 45 钢,毛坯规格为 $\phi50$ mm×85 mm。

2. 加工方案

(1) 依据零件图分析,该零件综合了数控车削加工的基本功能,其精度要求较高;零件要分两次装夹才能完成加工,零件右端是圆弧表面,不方便装夹,所以选择先加工左端。

(2) 夹持零件表面,使用直尺将毛坯伸出长度控制在 50～55 mm,毛坯伸出长度不能小于编程时 Z 轴的坐标点。使用加力杆将工件上紧,将刀具安装在正确的刀位上。

(3) 零件左端有 $R40$、$\phi40$、$\phi46$ 的尺寸,为了保证所有尺寸的精度和粗糙度轮廓,选用高转速、少切削量、慢进给的方式达到要求。

(4) V 型槽中 $\phi36$ 有尺寸要求及粗糙度轮廓要求,在粗车时由于切槽刀切削刃大,选用低转速、慢进给进行切削;在精加工时,为了保证尺寸和粗糙度轮廓要求,选用了高转速进行加工。

(5) 调头装夹时,夹持 $\phi40$ 外圆,为了保证工件在加工时不会出现轴向窜动,将 $\phi40$ 和 $\phi46$ 之间的端面作为定位端面,以保证总长时采取间接测量尺寸。

(6) 加工右端外轮廓时,由于外轮廓是凹凸圆弧面,在编程时选用固定形状粗车循环指令 G73 进行改编。

(7) 内孔加工,先测量预钻孔的深度,应大于编程时的 Z 轴坐标点,即超过 30 mm。加工时,由于内孔有尺寸及粗糙度轮廓要求,因此粗车选用低转速、快进给,精车选用高转速、少切削量、慢进给。

(8) 加工内退刀槽时,由于是自由公差,通过精确的对刀保证尺寸。

(9) 内螺纹的加工选用的是成型刀具,这时对刀具的安装有严格的要求,因为刀具的正确安装直接影响到刀尖的角度,在装刀时用标准角度块规校验刀尖角的角度,从而保证所加工螺纹的正确性。

3. 数控加工刀具卡片(见表 4-26)

表 4-26　数控加工刀具卡片

序号	刀具	加工内容	刀尖半径 (mm)	备注
1	45°外圆车刀	零件两端端面及保证总长	0.4	
2	90°外圆车刀	零件左端 $R40$、$\phi40$、$\phi46$ 外轮廓	0.4	
3	4 mm 外切槽刀	40°,$\phi36$ V 型槽	0.4	
4	35°外圆车刀	零件右端 $R36$、$R4$、$\phi32$ 外轮廓	0.4	
5	90°内孔车刀	零件右端 $\phi36$,M30 内螺纹小径,内轮廓	0.4	
6	4 mm 内切槽刀	5×1.5 内退刀槽	0.4	
7	内螺纹车刀	M30×1.5-7H 内螺纹		

4. 数控加工工艺卡片(见表 4-27)

表 4-27 数控加工工艺卡片

工步号	刀具	工步内容	刀具号	刀具规格 (mm)	主轴转速 (r/min)	进给速度 (mm/r)	背吃刀量 (mm)
1	45°端面车刀	左端端面	T0101	25×25	1000	100	1
2	90°外圆车刀	粗车左端外轮廓	T0202	25×25	1000	150	1.5
3	90°外圆车刀	精车左端外轮廓	T0202	25×25	1600	100	0.3
4	4 mm 外切槽刀	粗车左端 V 型槽	T0303	25×25	500	30	2
5	4 mm 外切槽刀	精车左端 V 型槽	T0303	25×25	1000	100	0.3
6	45°外圆车刀	右端端面	T0404	25×25	1000	100	1
7	35°外圆车刀	粗车右端外轮廓	T0101	25×25	1000	150	1.5
8	35°外圆车刀	精车右端外轮廓	T0101	25×25	1600	100	0.3
9	90°内孔车刀	粗车右端内轮廓	T0202	φ16	1000	150	1.5
10	90°内孔车刀	精车右端内轮廓	T0202	φ16	1600	100	0.3
11	4 mm 内切槽刀	右端内螺纹退刀槽	T0303	φ16	400	20	0.3
12	内螺纹车刀	右端内螺纹	T0404	φ16	1000		0.2

五、加工过程

1. 左侧端面加工

装夹示意图如图 4-14 所示。

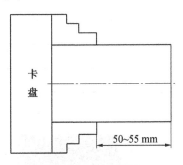

卡盘

50~55 mm

图 4-14 装夹示意图

2. 左端外轮廓加工(90°外圆车刀)

(1) 参考程序(见表 4-28)

表 4-28 左端外轮廓加工参考程序

序号	程 序	备 注
N10	O0001	
N20	G98 T0202	
N30	M03 S1000	
N40	G0 X50 Z5	

续表

序号	程　序	备　注
N50	G71 U1.5 R1	
N60	G71 P70 Q140 U0.3 W0.05 F150	
N70	G00 X0	
N80	G01 Z0 F100	
N90	G03 X40 Z－4 R40	
N100	G01 Z－20	
N110	G01 X45	
N120	G01 X46 Z－20.5	
N130	G01 Z－46	
N140	G01 X50	
N150	G00 X100 Z100	
N160	M05	
N170	M00	
N180	G98 T0202	
N190	M03 S1600	
N200	G00 X50 Z5	
N210	G70 P70 Q140	
N220	G00 X100 Z100	
N230	M30	

（2）加工结果（见图 4-15）

图 4-15　左端外轮廓加工结果

3. V 型槽加工(4 mm 外切槽刀)

(1)参考程序(见表 4-29)

表 4-29 V 型槽加工参考程序

序号	程　序	备　注
N10	O0002	
N20	G98 T0303	
N30	M03 S500	
N40	G00 X48 Z5	
N50	G00 Z－15.18	
N60	G01 X36.3 F30	
N70	G00 X48	
N80	G00 Z－12.18	
N90	G01 X36.3 F30	
N100	G00 X48	
N110	G00 Z－10.82	
N120	G01 X36.3 F30	
N130	G00 X48	
N140	G00 Z－9	
N150	G00 X46	
N160	G01 X36.3 Z－10.82 F30	
N170	G00 X48	
N180	G00 Z－17	
N190	G00 X46	
N200	G01 X36.3 Z－15.18 F30	
N210	G00 X48	
N220	G00 X100 Z100	
N230	M05	
N240	M00	
N250	G98 T0303	
N260	M03 S1000	
N270	G00 X48 Z5	
N280	G00 Z－17	
N290	G00 X46	

续表

序号	程 序	备 注
N300	G01 X36 Z−15.18 F100	
N310	G01 Z−10.82	
N320	G01 X46 Z−9	
N330	G00 X48	
N340	G00 X100 Z100	
N350	M30	

（2）加工结果（见图 4-16）

图 4-16   V 型槽加工结果

4. 调头装夹

将工作方式调制首轮状态，主轴正转，微调刀具，移动至合适处，纵向切削毛坯端面，当刀尖过工件零点后，沿 X 轴正方向原路返回，主轴停止。此时，测量端面与基准面的长度，假设测得的数值是 65.3 mm，实际需要的长度是 62 mm，这时将测量的数值减去实际的长度得出 3.3 mm，在刀具形状 Z 轴的对刀中输入 Z3.3，然后点击测量，刀具对刀完成。端面加工参考程序见表 4-30。

表 4-30   端面加工参考程序

序号	程 序	备 注
N10	O0003	
N20	G98 T0404	
N30	M03 S1000	
N40	G0 X52 Z3	
N50	G94 X−1 Z3 F100	
N60	Z2	
N70	Z1	
N80	Z0	

序号	程 序	备 注
N90	G00 X100	
N100	G00 Z100	
N110	M30	

5. 右端外轮廓加工(35°外圆车刀)

(1) 参考程序(见表 4-31)

表 4-31 右端外轮廓加工参考程序

序号	程 序	备 注
N10	O0004	
N20	G98 T0101	
N30	M03 S1000	
N40	G0 X50 Z5	
N50	G73 U9 R9	
N60	G73 P70 Q140 U0.3 W0.05 F150	
N70	G00 X46	
N80	G01 Z0 F100	
N90	G03 X33.776 Z-29.315 R36	
N100	G02 X32 Z-31.829 R4	
N110	G01 Z-38	
N120	G01 X45	
N130	G01 X47 Z-39	
N140	G01 X50	
N150	G00 X100 Z100	
N160	M05	
N170	M00	
N180	G98 T0101	
N190	M03 S1600	
N200	G00 X50 Z5	
N210	G70 P70 Q140	
N220	G00 X100 Z100	
N230	M30	

（2）加工结果（见图 4-17）

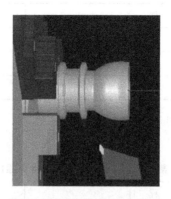

图 4-17 右端外轮廓加工结果

6．右端外轮廓加工（90°内孔车刀）

（1）参考程序（见表 4-32）

表 4-32 右端外轮廓加工参考程序

序号	程　序	备　注
N10	O0005	
N20	G98 T0202	
N30	M03 S1000	
N40	G0 X20 Z5	
N50	G71 U1.5 R1	
N60	G71 P70 Q140 U−0.3 W0.05 F150	
N70	G00 X38	
N80	G01 Z0 F100	
N90	G01 X36 Z−1	
N100	G01 Z−6	
N110	G01 X32	
N120	G01 X28.5 Z−8	
N130	G01 Z−24	
N140	G01 X20	
N150	G00 Z200	
N160	M05	
N170	M00	
N180	G98 T0202	
N190	M03 S1600	

续表

序号	程 序	备 注
N200	G00 X20 Z5	
N210	G70 P70 Q140	
N220	G00 Z200	
N230	M30	

（2）加工结果（见图 4-18）

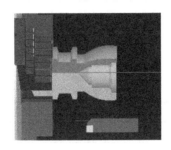

图 4-18 右端外轮廓加工结果

7. 内退刀槽加工（4 mm 内切槽刀）

（1）参考程序（见表 4-33）

表 4-33 内退刀槽加工参考程序

序号	程 序	备 注
N10	O0006	
N20	G98 T0303	
N30	M03 S400	
N40	G0 X28 Z5	
N50	G0 Z—24	
N60	G01 X31 F20	
N70	G00 X28	
N80	G00 Z—23	
N90	G01 X31 F20	
N100	G00 X28	
N110	G00 Z200	
N120	M30	

（2）加工结果（见图 4-19）

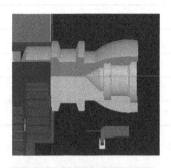

图 4-19　内退刀槽加工结果

8. 内螺纹加工（M30×1.5－7H 内螺纹车刀）

（1）参考程序（见表 4-34）

表 4-34　内螺纹加工参考程序

序号	程　序	备　注
N10	O0007	
N20	G98 T0404	
N30	M03 S1000	
N40	G0 X25 Z5	
N50	G92 X28.5 Z－22 F1.5	
N60	X28.8	
N70	X29.1	
N80	X29.4	
N90	X29.7	
N100	X30	
N110	X30.1	
N120	X30.2	
N130	X30.2	
N140	G00 Z200	
N150	M30	

（2）加工结果（见图 4-20）

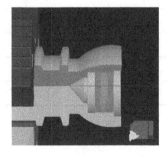

图 4-20　内螺纹加工结果

任务四 高级工实例二

一、实验准备

1. 考核场地、材料准备、设备准备参照任务三。
2. 工、刃、量、辅具准备见表4-35。

表 4-35 工、刃、量、辅具准备

序号	名称	型号	数量	要求
1	45°外圆车刀	25 mm×25 mm	1	
2	90°外圆车刀	25 mm×25 mm	1	
3	35°外圆车刀	25 mm×25 mm	1	
4	4 mm 外切槽刀	25 mm×25 mm	1	
5	外螺纹车刀	25 mm×25 mm	1	
6	90°内孔车刀	ϕ16 mm	1	
7	4 mm 内切槽刀	ϕ16 mm	1	
8	内螺纹车刀	ϕ16 mm	1	
9	外径千分尺	0.01/25～50 mm	各1	
10	内径百分表	18～35 mm	1	
11	游标卡尺	0.02/0～150 mm	1	
12	游标深度尺	0.02/0～200 mm	1	
13	数显卡尺	0.01/0～150 mm	1	
14	螺纹塞规	M30×1.5-6H	1	
15	常用工具和铜皮	自选	自定	
16	金属直尺	200 mm	自定	
17	计算器		自定	
18	草稿纸		自定	

二、实验任务

完成图 4-21 所示零件的加工及编程。

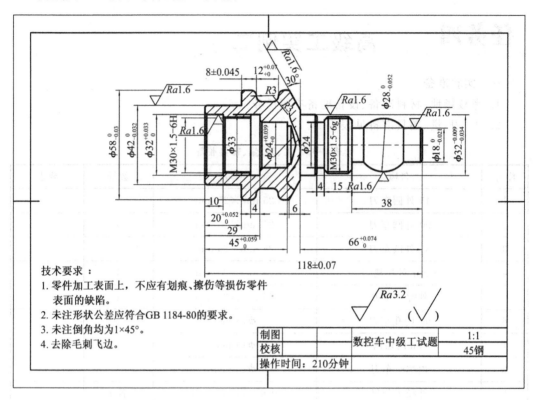

技术要求：

1. 零件加工表面上，不应有划痕、擦伤等损伤零件
   表面的缺陷。
2. 未注形状公差应符合 GB 1184-80 的要求。
3. 未注倒角均为 1×45°。
4. 去除毛刺飞边。

制图		数控车中级工试题	1:1
校核			45 钢
操作时间：210 分钟			

图 4-21 零件二

三、评分标准（见表 4-36 和表 4-37）

表 4-36 总成绩表

序号	试题名称	配分	得分	权重	最后得分	备注
1	加工准备及工艺制定	10				
2	数控编程	20				
3	数控车床操作与工、量、刃具使用	5				
4	零件加工质量	60				
5	数控车床维护与精度检验	5				
	合计	100				

表 4-37 零件质量评分表

序号	项目	考核内容		配 分		检测结果	得分
				IT	Ra		
1	外圆	$\phi 58_{-0.03}^{0}$	Ra1.6	2	1		
		$\phi 42_{-0.032}^{0}$	Ra1.6	2	1		
		$\phi 32_{-0.034}^{-0.009}$	Ra1.6	2	1		
		$\phi 18_{-0.021}^{0}$	Ra1.6	2	1		
2	内孔	$\phi 32_{0}^{+0.039}$	Ra1.6	2	1		
		$\phi 18_{0}^{+0.033}$	Ra1.6	2	1		
3	螺纹	M30×1.5-6H	Ra1.6	3			
		M30×1.5-6g	Ra1.6	3			
4	球面	$\phi 28_{-0.052}^{0}$	Ra1.6	2	1		
5	锥面	30°	Ra1.6	1	1		
		6		1	1		
6	退刀槽	$\phi 33,4$		2			
		$\phi 24,4$		2			
7	外圆槽	$\phi 42_{-0.032}^{0}$	Ra3.2	2	1		
		$12_{0}^{+0.07}$	Ra3.2	2	1		
		R3	Ra3.2	2	1		
8	长度	8±0.045		2			
		$20_{0}^{+0.052}$		2			
		$66_{0}^{+0.074}$		2			
		38		2			
		$45_{0}^{+0.058}$		2			
		118±0.07		3			
9	倒角	1×45°		3			

评分标准：尺寸和形状位置精度每超差 0.01 mm 扣 2 分，粗糙度轮廓增值时扣该项全部分。

否定项：零件上有未加工形状或形状错误的，此件视为不合格。

考评员：　　　　　　　　　　　　　　　　　　　　　　　　　　　年　月　日

四、工艺分析

1. 零件图分析

图 4-19 所示的零件主要包括圆柱面、圆弧面、U 型槽、退刀槽、螺纹、外锥度等。零件材料为 45 钢，毛坯规格为 ϕ60 mm×120 mm。

2. 加工方案

(1) 依据零件图分析,部分尺寸精度要求较高,零件要分两次装夹才能完成加工,零件右端是细长轴,夹持长度短,不方便装夹,所以选择先加工左端。

(2) 夹持零件表面,使用直尺将毛坯伸出长度控制在 60～65 mm,毛坯伸出长度不能小于编程时 Z 轴的坐标点。使用加力杆将工件上紧,将刀具安装在正确的刀位上。

(3) 零件左端有 $\phi 42$,$\phi 58$ 的尺寸,为了保证所有尺寸的精度和粗糙度轮廓,选用高转速、少切削量、慢进给的方式达到要求。

(4) R3 外圆槽中 $\phi 46$ 有尺寸及粗糙度轮廓要求,在粗车时由于切槽刀切削刃大,选用低转速、慢进给进行切削,在精加工时,为了保证尺寸和粗糙度轮廓要求,选用了高转速进行加工,在编程时由于上下两边都是圆弧倒角,所以要预留圆弧加工余量。

(5) 内孔加工,首先测量预钻孔的深度,大于编程时的 Z 轴坐标点,超过 30 mm。加工时,由于内孔有尺寸及粗糙度轮廓要求,因此粗车选用低转速、快进给,精车选用高转速、少切削量、慢进给。

(6) 加工内退刀槽时,由于是自由公差,通过精确的对刀保证尺寸。

(7) 内螺纹的加工,选用的是成型刀具,这对刀具的安装有严格的要求,因为刀具的正确安装直接影响到刀尖的角度,在装刀时,用标准角度块规校验刀尖角的角度,从而保证所加工螺纹的正确性。

(8) 调头装夹时,夹持 $\phi 42$ 外圆,为了保证工件在加工时不会出现轴向窜动,将 $\phi 42$ 和 $\phi 58$ 之间的端面作为定位端面,以保证总长时的基准面;间接测量尺寸,从而保证总长。

(9) 加工右端外轮廓时,由于外轮廓是凹凸圆弧面,在编程时选用固定形状粗车循环指令 G73 进行改编。

(10) 外螺纹加工时,同样用标准角度块规校验刀尖角的角度,以保证所加工螺纹的正确性。

3. 数控加工刀具卡片(见表 4-38)

表 4-38　数控加工刀具卡片

序号	刀具	加工内容	刀尖半径(mm)	备注
1	45°外圆车刀	零件两端端面及保证总长	0.4	
2	90°外圆车刀	零件左端 $\phi 42$,$\phi 58$ 外轮廓	0.4	
3	4 mm 外切槽刀	零件左端 R3 圆弧槽	0.4	
4	90°内孔车刀	零件左端 $\phi 36$,M30 内螺纹小径,内轮廓	0.4	
5	4mm 内切槽刀	零件左端 4×2 内退刀槽	0.4	
6	内螺纹车刀	零件左端 M30×1.5-6H 内螺纹		
7	35°外圆车刀	零件右端 $\phi 18$,$\phi 28$,$\phi 20$ 外轮廓	0.4	
8	4 mm 外切槽刀	零件右端螺纹退刀槽	0.4	
9	外螺纹车刀	零件右端 M30×1.5-6g 外螺纹		

4. 数控加工工艺卡片(见表 4-39)

表 4-39 数控加工工艺卡片

工步号	刀具	工步内容	刀具号	刀具规格 (mm)	主轴转速 (r/min)	进给速度 (mm/r)	背吃刀量 (mm)
1	45°端面车刀	左端端面	T0101	25×25	1000	100	1
2	90°外圆车刀	粗车左端外轮廓	T0202	25×25	1000	150	1.5
3	90°外圆车刀	精车左端外轮廓	T0202	25×25	1600	100	0.3
4	4 mm 外切槽刀	粗车左端外槽	T0303	25×25	500	30	2
5	4 mm 外切槽刀	精车左端外槽	T0303	25×25	1000	100	0.3
6	90°内孔车刀	粗车左端内轮廓	T0404	φ16	1000	150	1.5
7	90°内孔车刀	精车左端内轮廓	T0404	φ16	1600	100	0.3
8	4 mm 内切槽刀	左端内螺纹退刀槽	T0101	φ16	400	20	0.3
9	内螺纹车刀	左端内螺纹	T0202	φ16	1000		0.2
10	45°外圆车刀	右端端面	T0303	25×25	1000	100	1
11	35°外圆车刀	粗车右端外轮廓	T0404	25×25	1000	150	1.5
12	35°外圆车刀	精车右端外轮廓	T0404	25×25	1600	100	0.3
13	4 mm 外切槽刀	右端外螺纹退刀槽	T0101	25×25	400	20	0.3
14	外螺纹车刀	右端外螺纹	T0202	25×25	1000		0.2

五、加工过程

1. 左侧端面加工

装夹示意图如图 4-22 所示。

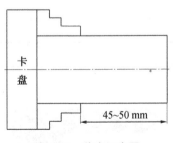

图 4-22 装夹示意图

2. 左端外轮廓加工(90°外圆车刀)

(1) 参考程序(见表 4-40)

表 4-40 左端外轮廓参考程序

序号	程 序	备 注
N10	O0001	
N20	G98 T0202	
N30	M03 S1000	
N40	G0 X60 Z5	

序号	程　序	备　注
N50	G71 U1.5 R1	
N60	G71 P70 Q140 U0.3 W0.05 F150	
N70	G00 X44	
N80	G01 Z0 F100	
N90	G01 X46 Z－1	
N100	G01 Z－20	
N110	G01 X56	
N120	G01 X48 Z－21	
N130	G01 Z－50	
N140	G01 X60	
N150	G00 X100 Z100	
N160	M05	
N170	M00	
N180	G98 T0202	
N190	M03 S1600	
N200	G00 X60 Z5	
N210	G70 P70 Q140	
N220	G00 X100 Z100	
N230	M30	

（2）加工结果（见图 4-23）

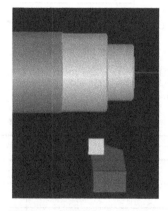

图 4-23　左端外轮廓加工结果

3. 外切槽加工(刀宽 4 mm)

(1) 参考程序(见表 4-41)

表 4-41 外切槽加工参考程序

序号	程 序	备 注
N10	O0002	
N20	G98 T0303	
N30	M03 S500	
N40	G00 X65 Z5	
N50	G00 Z−17	
N60	G01 X46.3 F30	
N70	G00 X65	
N80	G00 Z−15	
N90	G01 X46.3 F30	
N100	G00 X65	
N110	G00 Z−23	
N120	G01 X58 F30	
N130	G02 X52 Z−20 R3	
N140	G03 X46 Z−17 R3	
N150	G01 Z−15	
N160	G00 X65	
N170	G00 Z−9	
N180	G01 X58 F100	
N190	G03 X52 Z−12 R3	
N200	G02 X46 Z−15 R3	
N210	G01 X65	
N220	G00 X100 Z100	
N230	M05	
N240	M00	
N250	G98 T0303	
N260	M03 S1000	
N270	G00 X65 Z5	
N280	G00 Z−23	
N290	G01 X58 F100	

续表

序号	程　序	备　注
N300	G02 X52 Z－20 R3	
N310	G03 X46 Z－17 R3	
N320	G01 Z－15	
N330	G03 X52 Z－12 R3	
N340	G02 X58 Z－9 R3	
N350	G00 X65	
N360	G00 X100	
N370	G00 Z100	
N380	M30	

（2）加工结果（见图 4-24）

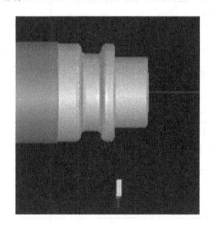

图 4-24　外切槽加工结果

4. 右端外轮廓加工（90°内孔车刀）

（1）参考程序（见表 4-42）

表 4-42　右端外轮廓加工参考程序

序号	程　序	备　注
N10	O0003	
N20	G98 T0404	
N30	M03 S1000	
N40	G0 X20 Z5	
N50	G71 U1.5 R1	
N60	G71 P70 Q170 U－0.3 W0.05 F150	

序号	程　序	备　注
N70	G00 X34	
N80	G01 Z0 F100	
N90	G01 X32 Z−1	
N100	G01 Z−10	
N110	G01 X32	
N120	G01 X28.5 Z−12	
N130	G01 Z−29	
N140	G01 X26	
N150	G01 X24 Z−30	
N160	G01 Z−45	
N170	G01 X20	
N180	G00 Z200	
N190	M05	
N200	M00	
N210	G98 T0404	
N220	M03 S1600	
N230	G00 X20 Z5	
N240	G70 P70 Q140	
N250	G00 Z200	
N260	M30	

（2）加工结果（见图 4-25）

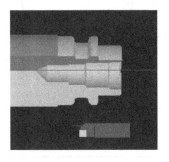

图 4-25　右端外轮廓加工结果

5. 右端退刀槽加工（4 mm 内切槽刀）

（1）参考程序（见表 4-43）

表 4-43　右端退刀槽加工参考程序

序号	程　　序	备　注
N10	O0004	
N20	G98 T0101	
N30	M03 S400	
N40	G0 X28 Z5	
N50	G0 Z－29	
N60	G01 X33 F20	
N70	G00 X28	
N80	G00 Z200	
N90	M30	

（2）加工结果（见图 4-26）

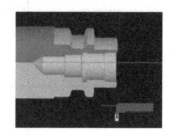

图 4-26　车削右端退刀槽加工结果

6. 内螺纹加工（M30×1.5－6H 内螺纹车刀）

（1）参考程序（见表 4-44）

表 4-44　内螺纹加工参考程序

序号	程　　序	备　注
N10	O0005	
N20	G98 T0202	
N30	M03 S1000	
N40	G0 X25 Z5	
N50	G92 X28.5 Z－27 F1.5	
N60	X28.8	
N70	X29.1	
N80	X29.4	

续表

序号	程 序	备 注
N90	X29.7	
N100	X30	
N110	X30.1	
N120	X30.2	
N130	X30.2	
N140	G00 Z200	
N150	M30	

（2）加工结果（见图 4-27）

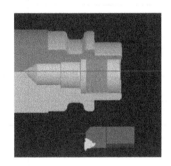

图 4-27　内螺纹加工结果

7. 调头装夹保证总长

将工作方式调至首轮状态，主轴正转，微调刀具，移动至合适处，纵向切削毛坯端面，当刀尖过工件中心后，主轴停止。此时，测量端面与基准面的长度，假设测得的数值是 121.84 mm，实际需要的长度是 118 mm，这时将测量的数值减去实际的长度得出 3.84 mm，在刀具形状 Z 轴的对刀中输入 Z3.84，然后点击测量，刀具对刀完成。端面加工参考程序见表 4-45。

表 4-45　端面加工参考程序

序号	程 序	备 注
N10	O0006	
N20	G98 T0303	
N30	M03 S1000	
N40	G0 X62 Z3	
N50	G94 X−1 Z3 F100	
N60	Z2	
N70	Z1	

续表

序号	程　序	备　注
N80	Z0	
N90	G00 X100	
N100	G00 Z100	
N110	M30	

8. 右端外轮廓加工(35°外圆车刀)

(1) 参考程序(见表 4-46)

表 4-46　右端外轮廓加工参考程序

序号	程　序	备　注
N10	O0007	
N20	G98 T0404	
N30	M03 S1000	
N40	G0 X60 Z5	
N50	G73 U21 R21	
N60	G73 P70 Q210 U0.3 W0.05 F150	
N70	G00 X16	
N80	G01 Z0 F100	
N90	G01 X18 Z−1	
N100	G01 Z−10.28	
N110	G03 X20 Z−30.8 R14	
N120	G01 Z−38	
N130	G01 X26	
N140	G01 X29.8 Z−40	
N150	G01 Z−57	
N160	G01 X30	
N170	G01 X32 Z−58	
N180	G01 Z−66	
N190	G01 X37.22	
N200	G01 X58 Z−72	
N210	G01 X60	
N220	G00 X100 Z100	

续表

序号	程　序	备　注
N230	M05	
N240	M00	
N250	G98 T0404	
N260	M03 S1600	
N270	G00 X50 Z5	
N280	G70 P70 Q210	
N290	G00 X100 Z100	
N300	M30	

（2）加工结果（见图 4-28）

图 4-28　右端外轮廓加工结果

9. 外螺纹退刀槽加工（刀宽 4 mm）

（1）参考程序（见表 4-47）

表 4-47　外螺纹退刀槽加工参考程序

序号	程　序	备　注
N10	O0008	
N20	G98 T0101	
N30	M03 S400	
N40	G0 X35 Z5	
N50	G0 Z－52	
N60	G01 X24 F20	
N70	G00 X35	
N80	G00 Z200	
N90	M30	

（2）加工结果（见图 4-29）

图 4-29　外螺纹退刀槽加工结果

10. 内螺纹加工（M30×1.5−6H 内螺纹车刀）

（1）参考程序（见表 4-48）

表 4-48　内螺纹加工参考程序

序号	程　序	备　注
N10	O0009	
N20	G98 T0202	
N30	M03 S1000	
N40	G0 X35 Z5	
N50	G92 X29.8 Z−50 F1.5	
N60	X29.5	
N70	X29.2	
N80	X28.9	
N90	X28.6	
N100	X28.3	
N110	X28.1	
N120	X28.05	
N130	X28.08	
N140	G00 X100 Z200	
N150	M30	

（2）加工结果（见图 4-30）

图 4-30　内螺纹加工结果

项目五

自动编程与仿真加工

　　CAXA 数控车具有 CAD 软件的强大绘图功能和完善的外部数据接口,既可以绘制任意复杂的图形,也可以通过 DXF、IGES 等数据接口与其他系统交换数据。同时,CAXA 数控车还提供了功能强大、使用简洁的轨迹生成手段,可按加工要求生成各种复杂图形的加工轨迹。通用的后置处理模块使 CAXA 数控车可以满足各种机床的代码格式,可输出 G 代码,并可对生成的代码进行校验及加工仿真。

　　斯沃软件具有 FANUC、SINUMERIK、MITSUBISHI、广州数控 GSK、华中世纪星 HNC、北京凯恩帝 KND、大连大森 DASEN 数控车铣及加工中心仿真软件,是结合机床厂家实际加工制造经验与高校教学训练一体所开发的。通过对该软件的学习,既可以使学生达到实物操作训练的目的,又可以大大减少昂贵的设备投入,学生通过在 PC 机上操作该软件,能在很短的时间内掌握各系统数控车、数控铣及加工中心的操作,可手动编程或读入 CAM 数控程序加工;教师通过网络教学,可随时获得学生当前操作信息,根据学生掌握的情况进行教育,节省了成本和时间,从而提高学生的实际操作能力。

任务一　CAXA 数控车绘图软件

　知识准备

一、CAXA 数控车自动编程软件简介

1. 界面与菜单介绍

图 5-1 所示是 CAXA 数控车的基本应用界面。

图 5-1　CAXA 数控车的基本应用界面

1）主菜单

主菜单选项按功能进行分类见表 5-1。

表 5-1　CAXA 数控车的主菜单选项

菜单项	说　明
文件	对系统文件进行管理，包括新建、打开、关闭、保存、另存为、数据输入、数据输出等
编辑	对已有的图像进行编辑，包括撤销、恢复、剪切、复制、粘贴、删除、元素不可见、元素可见、元素颜色改变等
显示	设置系统的显示，包括显示工具、全屏显示、视角定位等
曲线	在屏幕上绘制图形，包括各种曲线的生成、曲线编辑等
变换	对绘制的图形进行变换，包括图形的平移、旋转、镜像、阵列等
加工	包括各种加工方法选择、机床设置、后置处理、代码生成、参数修改、轨迹仿真等
查询	对图形的要素查询，包括坐标、距离、角度等
设置	包括当前颜色、系统设置、层设置、自定义等

2）弹出菜单

CAXA 数控车将按空格键弹出的菜单作为当前命令状态下的子命令，在执行的不同命令状态下，还有不同的子命令组。若子命令用来设置某种子状态，则软件在状态栏中会显示提示命令。表 5-2 中列出了弹出菜单选项。

表 5-2　CAXA 数控车弹出菜单选项

弹出菜单项	说　明
点工具	确定当前选取点的方式，包括默认点、屏幕点、端点、圆心、切点、垂足点、最近点、刀位点等
矢量工具	确定矢量的选取方向，包括 X 轴正方向、X 轴负方向、Y 轴正方向、Y 轴负方向、Z 轴正方向、Z 轴负方向和端点矢量
选择集合拾取工具	确定集合的拾取方式，包括拾取添加、拾取所有、拾取取消、取消尾项和取消所有
轮廓拾取工具	确定轮廓的拾取方式，包括单个拾取、链拾取和限制链拾取等
岛拾取工具	确定岛的拾取方式，包括单个拾取、链拾取和限制链拾取等

3）工具条

CAXA 数控车提供的工具条有标准工具条、显示工具条、曲线工具条、数控车功能工具条和线面编辑工具条。各工具条中图标的含义如图 5-2 所示。

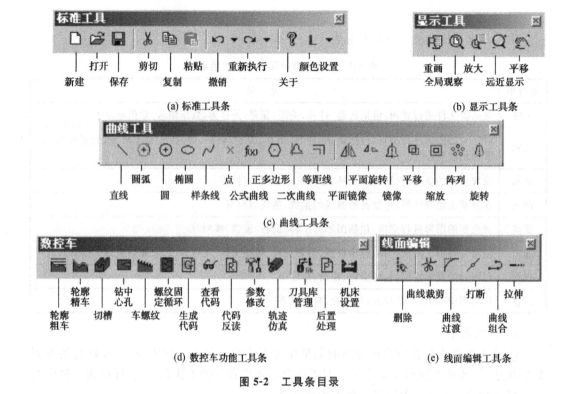

图 5-2　工具条目录

4）键盘键与鼠标键

（1）回车键和数值键

在 CAXA 数控车中，当系统要求输入点时，回车键和数值键可以激活一个坐标输入条，在输入条中可以输入坐标值。如果坐标值以@开始，则表示相对于前一个输入点的相对坐标。在某些情况也可以输入字符串。

（2）空格键

空格键用于弹出点工具菜单。例如，在系统要求输入点时，按空格键可以弹出点工具菜单。

（3）热键

CAXA 数控车为用户提供热键操作，在 CAXA 数控车中设置了以下几种功能热键：

① 方向键（→、←、↑、↓）：显示旋转。

② Ctrl＋方向键：显示平移。

③ Shift＋↑：显示放大。

④ Shift＋↓：显示缩小。

2．系统的交互方式

1）立即菜单

立即菜单是 CAXA 数控车提供的独特的交互方式，可大大改善交互过程。立即菜单的典型示例如图 5-3 所示。

图 5-3　立即菜单的典型示例

2）点的输入

在交互过程中,常常会遇到输入精确定位点的情况。系统提供了点工具菜单,可以利用点工具菜单来精确定位一个点。用键盘的空格键可激活点工具菜单。弹出式点工具菜单如图5-4所示。

3. CAXA数控车的CAD功能

CAXA数控车XP与CAXA电子图板采用相同的几何内核,具有强大的二维绘图功能和丰富的数据接口,可以完成复杂的工艺造型任务。

1）基本图形的构建

（1）直线

单击曲线生成工具图标或从菜单条中选择"曲线"→"直线",即可激活直线生成功能。通过切换立即菜单,可以用不同的方法生成直线,如图5-5所示。

（2）圆

单击曲线生成工具图标,或从菜单条中选择"曲线"→"圆",即可激活圆生成功能。通过切换立即菜单,可以采用不同的方式生成圆,如图5-6所示。

图 5-4　弹出式点工具菜单

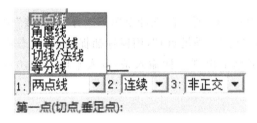

图 5-5　直线选择

图 5-6　圆方式选择

2）曲线编辑

曲线编辑包括曲线裁剪、曲线过渡、曲线打断、曲线组合和曲线延伸等。

（1）曲线过渡

曲线过渡是对指定的两条曲线进行圆弧过渡、尖角过渡、倒角过渡,如图5-7所示。

① 圆角过渡

用于在两条曲线之间进行给定半径的圆弧光滑过渡。

② 尖角过渡

用于在给定的两条曲线之间进行过渡,过渡后在两曲线的交点处呈尖角。

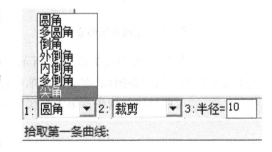

图 5-7　曲线过渡

③ 倒角过渡

用于在给定的两条曲线之间进行过渡,过渡后在两曲线之间倒一条直线。

（2）曲线裁剪

曲线裁剪是指使用曲线作剪刀以裁掉其他曲线上不需要的部分。系统提供的曲线裁剪方式有 4 种:快速裁剪、线裁剪、点裁剪和修剪。如图 5-8 所示列出了曲线裁剪的方法。

图 5-8　曲线裁剪

![技能演练图标] **技能演练**

1. 利用 CAXA 数控车软件,绘制如图 5-9 所示的手柄零件。

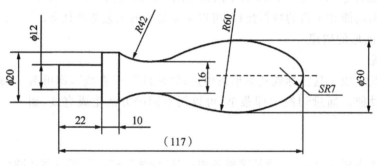

图 5-9　手柄零件

1) 作水平线

① 从菜单条中选择"曲线"→"直线",在如图 5-10 所示的立即菜单下选择"两点线"中的"连续",根据状态栏提示"输入直线的第一点(切点、垂足点)",用鼠标捕捉原点;状态栏提示"第二点:(切点、垂足点)",按回车键,在屏幕上出现坐标输入条,输入坐标(120,0),作出如图 5-11 所示的直线 L_1。

图 5-10　生成直线的立即菜单

图 5-11　生成直线 L_1

② 作直线 L_1 的等距线如图 5-12 所示。从菜单条中选择"曲线"→"等距线"或单击曲线生成工具条中的等距图标,在立即菜单中选择"等距",在距离栏中输入"6",按回车键。状态栏提示"拾取直线",用鼠标单击直线 L_1,即可生成直线 L_2。

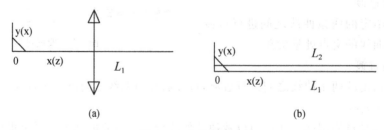

(a)　　　　　　　　　　　　　　　　　(b)

图 5-12　作等距线 L_2

③ 用同样的方法在 L_1 直线的下方生成第三条直线 L_3,如图 5-13 所示。用同样的方法作距直线 L_1 距离为 10 mm 的两条等距线,如图 5-14 所示。

图 5-13　作等距线 L_3　　　　图 5-14　作与 L_1 距离为 10 mm 的等距线

2) 作垂直线

① 从菜单条中选择"曲线"→"直线"或单击曲线生成工具条中的直线图标,在立即菜单中选择"水平/铅垂线"中的"铅垂",如图 5-15 所示。根据状态栏提示,输入直线中点,用鼠标拾取原点,生成第一条垂直线 L_4,如图 5-16 所示。

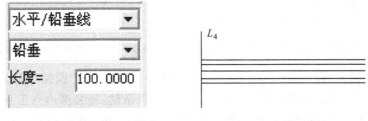

图 5-15　生成垂直线的立即菜单　　　　图 5-16　生成垂直线 L_4

② 用等距的方法分别作与第一条垂直线 L_4 距离为 22 mm 和 32 mm 的等距线,如图 5-17 所示。

3) 曲线裁剪和删除

选择菜单中的"曲线"→"裁剪"或单击线面编辑工具条的曲线裁剪图标,以及"编辑"→"删除"或单击线面编辑工具条的曲线删除图标修改图形,如图 5-18 所示。

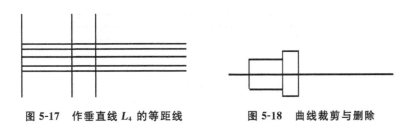

图 5-17　作垂直线 L_4 的等距线　　　　图 5-18　曲线裁剪与删除

4) 作圆和圆弧

① 选择菜单中的"曲线"→"圆"或单击曲线工具条图标,在立即菜单中选择"圆心＋半径",以点(110,0)为圆心作半径为 7 的圆 C_1,如图 5-19 所示。作与 L_1 分别向上、向下等距 8 mm 的等距线 L_5 和 L_6,并对其进行裁剪,如图 5-20 所示

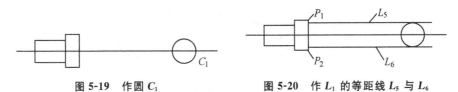

图 5-19　作圆 C_1　　　　图 5-20　作 L_1 的等距线 L_5 与 L_6

② 选择菜单中的"曲线"→"圆"或单击曲线生成工具条图标，在立即菜单中选择"两点＋半径"。根据状态栏提示"第一点（切点）"，选择第一点点 P_1；状态栏提示输入"第二点（切点）"，从键盘输入快捷键 T，选择直线 L_5；状态栏提示输入"第三点（切点）或半径"，按回车键，在弹出的输入条中输入圆的半径值"42"，得到如图 5-21 所示的圆 C_2。接着用同样的方法，过点 P_2 作与直线 L_6 相切、半径为 42 的圆 C_3，如图 5-22 所示。

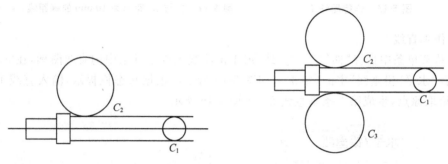

图 5-21　过点 P_1 作与直线 L_5 相切的圆　　图 5-22　过 P_2 点作与直线 L_6 相切的圆 C_3

③ 作与圆 C_1 和 C_3 相切的圆弧。选择菜单中的"曲线"→"圆弧"，在立即菜单中选择"两点＋半径"。状态栏提示"第一点（切点）"，按空格键，屏幕弹出点工具菜单，选择"切点"，拾取圆 C_1；状态栏提示"第二点（切点）"，以同样的方式拾取圆 C_3；状态栏提示"第三点（切点）或半径"，用键盘输入半径值"60"。用同样的方法作与圆 C_1 和 C_2 相切的圆弧，如图 5-23 所示。

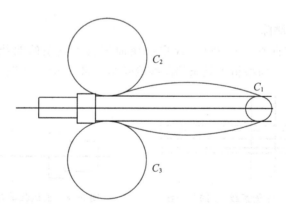

图 5-23　分别作与圆 C_1、C_2 和圆 C_1、C_3 相切的圆弧

5）曲线裁剪

选择菜单中的"曲线"→"裁剪"或单击线面编辑工具条的曲线裁剪图标，以及"编辑"→"删除"或单击线面编辑工具条的曲线删除图标，修改后的图形如图 5-24 所示。

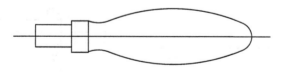

图 5-24　绘图结果

2. 完成如图 5-25 所示的轮廓绘制。

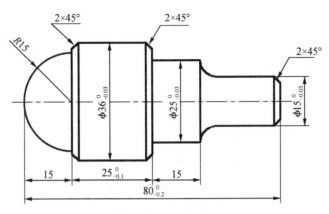

图 5-25 轮廓绘制

知识拓展

任务实施过程中,对台阶轴画法的处理主要采用等距线的方法。CAXA 数控车还提供了"孔/轴"工具,有些场合熟练应用此工具可为绘图提供较大便利。以图 5-9 所示的手柄左边轮廓台阶为例,其操作过程如下:

1. 点击"孔/轴"工具,选择原点为插入点,如图 5-26 所示。

图 5-26 孔/轴工具

2. 起始与终止直径均改为 12,轴长设为 22,如图 5-27 所示。

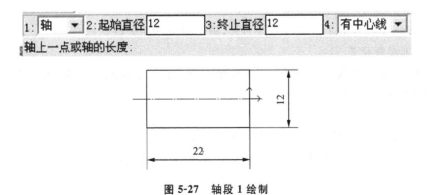

图 5-27 轴段 1 绘制

3. 起始与终止直径均改为 20,轴长设为 10,如图 5-28 所示。单击回车键即可完成轮廓台阶绘制。

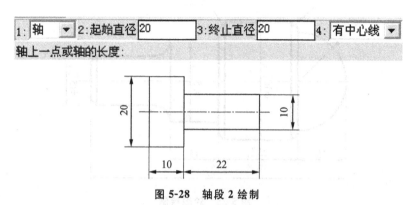

图 5-28 轴段 2 绘制

任务二　　CAXA 数控车编程应用

知识准备

一、轮廓粗车功能

轮廓粗车功能用于实现对工件外轮廓表面、内轮廓表面和端面的粗车加工,可快速去除毛坯的多余部分。轮廓粗车操作步骤如下:

1. 几何造型

轮廓粗车加工时,要确定被加工轮廓和毛坯轮廓。

2. 刀具选择与参数设定

根据被加工零件的工艺要求选择刀具,确定刀具几何参数。

3. 加工参数设置

在"加工"菜单中选择"轮廓粗车"菜单项或单击数控车功能工具条中的图标,弹出"粗车参数表"对话框,如图 5-29 所示。

4. 拾取轮廓

确定参数后拾取被加工的轮廓和毛坯轮廓,此时可使用系统提供的轮廓拾取工具。采用"链拾取"和"限制链拾取"时的拾取箭头方向与实际的加工方向无关。

5. 确定进退刀点

指定一点为刀具加工前和加工后所在的位置。右击可忽略该点的输入。

6. 生成加工指令

完成上述步骤后,在"数控车"菜单中选择"生成代码"菜单项,拾取刚生成的刀具轨迹,即可生成加工指令。

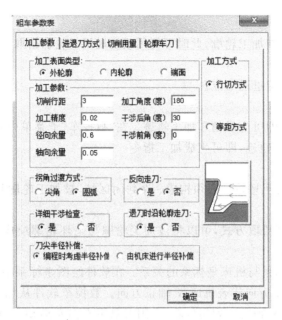

图 5-29 "粗车参数表"对话框

二、轮廓精车功能

轮廓精车用于实现对工件外轮廓表面、内轮廓表面和端面的精车加工。进行轮廓精车时要确定被加工轮廓。被加工轮廓就是加工结束后的工件表面轮廓,被加工轮廓不能闭合或自相交。轮廓精车操作步骤如下:

1. 加工参数设置

在"加工"菜单中选择"轮廓精车"菜单项,系统弹出"精车参数表"对话框,如图 5-30 所示。最后按加工要求确定其他各加工参数。

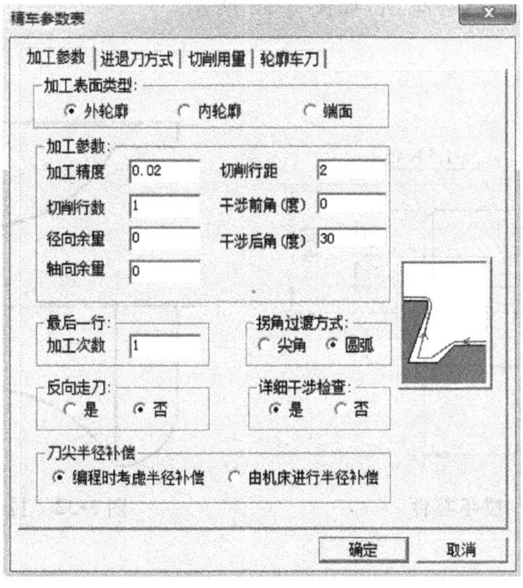

图 5-30 "精车参数表"对话框

2. 拾取轮廓

确定参数后拾取被加工轮廓,此时可使用系统提供的轮廓拾取工具。

3. 确定进退刀点

选择完轮廓后确定进退刀点。

4. 生成加工指令

完成上述步骤后即可生成精车加工轨迹。在"数控车"子菜单中选择"生成代码"菜单项,拾取刚生成的刀具轨迹,即可生成加工指令。

三、注意事项

① 被加工轮廓与毛坯轮廓必须构成一个封闭区域,被加工轮廓和毛坯轮廓不能单独闭合或自交。

② 为便于采用链拾取方式,可以将被加工轮廓与毛坯轮廓绘成相交的形式,系统能自动求出其封闭区域。

③ 软件绘图坐标系与机床坐标系的关系。在软件绘图坐标系中,X 轴正方向代表机床 Z 轴正方向,Y 轴正方向代表机床 X 轴正方向。数控车软件从加工角度将软件的 XY 轴向转换成机床的 ZX 轴向。如切外轮廓,则刀具由右向左运动,与机床 Z 轴反向,加工角度取 $180°$;如切端面,则刀具从上向下运动,与机床的 Z 轴正向成 $-90°$ 或 $270°$,加工角度取 $-90°$ 或 $270°$。

技能演练

1. 利用直径为 40 mm 的棒料加工如图 5-31 所示的拉手零件。用粗车加工零件的右半部分。

(1)轮廓建模

生成粗加工轨迹时,只须绘制要加工部分的外轮廓和毛坯轮廓,组成封闭的区域(须切除部分)即可,其余线条不必画出,如图 5-32 所示。

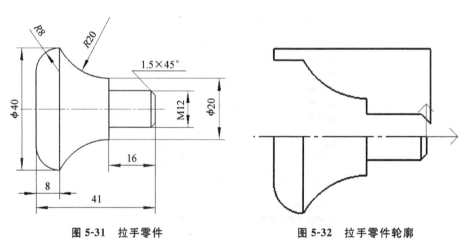

图 5-31 拉手零件   图 5-32 拉手零件轮廓

(2)加工选项设置

单击 CAXA 数控车"加工"菜单,并选择"轮廓粗车",如图 5-33 所示。

（3）拾取被加工轮廓

当拾取第一条轮廓线后,此轮廓线变成红色的虚线,系统给出提示选择方向,如图5-34所示。若被加工轮廓与毛坯轮廓首尾相连,采用链拾取会将被加工轮廓与毛坯轮廓混在一起,采用限制链拾取或单个拾取则可将加工轮廓与毛坯轮廓区分开。

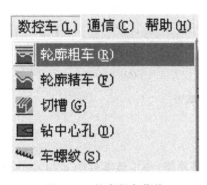

图 5-33　轮廓粗车菜单

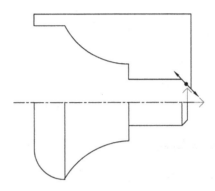

图 5-34　拾取方式与拾取方向图

（4）拾取毛坯轮廓

其拾取方法与拾取被加工轮廓类似。

（5）确定进退刀点

指定一点为刀具加工前和加工后所在的位置,该点可为换刀点,也可为机床参考点,视不同机床而定。单击鼠标右键可忽略该点的输入。

（6）生成刀具轨迹

当确定进退刀点之后,系统生成绿色的刀具轨迹。可以在"加工"菜单中选择"轨迹仿真"菜单项模拟加工过程。如图5-35所示。

（7）生成加工指令

在"加工"子菜单中选择"代码生成"菜单项,拾取刚生成的刀具轨迹,即可生成加工指令。

2. 生成图 5-31 所示拉手零件轮廓的精加工轨迹。

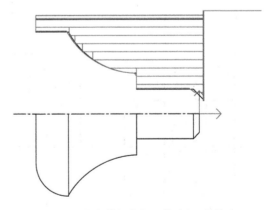

图 5-35　生成的粗车加工轨迹(刀具轨迹)

精车与粗车的参数设定基本相同,故不再详细说明。但是通过选取不同的轮廓范围,可以生成不同的刀具轨迹。

如图 5-36a 所示,生成的精车轨迹的进刀方式为与加工表面成 0°定角。退刀方式为与加工表面成 90°定角。

如图 5-36b 所示,生成的精车轨迹的进刀方式为与加工表面成 0°定角。退刀方式为与加工表面成 45°定角。

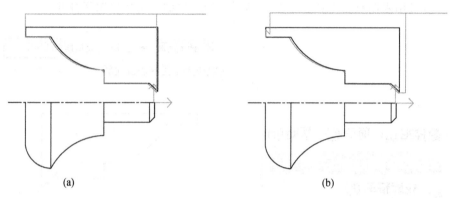

图 5-36　轮廓精车轨迹

知识拓展

如图 5-37 所示零件,利用 CAXA 数控车的切槽功能,加工该零件的 $\phi 20 \times 20$ 凹槽部分,生成刀具轨迹。

1. 填写参数表

根据被加工零件的工艺要求,确定切槽刀具参数并填写参数表,如图 5-38 所示,然后填写切槽加工参数表。

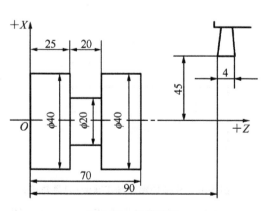

图 5-37　切槽零件

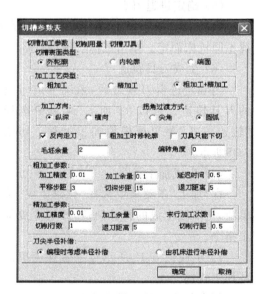

图 5-38　切槽加工参数设置

2．拾取轮廓

切槽加工拾取的轮廓线如图 5-39 所示。

3．确定进退刀点，生成刀具轨迹

图 5-40 所示为切槽粗加工刀具轨迹；图 5-41 所示为切槽精加工刀具轨迹；图 5-42 所示为切槽粗加工＋精加工的刀具轨迹。

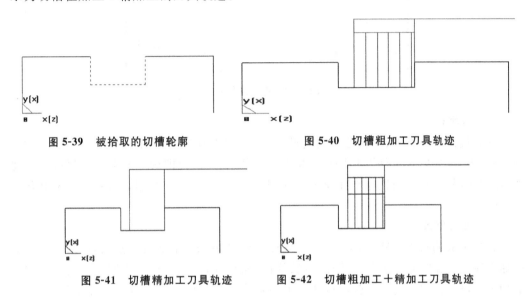

图 5-39　被拾取的切槽轮廓　　　　　图 5-40　切槽粗加工刀具轨迹

图 5-41　切槽精加工刀具轨迹　　图 5-42　切槽粗加工＋精加工刀具轨迹

任务三　轴类零件的自动编程

 知识准备

一、生成代码

生成代码就是按照当前机床类型的配置要求，把已经生成的加工轨迹转化生成 G 代码数据文件，即 CNC 数控程序。生成代码的操作步骤如下：

① 在"加工"菜单中选择"代码生成"菜单项，弹出一个需要用户输入文件名的对话框，要求用户填写后置程序文件名，如图 5-43 所示。

② 输入文件名后单击【打开】按键，系统提示拾取加工轨迹。当拾取到加工轨迹后，该加工轨迹变为被拾取颜色。右击结束拾取，系统即生成数控程序。拾取时，使用系统提供的拾取工具，可以同时拾取多个加工轨迹，被拾取轨迹的代码将保存在一个文件中，其生成的先后顺序与拾取的先后顺序相同。

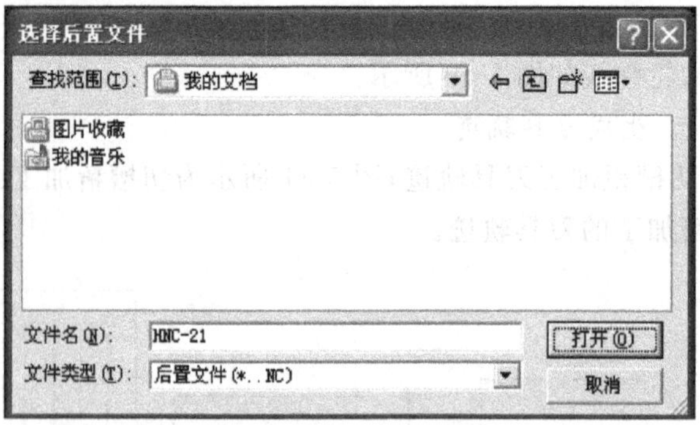

图 5-43　输入文件名

二、查看代码

查看代码就是查看、编辑已生成代码的内容。在"加工"菜单中选择"查看代码"菜单项,则弹出"选择后置文件"对话框。选择一个程序后,系统即用 Windows 提供的"记事本"显示代码的内容(当代码文件较大时,则要用"写字板"打开),用户可在其中对代码进行修改。

三、参数修改

若对生成的轨迹不满意,可以用参数修改功能对轨迹的各种参数进行修改,以生成新的加工轨迹。在"加工"菜单中选择"参数修改"菜单项,则提示用户拾取要进行参数修改的加工轨迹。拾取轨迹后将弹出该轨迹的参数表供用户修改。参数修改完毕后单击【确定】按键,即依据新的参数重新生成该轨迹。

四、轨迹仿真

轨迹仿真即对已有的加工轨迹进行加工过程模拟,以检查加工轨迹的正确性。对系统生成的加工轨迹,仿真时用生成轨迹的加工参数,即轨迹中记录的参数;对从外部反读进来的刀位轨迹,仿真时用系统当前的加工参数。轨迹仿真的操作步骤如下:

① 在"加工"菜单中,选择"轨迹仿真"菜单项,同时可指定仿真的步长。

② 拾取要仿真的加工轨迹,此时可使用系统提供的选择拾取工具。在结束拾取前仍可修改仿真的类型或仿真的步长。

③ 右击结束拾取,系统即开始仿真。仿真过程中可按键盘左上角的【Esc】键终止仿真。

五、代码反读(校核 G 代码)

代码反读就是把生成的 G 代码文件反读进来,生成刀具轨迹,以检查生成的 G 代码的正确性。如果反读的刀位文件中包含圆弧插补,则用户应指定相应的圆弧插补格式,否则可能得到错误的结果。

在"加工"菜单中选择"代码反读"菜单项,弹出一个供用户选取数控程序的对话框。选择要校对的数控程序后,系统根据程序 G 代码立即生成刀具轨迹。由于精度等方面的原因,用户应避免将反读出的刀位重新输出,因为系统无法保证其精度。

技能演练

用直径为 50 mm 的尼龙棒料加工如图 5-44 所示的零件,完成零件的工艺分析和加工程序的编制。

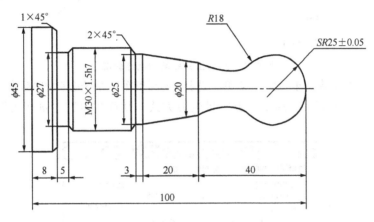

图 5-44　任务零件

1. 工艺分析

该零件包括复杂外型面加工、切槽、螺纹加工和切断等典型工序。根据加工要求选择刀具与切削用量。刀具卡片见表 5-3,工序卡片见表 5-4 。

表 5-3　刀具卡片

序号	名称	型号	数量	要求
1	90°外圆车刀	相应车床	1	
2	35°外圆车刀	相应车床	1	
3	切槽刀	刀头宽 4	1	
4	外螺纹车刀	M30×1.5	1	

表 5-4　工序卡片

工序号	工序内容
1	车削端面
2	粗车外轮廓
3	精车外轮廓
4	切槽
5	车螺纹
6	切断保证总长

2. 粗加工

① 轮廓建模。绘制粗加工部分的外轮廓和毛坯轮廓,如图 5-45 所示。

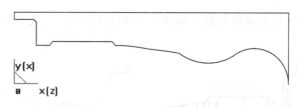

图 5-45　粗加工外轮廓和毛坯轮廓

② 单击 CAXA 数控车"加工"菜单。选择"轮廓粗车",系统会弹出"粗车参数表"对话框。填写"粗车参数表"的"加工参数""进退刀方式""切削用量""轮廓车刀"选项卡。如图 5-46 所示。

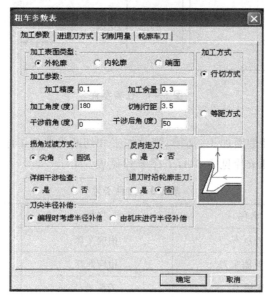

图 5-46　粗车参数表

③ 以单个拾取方式分别拾取加工轮廓和毛坯轮廓。

④ 确定进退刀点。拾取轮廓后,系统提示输入进退刀点。该零件的进退刀点设置在 $Z130$、$X90$ 处。

⑤ 生成的粗加工的刀具轨迹如图 5-47 所示。利用系统提供的模拟仿真功能进行刀具轨迹模拟,验证刀具路径是否正确。

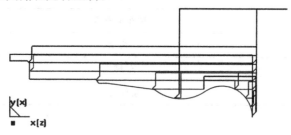

图 5-47　粗加工的刀具轨迹

⑥ 代码生成。选择"代码生成"子菜单项,系统弹出"选择后置文件"对话框,根据所使用数控车床数控系统的程序文件格式填入相应的文件名,如图 5-48 所示。

图 5-48　"选择后置文件"对话框

⑦ 选择需要生成代码的轨迹。单击【确定】按键,即可生成所选轮廓的粗加工代码,如图 5-49 所示。

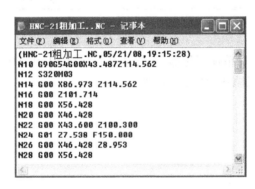

图 5-49　生成粗加工代码

⑧ 代码修改。由于所使用的数控系统的编程规则与软件的参数设置有差异,故生成的数控程序需进一步修改。

⑨ 代码传输。由软件生成的加工程序,通过 R232 串行口,可以直接传输给数控机床。

3. 精加工

① 轮廓建模。编制精加工程序时只需要被加工零件的表面轮廓。

② 确定精车参数。根据被加工零件的工艺要求,确定精车加工工艺参数并填写参数表。

③ 在"加工"菜单中选择"轮廓精车"菜单项或单击数控车功能工具条的图标,系统弹出"精车参数表"对话框,填写"精车参数表"对话框的"加工参数""进退刀方式""切削用量""轮廓车刀"选项卡,如图 5-50 所示。

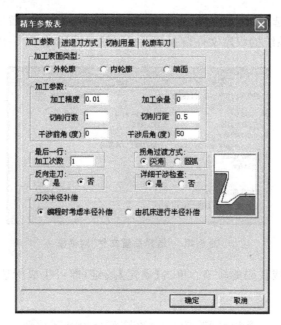

图 5-50   "精车参数表"对话框

④以链拾取方式拾取精加工轮廓,设置进退刀点为 $Z130$、$X90$。

⑤ 生成刀具精加工轨迹,如图 5-51 所示。

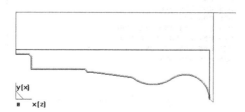

图 5-51   精加工轨迹

⑥ 生成精加工程序代码,程序文件为%0020,如图 5-52 所示。

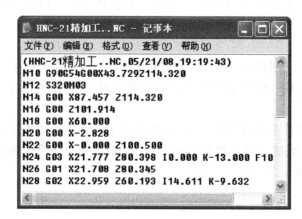

图 5-52   生成精加工程序代码

4．切槽加工

① 轮廓建模。

② 确定切槽加工参数。根据被加工零件的工艺要求，确定切槽加工参数并填写参数表。

③ 在"加工"菜单中选择"切槽"菜单项或单击数控车功能工具条的图标，系统弹出"切槽参数表"对话框，如图 5-53 所示。填写"切槽加工参数""切削用量""切槽刀具"选项卡。

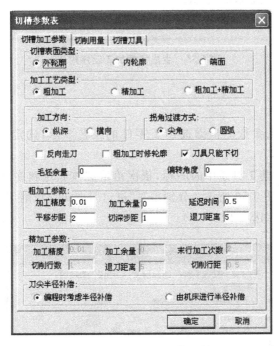

图 5-53　"切槽参数表"对话框

④ 以单个拾取方式拾取精加工轮廓，设置进退刀点为 Z130、X90。

⑤ 生成切槽加工刀具轨迹，如图 5-54 所示，然后进行刀具轨迹的模拟仿真。

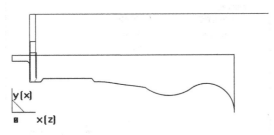

图 5-54　切槽加工刀具轨迹

⑥ 生成切槽加工程序代码。程序文件为％0030，如图 5-55 所示。

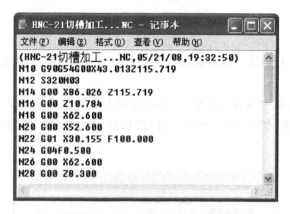

图 5-55　生成切槽加工程序代码

5. 螺纹加工

① 轮廓建模。

② 确定螺纹加工参数。根据被加工零件的工艺要求,确定螺纹加工参数并填写参数表。

③ 单击数控车功能工具条中的图标,依次拾取螺纹起点和终点,拾取完毕,弹出"螺纹参数表"对话框,如图 5-56 所示。分别填写"进退刀方式""切削用量""螺纹车刀""螺纹参数""螺纹加工参数"选项卡。

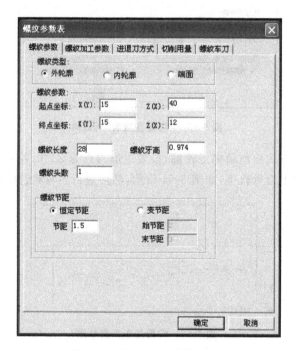

图 5-56　"螺纹参数表"对话框

④ 以单个拾取方式拾取精加工轮廓,此处进退刀点为 Z130、X90。

⑤ 生成螺纹(粗＋精)加工的刀具轨迹,如图 5-57 所示,然后进行刀具轨迹的模拟

仿真。

⑥生成螺纹加工程序代码。程序文件为％0040,如图 5-58 所示。

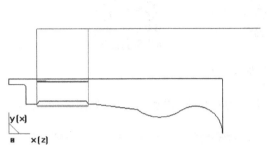

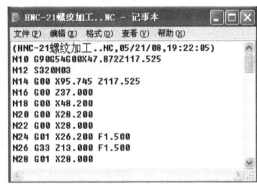

图 5-57　螺纹(粗十精)加工的刀具轨迹　　　　图 5-58　生成螺纹加工程序代码

任务四　典型轴类零件的仿真加工

 知识准备

一、机床基本操作

①开机及回参考点,如图 5-59 所示。

【ON】按钮→打开急停开关→方式按钮置于"REF"→点击【＋X】与【＋Z】。

回参考点成功标志:X,Z 坐标为 0。

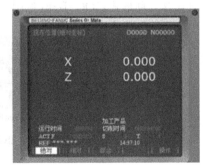

图 5-59　开机及回参考点操作

② 主轴旋转,如图 5-60 所示。

方式按钮置于 MDI→PROG 键→MDI 软键→输入"M3S600"→EOB 键→INSERT
键→循环启动。

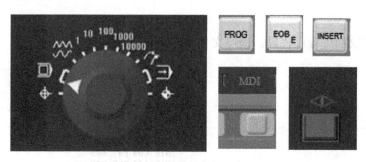

图 5-60 主轴旋转操作

③ 安装刀具,选择刀具编号(注意刀具种类与刀片角度)添加到刀位,如图 5-61 所示。

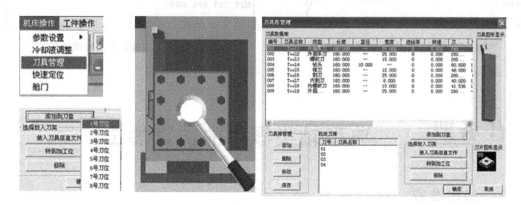

图 5-61 安装刀具操作

二、对刀操作

① 刀具运动。

刀具运动需要具备 2 个要素:方向与速度。

刀具运动具有 2 种形式:JOG 手动(见图 5-62)与 HND 手摇(见图 5-63)。

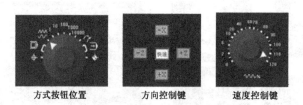

方式按钮位置　　方向控制键　　速度控制键

图 5-62 JOG 手动

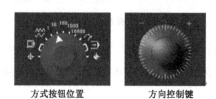

方式按钮位置　　方向控制键

图 5-63 HND 手摇

手摇方式的方向由 X,Z 先确定大方向,手轮转动顺时针为正,逆时针为负。速度受 HND 挡位控制,1,10,100,1000 分别代表每格 0.001 mm,0.01 mm,0.1 mm,1 mm。

② 观察方向与辅助开关,辅助开关凹下为开启状态,凸起为关闭状态,如图 5-64 所示。

③ 对刀步骤。

利用 JOG 手动(长距离运动)与 HND 手摇,配合完成步骤一、步骤二,如图 5-65 所示。

依次执行下列操作,如图 5-66 所示:

OFFSET→补正→形状→刀号→Z0→测量。

HND 手摇完成步骤三、步骤四、步骤五,如图 5-65 所示。测量已加工表面直径,对应位置输入 X(测量值)。

声音　　冷却液

图 5-64　辅助开关

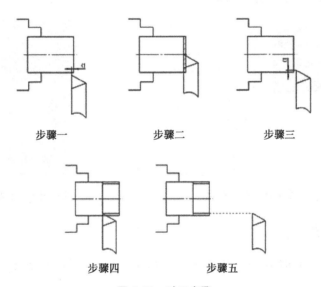

步骤一　　　　　步骤二　　　　　步骤三

步骤四　　　　　步骤五

图 5-65　对刀步骤

图 5-66　刀补输入步骤

④ 工件测量,如图 5-67 所示。

工件测量→特征线→勾选显示所有尺寸→查看加工尺寸→测量退出。

  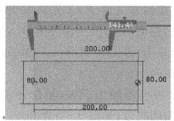

图 5-67 工件测量

三、自动加工

① 程序编辑,如图 5-68 所示。

方式按钮置于 EDIT→PROG 键→DIR(观察已有程序,防止程序重名)→输入相应程序。

② 自动加工步骤,如图 5-69 所示。

EDIT→确定加工程序→MEM→循环启动。

零件试切阶段一般 X 方向预留磨耗:OFFSET→补正→磨耗。

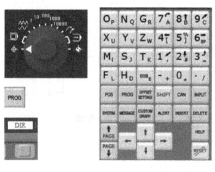

图 5-68 程序编辑

图 5-69 自动加工

 技能演练

用直径为 30 mm 的 45 钢完成如图 5-70 所示零件的造型、刀路、程序、仿真加工 4 个过程。

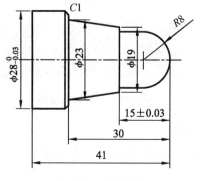

图 5-70 示例零件

① 双击软件启动,如图 5-71 所示。

图 5-71　斯沃图标

② 选择数控系统及机床类型,如图 5-72 所示。"FANUC 0iT"表示法纳克系统数控车床。单击【运行】按钮,打开仿真软件,如图 5-73 所示。选择机床生产厂家并确定机床控制面板,如图 5-74 所示。

图 5-72　数控系统及机床类型

图 5-73　运行按钮

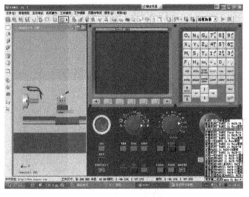

图 5-74　机床生产厂家

③ 设置毛坯尺寸(工件直径与长度)及类型(实心棒料或空心管料),同时设置机床参数,如图 5-75 和图 5-76 所示。

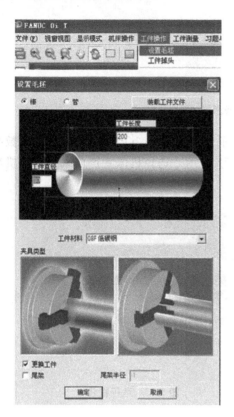

图 5-75　设置毛坯尺寸及类型

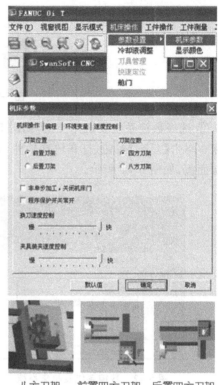

图 5-76　机床参数设置

④ 对刀操作。采用快速对刀方法如图 5-77 所示。

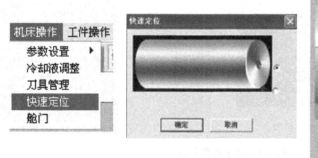

图 5-77　快速对刀

⑤ 程序生成。利用 CAXA 数控车绘制加工零件,保留上半部分,添加毛坯轮廓,获取刀具轨迹,生成加工程序,如图 5-78 所示。

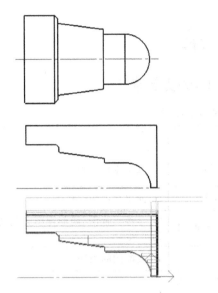
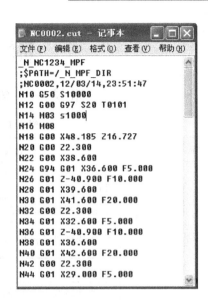

图 5-78　程序生成

⑥ 程序输入。方式按钮调整为 EDIT，按【PROE】键，解程序锁，将程序文件扩展名改为"NC"，打开文件，如图 5-79 所示。

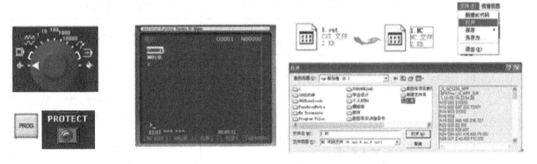

图 5-79　程序输入

⑦ 仿真加工。方式按钮调整为 MEM，按循环启动键，如图 5-80 所示。

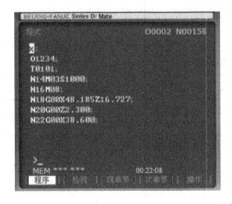
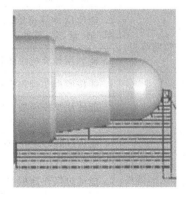

图 5-80　仿真加工

附　　录

附录一　数控车工考核要求

附表 1-1　中级考核要求

职业功能	工作内容	技能要求	相关知识
一、加工准备	(一)读图与绘图	1. 能读懂中等复杂程度(如曲轴)的零件图	1. 复杂零件的表达方法
		2. 能绘制简单的轴类、盘类零件图	2. 简单零件图的画法
		3. 能读懂进给机构、主轴系统的装配图	3. 零件三视图、局部视图和剖视图的画法
			4. 装配图的画法
	(二)制定加工工艺	1. 能读懂复杂零件的数控车床加工工艺文件	数控车床加工工艺文件的制定
		2. 能编制简单(轴盘)零件的数控车床加工工艺文件	
	(三)零件定位与装夹	能使用通用夹具(如三爪自定心卡盘、四爪单动卡盘)进行零件装夹与定位	1. 数控车床常用夹具的使用方法
			2. 零件定位、装夹的原理和方法
	(四)刀具准备	1. 能根据数控车床加工工艺文件选择、安装和调整数控车床常用刀具	1. 金属切削与刀具磨损知识
		2. 能刃磨常用车削刀具	2. 数控车床常用刀具的种类、结构和特点
			3. 数控车床、零件材料、加工精度和工作效率对刀具的要求
二、数控编程	(一)手工编程	1. 能编制由直线、圆弧组成的二维轮廓数控加工程序	1. 数控编程知识
		2. 能编制螺纹加工程序	2. 直线插补和圆弧插补的原理
		3. 能运用固定循环、子程序进行零件的加工程序编制	3. 坐标点的计算方法
	(二)计算机辅助编程	1. 能使用计算机绘图设计软件绘制简单(轴、盘、套)零件图	计算机绘图软件(二维)的使用方法
		2. 能利用计算机绘图软件计算节点	
三、数控车床操作	(一)操作面板	1. 能按照操作规程启动及停止机床	1. 熟悉数控车床操作说明书
		2. 能使用操作面板上的常用功能键(如回零、手动、MDI、修调等)	2. 数控车床操作面板的使用方法
	(二)程序输入与编辑	1. 能通过各种途径(如 DNC、网络等)输入加工程序	1. 数控加工程序的输入方法
		2. 能通过操作面板编辑加工程序	2. 数控加工程序的编辑方法
			3. 网络知识

续表

职业功能	工作内容	技能要求	相关知识
三、数控车床操作	（三）对刀	1. 能进行对刀并确定相关坐标系	1. 对刀的方法
		2. 能设置刀具参数	2. 坐标系的知识
			3. 刀具偏置补偿、半径补偿与刀具参数的输入方法
	（四）程序调试与运行	能够对程序进行校验、单步执行、空运行并完成零件试切	程序调试的方法
四、零件加工	（一）轮廓加工	1. 能进行轴类、套类零件加工，并达到以下要求：	1. 内外径的车削加工方法、测量方法
		（1）尺寸公差等级：IT6	2. 形位公差的测量方法
		（2）形位公差等级：IT8	3. 表面粗糙度轮廓的测量方法
		（3）表面粗糙度轮廓：Ra1.6	
		2. 能进行盘类、支架类零件加工，并达到以下要求：	
		（1）轴径公差等级：IT6	
		（2）孔径公差等级：IT7	
		（3）形位公差等级：IT8	
		（4）表面粗糙度轮廓：Ra1.6	
	（二）螺纹加工	能进行单线等节距普通三角螺纹、锥螺纹的加工，并达到以下要求：	1. 常用螺纹的车削加工方法
		（1）尺寸公差等级：IT6～IT7	2. 螺纹加工中的参数计算
		（2）形位公差等级：IT8	
		（3）表面粗糙度轮廓：Ra1.6	
	（三）槽类加工	能进行内径槽、外径槽和端面槽的加工，并达到以下要求：	内径槽、外径槽和端面槽的加工方法
		（1）尺寸公差等级：IT8	
		（2）形位公差等级：IT8	
		（3）表面粗糙度轮廓：Ra3.2	
	（四）孔加工	能进行孔加工，并达到以下要求：	孔的加工方法
		（1）尺寸公差等级：IT7	
		（2）形位公差等级：IT8	
		（3）表面粗糙度轮廓：Ra3.2	
	（五）零件精度检验	能进行零件的长度、内径、外径、螺纹、角度精度检验	1. 通用量具的使用方法
			2. 零件精度检验及测量方法

续表

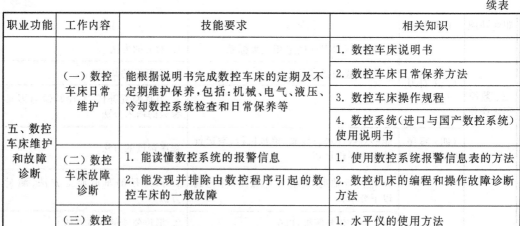

职业功能	工作内容	技能要求	相关知识
五、数控车床维护和故障诊断	（一）数控车床日常维护	能根据说明书完成数控车床的定期及不定期维护保养，包括：机械、电气、液压、冷却数控系统检查和日常保养等	1. 数控车床说明书
			2. 数控车床日常保养方法
			3. 数控车床操作规程
			4. 数控系统（进口与国产数控系统）使用说明书
	（二）数控车床故障诊断	1. 能读懂数控系统的报警信息	1. 使用数控系统报警信息表的方法
		2. 能发现并排除由数控程序引起的数控车床的一般故障	2. 数控机床的编程和操作故障诊断方法
	（三）数控车床精度检查	能进行数控车床水平的检查	1. 水平仪的使用方法
			2. 机床垫铁的调整方法

附表 1-2　高级工考核要求

职业功能	工作内容	技能要求	相关知识
一、加工准备	（一）读图与绘图	1. 能读懂中等复杂程度（如刀架）的装配图	1. 根据装配图拆画零件图的方法
		2. 能根据装配图拆、画零件图	2. 零件的测绘方法
		3. 能测绘零件	
	（二）制定加工工艺	能编制复杂零件的数控车床加工工艺文件	复杂零件数控车床的加工工艺文件的制定
	（三）零件定位与装夹	1. 能选择和使用数控车床组合夹具和专用夹具	1. 数控车床组合夹具和专用夹具的使用、调整方法
		2. 能分析并计算车床夹具的定位误差	2. 专用夹具的使用方法
		3. 能设计与自制装夹辅具（如心轴、轴套、定位件等）	3. 夹具定位误差的分析与计算方法
	（四）刀具准备	1. 能选择各种刀具及刀具附件	1. 专用刀具的种类、用途、特点和刃磨方法
		2. 能根据难加工材料的特点，选择刀具的材料、结构和几何参数	2. 切削难加工材料时的刀具材料和几何参数的确定方法
		3. 能刃磨特殊车削刀具	
二、数控编程	（一）手工编程	能运用变量编制含有公式曲线的零件数控加工程序	1. 固定循环和子程序的编程方法
			2. 变量编程的规则和方法
	（二）计算机辅助编程	能用计算机绘图软件绘制装配图	计算机绘图软件的使用方法
	（三）数控加工仿真	能利用数控加工仿真软件实施加工过程仿真及加工代码检查、干涉检查、工时估算	数控加工仿真软件的使用方法
三、零件加工	（一）轮廓加工	能进行细长、薄壁零件加工，并达到以下要求：	细长、薄壁零件加工的特点及装夹、车削方法
		（1）轴径公差等级：IT6	
		（2）孔径公差等级：IT7	
		（3）形位公差等级：IT8	
		（4）表面粗糙度轮廓：$Ra1.6$	
	（二）螺纹加工	1. 能进行单线和多线等节距的 T 形螺纹、锥螺纹加工，并达到以下要求：	1. T 形螺纹、锥螺纹加工中的参数计算
		（1）尺寸公差等级：IT6	2. 变节距螺纹的车削加工方法
		（2）形位公差等级：IT8	
		（3）表面粗糙度轮廓：$Ra1.6$	
		2. 能进行变节距螺纹的加工，并达到以下要求：	
		（1）尺寸公差等级：IT6	
		（2）形位公差等级：IT7	
		（3）表面粗糙度轮廓：$Ra1.6$	

续表

职业功能	工作内容	技能要求	相关知识
三、零件加工	（三）孔加工	能进行深孔加工，并达到以下要求： （1）尺寸公差等级：IT6 （2）形位公差等级：IT8 （3）表面粗糙度轮廓：$Ra1.6$	深孔的加工方法
	（四）配合件加工	能按装配图上的技术要求对套件进行零件加工和组装，配合全差达到IT7级	套件的加工方法
	（五）零件精度检验	1. 能在加工过程中使用百分表、千分表等进行在线测量，并进行加工技术参数的调整	1. 百分表、千分表的使用方法
		2. 能够进行多线螺纹的检验	2. 多线螺纹的精度检验方法
		3. 能进行加工误差分析	3. 误差分析的方法
四、数控车床维护与精度检验	（一）数控车床日常维护	1. 能制定数控车床的日常维护规程	1. 数控车床维护管理基本知识
		2. 能监督检查数控车床的日常维护状况	2. 数控机床维护操作规程的制定方法
	（二）数控车床故障诊断	1. 能判断数控车床机械、液压、气压和冷却系统的一般故障	1. 数控车床机械故障的诊断方法
		2. 能判断数控车床控制与电器系统的一般故障	2. 数控车床液压、气压元器件的基本原理
		3. 能够判断数控车床刀架的一般故障	3. 数控机床电器元件的基本原理
			4. 数控车床刀架结构
	（三）机床精度检验	1. 能利用量具、量规对机床主轴的垂直平等度、机床水平等一般机床几何精度进行检验	1. 机床几何精度检验内容及方法
		2. 能进行机床切削精度检验	2. 机床切削精度检验内容及方法

附录二　数控车工理论题库

数控中级理论知识试卷

注 意 事 项

1. 考试时间：120 分钟。
2. 本试卷依据 2001 年颁布的《车工国家职业标准》命制。
3. 请首先按要求在试卷的标封处填写您的姓名、准考证号和所在单位的名称。
4. 请仔细阅读各种题目的回答要求，在规定的位置填写您的答案。
5. 不要在试卷上乱写乱画，不要在标封区填写无关的内容。

得　分	一	二	总　分

得　分	
评分人	

一、单项选择(第 1 题～第 160 题。选择一个正确的答案，将相应的字母填入题内的括号中。每题 0.5 分，满分 80 分)。

1. 职业道德体现了(　　)。
   A. 从业者对所从事职业的态度　　　　B. 从业者的工资收入
   C. 从业者享有的权利　　　　　　　　D. 从业者的工作计划

2. 职业道德是(　　)。
   A. 社会主义道德体系的重要组成部分　B. 保障从业者利益的前提
   C. 劳动合同订立的基础　　　　　　　D. 劳动者的日常行为规则

3. 职业道德基本规范不包括(　　)。
   A. 遵纪守法，廉洁奉公　　　　　　　B. 公平竞争，依法办事
   C. 爱岗敬业，忠于职守　　　　　　　D. 服务群众，奉献社会

4. 遵守法律法规不要求(　　)。
   A. 遵守国家法律和政策　　　　　　　B. 遵守安全操作规程
   C. 加强劳动协作　　　　　　　　　　D. 遵守操作程序

5. 具有高度责任心应做到(　　)。
   A. 方便群众，注重形象　　　　　　　B. 光明磊落，表里如一
   C. 工作勤奋努力，尽职尽责　　　　　D. 不徇私情，不谋私利

6. 违反安全操作规程的是(　　)。
   A. 严格遵守生产纪律　　　　　　　　B. 遵守安全操作规程
   C. 执行国家劳动保护政策　　　　　　D. 可使用不熟悉的机床和工具

7. 不爱护工、卡、刀、量具的做法是(　　)。
   A. 按规定维护工、卡、刀、量具　　　B. 工、卡、刀、量具要放在工作台上

C. 正确使用工、卡、刀、量具   D. 工、卡、刀、量具要放在指定地点

8. 不符合着装整洁文明生产要求的是(   )。

    A. 按规定穿戴好防护用品   B. 工作中对服装不做要求

    C. 遵守安全技术操作规程   D. 执行规章制度

9. 当平面倾斜于投影面时,平面的投影反映出正投影法的(   )基本特性。

    A. 真实性   B. 积聚性   C. 类似性   D. 收缩性

10. 圆柱被倾斜于轴线的平面切割后产生的截交线为(   )。

    A. 圆形   B. 矩形   C. 椭圆   D. 直线

11. 用"几个相交的剖切平面"画剖视图,说法错误的是(   )。

    A. 相邻的两剖切平面的交线应垂直于某一投影面

    B. 应先剖切后旋转,旋转到与某一选定的投影面平行再投射

    C. 旋转部分的结构必须与原图保持投影关系

    D. 位于剖切平面后的其他结构一般仍按原位置投影

12. 50F7/h6 采用的是(   )。

    A. 一定是基孔制   B. 一定是基轴制

    C. 可能是基孔制或基轴制   D. 混合制

13. 使钢产生热脆性的元素是(   )。

    A. 锰   B. 硅   C. 硫   D. 磷

14. 天然橡胶不具有(   )的特性。

    A. 耐高温   B. 耐磨   C. 抗撕   D. 加工性能良好

15. 平带传动主要用于两轴平行,转向(   )的距离较远的传动。

    A. 相反   B. 相近   C. 垂直   D. 相同

16. (   )用来传递运动和动力。

    A. 起重链   B. 牵引链   C. 传动链   D. 动力链

17. 圆柱齿轮传动均用于两(   )轴间的传动。

    A. 相交   B. 平行   C. 空间交叉   D. 结构紧凑

18. 按螺旋副的摩擦性质,螺旋传动可分为滚动螺旋和(   )两种类型。

    A. 移动螺旋   B. 摩擦螺旋   C. 传动螺旋   D. 滑动螺旋

19. 刀具材料的工艺性包括刀具材料的热处理性能和(   )性能。

    A. 使用   B. 耐热性   C. 足够的强度   D. 刃磨

20. 不能做刀具材料的有(   )。

    A. 碳素工具钢   B. 碳素结构钢   C. 合金工具钢   D. 高速钢

21. 硬质合金的特点是耐热性好,切削效率高,但刀片强度、韧性不及工具钢,焊接刃磨(   )。

    A. 工艺较差   B. 工艺较好   C. 工艺很好   D. 工艺一般

22. 常用硬质合金的牌号有(   )。

    A. YG3   B. T12   C. 35   D. W6Mo5Cr4V2

23. 使工件与刀具产生相对运动以进行切削的最基本运动,称为(　　)。

　　A. 主运动　　　　B. 进给运动　　　　C. 辅助运动　　　D. 切削运动

24. 用于加工平面的铣刀有圆柱铣刀和(　　)。

　　A. 立铣刀　　　　B. 三面刃铣刀　　　C. 端铣刀　　　　D. 尖齿铣刀

25. 游标卡尺结构中,有刻度的部分叫(　　)。

　　A. 尺框　　　　　B. 尺身　　　　　　C. 尺头　　　　　D. 活动量爪

26. 测量精度为 0.02 mm 的游标卡尺,当两测量爪并拢时,尺身上 49 mm 对正游标上的(　　)格。

　　A. 20　　　　　　B. 40　　　　　　　C. 50　　　　　　D. 49

27. 不能用游标卡尺去测量(　　),否则易使量具磨损。

　　A. 齿轮　　　　　B. 毛坯件　　　　　C. 成品件　　　　D. 高精度件

28. 百分表的示值范围通常有:0～3 mm,0～5 mm 和(　　)三种。

　　A. 0～8 mm　　　　　　　　　　　　B. 0～10 mm

　　C. 0～12 mm　　　　　　　　　　　D. 0～15 mm

29. 万能角度尺在(　　)范围内,应装上角尺。

　　A. 0°～50°　　　B. 50°～140°　　　C. 140°～230°　　D. 230°～320°

30. 不属于刨床部件的是(　　)。

　　A. 滑枕　　　　　B. 刀降　　　　　　C. 主轴箱　　　　D. 床身

31. 车床主轴是带有通孔的(　　)。

　　A. 光轴　　　　　B. 多台阶轴　　　　C. 曲轴　　　　　D. 配合轴

32. 轴类零件孔加工应安排在调质(　　)进行。

　　A. 以前　　　　　B. 以后　　　　　　C. 同时　　　　　D. 前或后

33. 减速器箱体加工过程分为平面加工和(　　)两个阶段。

　　A. 侧面和轴承孔　B. 底面　　　　　　C. 连接孔　　　　D. 定位孔

34. 制定箱体零件的工艺过程应遵循(　　)原则。

　　A. 先孔后平面　　　　　　　　　　　B. 先平面后孔

　　C. 先键槽后外圆　　　　　　　　　　D. 先内后外

35. 圆柱齿轮传动的精度要求有运动精度、(　　)接触精度等几方面精度要求。

　　A. 几何精度　　　B. 平行度　　　　　C. 垂直度　　　　D. 工作平稳性

36. 润滑剂的作用有润滑作用、冷却作用、防锈作用、(　　)等。

　　A. 磨合作用　　　B. 静压作用　　　　C. 稳定作用　　　D. 密封作用

37. 润滑剂有润滑油、(　　)和固体润滑剂。

　　A. 液体润滑剂　　B. 润滑脂　　　　　C. 冷却液　　　　D. 润滑液

38. 常用固体润滑剂有石墨、(　　)、聚四氟乙烯等。

　　A. 润滑脂　　　　B. 润滑油　　　　　C. 二硫化钼　　　D. 锂基润滑脂

39. 切削液能从切削区域带走大量的(　　),降低刀具、工件温度,延长刀具寿命和提高加工质量。

　　A. 切屑　　　　　B. 切削热　　　　　C. 切削力　　　　D. 振动

40. 用划规在工件表面上划圆时,作为旋转中心的一脚应加以(　　　)的压力,以避免中心滑动。

  A. 较小   B. 较大   C. 较小或较大 D. 不加

41. 划线基准一般可用(　　　),以两中心线为基准,以一个平面和一条中心线为基准三种类型。

  A. 两个相互垂直的平面   B. 两条相互垂直的线

  C. 两个相垂直的平面或线   D. 一个平面和圆弧面

42. 调整锯条松紧时,翼形螺母旋得太松锯条(　　　)。

  A. 锯削省力 B. 锯削费力 C. 不会折断 D. 易折断

43. 起锯时,起锯角应在(　　　)左右。

  A. 5°   B. 10°   C. 15°   D. 20°

44. 梯形螺纹的牙型角为(　　　)。

  A. 30°   B. 40°   C. 55°   D. 60°

45. 用铰杠攻螺纹时,当丝锥的切削部分全部进入工件,两手用力要(　　　)地旋转,不能有侧向的压力。

  A. 较大   B. 很大   C. 均匀、平稳 D. 较小

46. 对闸刀开关的叙述不正确的是(　　　)。

  A. 是一种简单的手动控制电器 B. 不宜分断负载电流

  C. 用于照明及小容量电动机控制线路中 D. 分两极、三极和四极闸刀开关

47. 关于主令电器叙述不正确的是(　　　)。

  A. 行程开关分为按钮式、旋转式和微动式 3 种

  B. 按钮分为常开、常闭和复合按钮

  C. 按钮只允许通过小电流

  D. 按钮不能实现长距离电器控制

48. 不符合熔断器选择原则的是(　　　)。

  A. 根据使用环境选择类型   B. 分断能力应小于最大短路电流

  C. 根据负载性质选择类型   D. 根据线路电压选择其额定电压

49. 接触器不适用于(　　　)。

  A. 交流电路控制   B. 直流电路控制

  C. 照明电路控制   D. 大容量控制电路

50. 不属于电伤的是(　　　)。

  A. 与带电体接触的皮肤红肿 B. 电流通过人体内的击伤

  C. 熔丝烧伤   D. 电弧灼伤

51. 不符合安全生产一般常识的是(　　　)。

  A. 按规定穿戴好防护用品 B. 清除切屑要使用工具

  C. 随时清除油污积水   D. 通道上、下少放物品

52. 可能引起机械伤害的做法是(　　　)。

  A. 转动部件停稳前不得进行操作 B. 不跨越运转的机轴

C. 旋转部件上不得放置物品　　　　D. 转动部件上可少放些工具

53. 工企对环境污染的防治不包括(　　)。

A. 防治大气污染　　　　　　　　B. 防治绿化污染

C. 防治固体废弃物污染　　　　　D. 防治噪声污染

54. 企业的质量方针不是(　　)。

A. 企业总方针的重要组成部分　　B. 规定了企业的质量标准

C. 每个职工必须熟记的质量准则　D. 企业的岗位工作职责

55. 主轴零件图采用一个(　　)、剖面图、局部剖面图和移出剖面图的表达方法。

A. 主视图　　　B. 俯视图　　　C. 左视图　　　D. 仰视图

56. 主轴零件图中长度方向以(　　)为主要尺寸的标注基准。

A. 轴肩处　　　B. 台阶面　　　C. 轮廓线　　　D. 轴两端面

57. 蜗杆的零件图采用一个主视图和(　　)的表达方法。

A. 旋转剖视图　　　　　　　　　B. 局部齿形放大

C. 移出剖面图　　　　　　　　　D. 俯视图

58. 偏心轴零件图采用一个主视图、一个(　　)和轴肩槽放大的表达方法。

A. 左视图　　　B. 俯视图　　　C. 局部视图　　　D. 剖面图

59. 曲轴零件图主要采用一个基本视图——主视图和(　　)两个剖面图组成。

A. 全剖视图　　　B. 旋转剖视图　　　C. 半剖视图　　　D. 局部剖

60. 齿轮零件的剖视图表示了内花键的(　　)。

A. 几何形状　　　B. 相互位置　　　C. 长度尺寸　　　D. 内部尺寸

61. 齿轮的花键宽度 $8_{0.035}^{0.065}$,最小极限尺寸为(　　)。

A. 7.935　　　B. 7.965　　　C. 8.035　　　D. 8.065

62. C630 型车床主轴全剖或局部剖视图反映出零件的(　　)和结构特律。

A. 表面粗糙度轮廓　B. 相互位置　　　C. 尺寸　　　D. 几何形状

63. CA6140 型车床尾座的主视图采用(　　),它同时反映了顶尖、丝杠、套筒等主要结构和尾座体、导板等大部分结构。

A. 全剖面　　　B. 阶梯剖视　　　C. 局部剖视　　　D. 剖面图

64. 套筒锁紧装置需要将套筒固定在某一位置时,可(　　)转动手柄,通过圆锥销带动拉紧螺杆旋转,使下夹紧套向上移动,从而将套筒夹紧。

A. 向左　　　B. 逆时针　　　C. 顺时针　　　D. 向右

65. 粗加工多头蜗杆时,一般使用(　　)卡盘。

A. 偏心　　　B. 三爪　　　C. 四爪　　　D. 专用

66. (　　)和直径之比大于 25 倍的轴称为细长轴。

A. 长度　　　B. 宽度　　　C. 内径　　　D. 厚度

67. (　　)与外圆的轴线平行而不重合的工件,称为偏心轴。

A. 中心线　　　B. 内径　　　C. 端面　　　D. 外圆

68. 相邻两牙在(　　)线上对应两点之间的轴线距离,称为螺距。

A. 大径　　　B. 中径　　　C. 小径　　　D. 中心

69. 防止或减小薄壁工件变形的方法：1)（   ）；2) 采用轴向夹紧装置；3) 采用辅助支撑。

    A. 减小接触面积   B. 增大接触面积   C. 增大刀具尺寸 D. 采用专用夹具

70. 数控车床需对刀具尺寸进行严格的测量以获得精确数据，并将这些数据输入（   ）系统。

    A. 控制   B. 数控   C. 计算机   D. 数字

71. 编制数控车床加工工艺时，要求装夹方式要有利于编程时数学计算的（   ）性和精确性。

    A. 可用   B. 简便   C. 工艺   D. 辅助

72. 一个物体在（   ）可能具有的运动称为自由度。

    A. 空间   B. 平面   C. 机床上   D. 直线上

73. 长方体工件的底面在三个支撑点上，限制了工件的（   ）个自由度。

    A. 四   B. 三   C. 五   D. 两

74. 当定位点（   ）工件的应该限制自由度，使工件不能正确定位的，称为欠定位。

    A. 不能在   B. 多于   C. 等于   D. 少于

75. 夹紧力的（   ）应与支撑点相对，并尽量作用在工件刚性较好的部位，以减小工件变形。

    A. 大小   B. 切点   C. 作用点   D. 方向

76. 常用的夹紧装置有螺旋夹紧装置、（   ）夹紧装置和偏心夹紧装置等。

    A. 螺钉   B. 楔块   C. 螺母   D. 压板

77. 偏心夹紧装置中偏心轴的转动中心与几何中心（   ）。

    A. 垂直   B. 不平行   C. 平行   D. 不重合

78. 两个平面互相（   ）的角铁叫直角角铁。

    A. 平行   B. 垂直   C. 重合   D. 不相连

79. 高速钢车刀耐热性较差，不宜（   ）车削。

    A. 低速   B. 高速   C. 变速   D. 正反车

80. 硬质合金是由碳化钨、碳化钛粉末，用钴作黏结剂，经（   ）、高温煅烧而成。

    A. 高压成型   B. 铸造   C. 加工   D. 冶炼

81. 钨钛钴类硬质合金适用于加工（   ）或其他韧性较大的塑性材料。

    A. 不锈钢   B. 铝合金   C. 紫铜   D. 钢料

82. 钨钛钽（铌）钴类硬质合金的（   ）和冲击韧性都比较好，所以应用广泛。

    A. 红硬性   B. 抗拉强度   C. 抗弯强度   D. 抗压强度

83. 负前角仅适用于硬质合金车刀车削锻件、铸件毛坯和（   ）的材料。

    A. 硬度低   B. 硬度很高   C. 耐热性   D. 强度高

84. 高速钢车刀加工中碳钢和中碳合金钢时前角一般为（   ）。

    A. $6°\sim8°$ B. $35°\sim40°$ C. $-15°$ D. $25°\sim30°$

85. 副偏角一般采用（   ）。

    A. $10°\sim15°$ B. $6°\sim8°$ C. $1°\sim5°$ D. $-6°$

86. （　　）梯形螺纹粗车刀的牙形角为 29.5°。
　　A. 高速钢　　　　B. 硬质合金　　　　C. YT15　　　　D. YW2

87. 刃磨高速钢梯形螺纹精车刀后,用(　　)加机油研磨前、后刀面至刃口平直,刀面光洁无磨痕为止。
　　A. 砂布　　　　B. 锉刀　　　　C. 油石　　　　D. 砂轮

88. 当纵向机动进给接通时,开合螺母也就不能合上,(　　)接通丝杠传动。
　　A. 开机　　　　B. 可以　　　　C. 通电　　　　D. 不会

89. 离合器由端面带有螺旋齿爪的左、右两半组成,左半部分由(　　)带动在轴上空转,右半部分和轴上花键联接。
　　A. 主轴　　　　B. 光杠　　　　C. 齿轮　　　　D. 花键

90. 开合螺母安装在(　　)的背面,它的作用是接通或断开由丝杠传来的运动。
　　A. 导轨　　　　B. 溜板箱　　　　C. 床头箱　　　　D. 挂轮箱

91. 主运动是通过电动机驱动 V 带,把运动输入(　　),经主轴箱内的变速机构变速后,由主轴、卡盘带动工件旋转。
　　A. 齿轮　　　　B. 溜板箱　　　　C. 主轴箱　　　　D. 尾座

92. 数控车床以(　　)轴线方向为 Z 轴方向,刀具远离工件的方向为 Z 轴的正方向。
　　A. 滑板　　　　B. 床身　　　　C. 光杠　　　　D. 主轴

93. 工件图样上的设计基准点是标注其他各项(　　)的基准点,通常以该点作为工件原点。
　　A. 尺寸　　　　B. 公差　　　　C. 偏差　　　　D. 平面

94. 工件坐标系的 Z 轴一般与主轴轴线重合,X 轴随(　　)原点位置不同而异。
　　A. 工件　　　　B. 机床　　　　C. 刀具　　　　D. 坐标

95. 细长轴图样端面处的 2 - B3.15/10 表示两端面中心孔为(　　)型,前端直径 3.15 mm,后端最大直径 10 mm。
　　A. A　　　　B. B　　　　C. C　　　　D. R

96. 加工细长轴要使用中心架和跟刀架,以增加工件的(　　)刚性。
　　A. 工作　　　　B. 加工　　　　C. 回转　　　　D. 安装

97. 选用 45°车刀是加工细长轴外圆处的(　　)和倒钝。
　　A. 倒角　　　　B. 沟槽　　　　C. 键槽　　　　D. 轴径

98. 测量细长轴(　　)公差的外径时应使用游标卡尺。
　　A. 形状　　　　B. 长度　　　　C. 尺寸　　　　D. 自由

99. 为避免中心架支撑爪直接和(　　)表面接触,安装中心架之前,应先在工件中间车一段安装中心架支撑爪的沟槽,这样可减少中心架支撑爪的磨损。
　　A. 光滑　　　　B. 加工　　　　C. 内孔　　　　D. 毛坯

100. 中心架装上后,应逐个调整中心架三个支撑爪,使三个支撑爪对工件支撑的松紧程度(　　)。
　　A. 任意　　　　B. 要小　　　　C. 较大　　　　D. 适当

101. 跟刀架固定在床鞍上,可以跟着车刀来抵消(   )切削力。

    A. 主   B. 轴向   C. 径向   D. 横向

102. 调整跟刀架时,应综合运用手感、耳听、目测等方法控制支撑爪,使其轻轻接触到(   )。

    A. 顶尖   B. 机床   C. 刀架   D. 工件

103. 细长轴热变形伸长量的计算公式为(   )。

    A. $\Delta L = \alpha \cdot L \cdot \Delta t$ B. $L = \alpha \cdot L \cdot t$

    C. $L = \alpha \cdot L \cdot \Delta$ D. $\Delta L = \alpha \cdot L$

104. 加工细长轴时,如果采用一般的顶尖,由于两顶尖之间的距离不变,当工件在加工过程中受热变形伸长时,必然会造成工件(   )变形。

    A. 挤压   B. 受力   C. 热   D. 弯曲

105. 偏心工件的主要装夹方法有:(   )装夹、四爪卡盘装夹、三爪卡盘装夹、偏心卡盘装夹、双重卡盘装夹、专用偏心夹具装夹等。

    A. 虎钳   B. 一夹一顶   C. 两顶尖   D. 分度头

106. 偏心工件的主要装夹方法有:两顶尖装夹、四爪卡盘装夹、三爪卡盘装夹、偏心卡盘装夹、(   )卡盘装夹、偏心夹具装夹等。

    A. 多重   B. 三重   C. 单重   D. 双重

107. 两顶尖装夹的优点是安装时不用找正,(   )精度较高。

    A. 定位   B. 加工   C. 位移   D. 回转

108. 当工件数量较少,长度较短,不便于用两顶尖安装时,可在四爪(   )卡盘上装夹。

    A. 偏心   B. 单动   C. 专用   D. 定心

109. 双重卡盘装夹工件安装方便,不需调整,但它的刚性较差,不宜选择较大的(   ),适用于小批量生产。

    A. 车床   B. 转速   C. 切深   D. 切削用量

110. 专用偏心夹具装夹车削(   )时,偏心夹具可做成偏心轴。

    A. 阶台轴   B. 偏心套   C. 曲轴   D. 深孔

111. 曲轴车削中除保证各曲柄(   )对主轴颈的尺寸和位置精度外,还要保证曲柄轴承间的角度要求。

    A. 机构   B. 摇杆   C. 滑块   D. 轴颈

112. 较大曲轴一般都在两端留工艺轴颈,或装上(   )夹板。在工艺轴颈上或偏心夹板上钻出主轴颈和曲轴颈的中心孔。

    A. 偏心   B. 大   C. 鸡心   D. 工艺

113. 非整圆孔工件采用四爪单动卡盘和(   )装夹。

    A. 刀架   B. 工作台   C. 花盘   D. 夹头

114. 用花盘车非整圆孔工件时,先把花盘盘面精车一刀,把 V 形架轻轻固定在(   )上,把工件圆弧面靠在 V 形架上用压板轻压。

    A. 刀架   B. 角铁   C. 主轴   D. 花盘

115. 若车削非整圆孔工件,要注意在花盘上加工时,工件、定位件、(　　)等要装夹牢固。

　　　A. 平衡块　　　　　B. 垫铁　　　　　C. 螺钉　　　　　D. 螺母

116. 低速车削螺距小于 4 mm 的梯形螺纹时,可用一把梯形螺纹刀并用少量(　　)进给车削成形。

　　　A. 横向　　　　　B. 直接　　　　　C. 间接　　　　　D. 左右

117. 梯形螺纹分米制梯形螺纹和(　　)梯形螺纹两种。

　　　A. 英制　　　　　B. 公制　　　　　C. 30°　　　　　D. 40°

118. 梯形左旋螺纹需在尺寸规格之后加注"(　　)",右旋则不注出。

　　　A. 标注　　　　　B. 字母　　　　　C. 左　　　　　D. Z

119. 梯形内螺纹的小径用字母"(　　)"表示。

　　　A. D1　　　　　B. D3　　　　　C. d　　　　　D. d2

120. 加工 Tr36×6 的梯形螺纹时,牙顶间隙应为(　　)mm。

　　　A. 0.5　　　　　B. 0.25　　　　　C. 0.3　　　　　D. 0.4

121. 粗车螺距大于 4 mm 的梯形螺纹时,可采用(　　)切削法或车直槽法。

　　　A. 左右　　　　　B. 直进　　　　　C. 直进　　　　　D. 自动

122. 车削矩形螺纹的量具:游标卡尺、千分尺、钢直尺、(　　)等。

　　　A. 百分表　　　　　B. 卡钳　　　　　C. 水平仪　　　　　D. 样板

123. 矩形外螺纹的小径公式是:$d_1 =$ (　　)。

　　　A. $d-P$　　　　　B. $d-2h_1$　　　　　C. $d+h$　　　　　D. $D-h$

124. 加工矩形 48×6 的内螺纹时,其小径 D_1 为(　　)mm。

　　　A. 40　　　　　B. 42　　　　　C. 41　　　　　D. 41.5

125. 车螺距大于 4 mm 时,先用直进法粗车,两侧各留 0.2～0.4 mm 的余量,再用精车刀采用(　　)精车。

　　　A. 左右切削　　　　　B. 对刀法　　　　　C. 直进法　　　　　D. 直槽法

126. 锯齿形螺纹常用于起重机和压力机械设备上,这种螺纹要求能承受较大的(　　)压力。

　　　A. 冲击　　　　　B. 双向　　　　　C. 多向　　　　　D. 单向

127. 蜗杆的法向齿厚应单独画出(　　)剖视,并标注尺寸及粗糙度轮廓。

　　　A. 旋转　　　　　B. 半　　　　　C. 局部移出　　　　　D. 全

128. 加工蜗杆的刀具主要有:(　　)车刀、90°车刀、切槽刀、内孔车刀、麻花钻、蜗杆刀等。

　　　A. 锉　　　　　B. 45°　　　　　C. 刮　　　　　D. 15°

129. 蜗杆量具主要有:游标卡尺、千分尺、莫氏 NO.3 锥度塞规、(　　)尺、齿轮卡尺、量针、钢直尺等。

　　　A. 万能角度　　　　　B. 高度　　　　　C. 塞　　　　　D. 三角

130. 加工蜗杆前,先将蜗杆(　　)尺寸精车至尺寸要求。

　　　A. 中径　　　　　B. 内径　　　　　C. 牙形　　　　　D. 外圆

131. 蜗杆的齿形和（　　）螺纹相似。

　　A. 锯齿形　　　　　B. 矩形　　　　　C. 方牙　　　　　D. 梯形

132. 轴向直廓蜗杆又称（　　）蜗杆，这种蜗杆在轴向平面内齿廓为直线，而在垂直于轴线的剖面内齿形是阿基米德螺线，所以又称阿基米德蜗杆。

　　A. ZB　　　　　B. ZN　　　　　C. ZM　　　　　D. ZA

133. 蜗杆的分度圆直径用字母"（　　）"表示。

　　A. d_1　　　　　B. D　　　　　C. d　　　　　D. R

134. 蜗杆的齿形角是在通过蜗杆的剖面内轴线的面与（　　）之间的夹角。

　　A. 端面　　　　　B. 大径　　　　　C. 齿侧　　　　　D. 齿根

135. 当车好一条螺旋槽之后，把车刀沿蜗杆轴向的轴线方向移动一个蜗杆（　　），再车下一个螺旋槽。

　　A. 齿距　　　　　B. 导程　　　　　C. 长度　　　　　D. 宽度

136. 当车好一条螺旋槽之后，把主轴到丝杠之间的传动链（　　），并把工件转过一个α角度再恢复主轴在丝杠之间的传动链，车削另一条螺旋槽。

　　A. 取下　　　　　B. 接通　　　　　C. 断开　　　　　D. 装好

137. 利用三爪卡盘分线时，只需把后顶尖松开，把工件连同（　　）夹头转动一个角度，由卡盘的另一爪拨动，再顶好后顶尖，就可车削第二条螺旋槽。

　　A. 鸡心　　　　　B. 钻　　　　　C. 浮动　　　　　D. 弹簧

138. 多孔插盘装在车床主轴上，转盘上有（　　）个等分的精度很高的定位插孔，它可以对2、3、4、6、8、12线蜗杆进行分线。

　　A. 10　　　　　B. 24　　　　　C. 12　　　　　D. 20

139. 车削法向直廓蜗杆时，应采用垂直装刀法，即装夹刀时，应使车刀两侧刀刃组成的平面与齿面（　　）。

　　A. 相交　　　　　B. 平行　　　　　C. 垂直　　　　　D. 重合

140. 粗车蜗杆时，背刀量过大，会发生"啃刀"现象，所以在车削过程中，应控制切削用量，防止"（　　）"。

　　A. 啃刀　　　　　B. 扎刀　　　　　C. 加工硬化　　　　　D. 积屑瘤

141. 飞轮的车削属于（　　）类大型回转表面的加工。

　　A. 轮盘　　　　　B. 轴　　　　　C. 套　　　　　D. 螺纹

142. 车削飞轮时，将工件支顶在工作台上，找正夹牢并粗车一个端面为（　　）面。

　　A. 基　　　　　B. 装夹　　　　　C. 基准　　　　　D. 测量

143. 加工连接盘时，用千斤顶和（　　）支撑，卡爪夹紧的方法。

　　A. 量块　　　　　B. 等高块　　　　　C. 螺母　　　　　D. 中心架

144. 测量连接盘的量具有：游标卡尺、钢直尺、千分尺、（　　）尺、万能角度尺、内径百分表等。

　　A. 米　　　　　B. 塞　　　　　C. 直　　　　　D. 木

145. 立式车床用于加工径向尺寸较大,轴向尺寸相对较小,且形状比较(　　)的大型和重型零件,如各种盘、轮和壳体类零件。

A. 复杂　　　　　B. 简单　　　　　C. 单一　　　　　D. 规则

146. 立式车床由于工件及工作台的重力由机床(　　)或推力轴承承担,大大减轻了立柱及主轴轴承的负载,因而能长期保证机床精度。

A. 主轴　　　　　B. 导轨　　　　　C. 夹具　　　　　D. 附件

147. 在立式车床上车削球面、曲面的原理同(　　)车床,即车刀的运动为两种运动(垂直和水平)的合成运动。

A. 转塔　　　　　B. 卧式　　　　　C. 六角　　　　　D. 自动

148. 当检验高精度轴向尺寸时量具应选择:检验(　　)、量块、百分表及活动表架等。

A. 弯板　　　　　B. 平板　　　　　C. 量规　　　　　D. 水平仪

149. 量块除作为长度基准进行尺寸传递外,还广泛用于(　　)和校准量具量仪。

A. 鉴定　　　　　B. 检验　　　　　C. 检查　　　　　D. 分析

150. 量块是精密量具,使用时要注意防(　　),防划伤,切不可撞击。

A. 腐蚀　　　　　B. 敲打　　　　　C. 震动　　　　　D. 静电

151. 已知直角三角形一直角边为 17.32 mm,它与斜边的夹角为 30°,另一直角边的长度是(　　)mm。

A. 15　　　　　　B. 10　　　　　　C. 20　　　　　　D. 30

152. 若齿面锥角为 $26°33'54''$,背锥角为(　　),此时背锥面与齿面之间的夹角是 $86°56'23''$。

A. $79°36'45''$　　　　　　　　B. $66°29'23''$

C. $84°$　　　　　　　　　　　　D. $90°25'36''$

153. 测量偏心距时的量具有百分表、活动表架、检验平板、(　　)形架、顶尖等。

A. O　　　　　　B. T　　　　　　C. Y　　　　　　D. V

154. 测量偏心距时,用顶尖顶住基准部分的中心孔,百分表测头与偏心部分外圆接触,用手转动工件,百分表读数最大值与最小值之差的(　　)就是偏心距的实际尺寸。

A. 一半　　　　　B. 二倍　　　　　C. 一倍　　　　　D. 尺寸

155. 用正弦规检验锥度的量具有检验平板、(　　)规、量块、百分表、活动表架等。

A. 正弦　　　　　B. 塞　　　　　　C. 环　　　　　　D. 圆

156. 正弦规是利用三角函数关系,与量块配合测量工件角度和锥度的(　　)量具。

A. 精密　　　　　B. 一般　　　　　C. 普通　　　　　D. 比较

157. 量块高度尺寸的计算公式中"(　　)"表示量块组尺寸,单位为毫米。

A. a　　　　　　B. h　　　　　　C. L　　　　　　D. s

158. 将工件圆锥套立在检验平板上,将直径为 D 的小钢球放入孔内,用深度千分尺测出钢球最高点距工件(　　)的距离。

A. 外圆　　　　　B. 心　　　　　　C. 端面　　　　　D. 孔壁

159. 多线螺纹工件的技术要求中,所有加工表面不准使用(   )刀、砂布等修饰。

    A. 锉　　　　　　B. 拉　　　　　　C. 刮　　　　　　D. 偏

160. 测量蜗杆时,齿厚卡尺的卡脚测量面必须与蜗杆的牙侧平行,所以无法对轴向齿厚(   )测量,只能通过测量法向齿厚,再根据两者之间的关系换算出轴向齿厚。

    A. 直接　　　　　B. 精确　　　　　C. 间接　　　　　D. 精密

得　分	
评分人	

二、判断题(第 161 题~第 200 题。将判断结果填入括号中,正确的填"√",错误的填"×"。每题 0.5 分,满分 20 分)。

161. (   )忠于职守就是要求把自己职业范围内的工作做好。

162. (   )整洁的工作环境可以振奋职工精神,提高工作效率。

163. (   )退火能够提高零件的塑性,消除应力。

164. (   )只要不达到熔点,钢的淬火温度越高越好。

165. (   )车床主轴箱齿轮精车前热处理方法为高频淬火。

166. (   )测量小电流时,可将被测导线多绕几匝,然后测量。

167. (   )垂直度、圆度同属于形状公差。

168. (   )画零件图时,如果按照正投影画出它们的全部"轮齿"和"牙型"的真实图形,不仅非常复杂,而且没有必要。

169. (   )通过对装配图的识读,可以了解零件的结构、零件之间的连接关系和工作时的运动情况。

170. (   )画装配图要根据零件图的实际大小和复杂程度确定合适的比例和图幅。

171. (   )在加工曲轴之前,要安排一道划线工序。

172. (   )数控车床结构大为简化,精度和自动化程度大为提高。

173. (   )数控车床脱离了普通车床的结构形式,由床身、主轴箱、刀架、冷却、润滑系统等部分组成。

174. (   )在满足加工主要求的前提下,部分定位是允许的。

175. (   )对夹紧装置的要求之一是结构简单,制造方便,并有足够的刚性。

176. (   )偏心零件的轴心线只有一条。

177. (   )粗车时,切削深、进刀快,要求车刃有足够的强度,应选择较小的后角。

178. (   )粗车刀两侧刃夹角应小于螺纹牙型角,精车刀应大于螺纹牙型角。

179. (   )刃磨步骤的第二步是粗、精磨前刀面。

180. (   )主轴中间支撑处还装有一个圆柱滚子轴承,用于承受径向力。

181. (   )主轴箱中带传动的滑动系数 $\varepsilon = 0.98$。

182. (   )刹车不灵的原因之一是制动装置中制动带过松。

183. (   )造成主轴间隙过大的原因之一是主轴轴承磨损。

184. (   )采用绝对坐标方式编程的方法称为绝对编程。

185. (   )外圆与内孔偏心的零件叫偏心轴。

186. (　)偏心距较大的工件一般在三爪卡盘上加工。

187. (　)设计夹具时,定位元件的公差应不大于工件公差的 1/2。

188. (　)车曲轴中间曲柄颈时,应采用三爪卡盘装夹。

189. (　)车非整圆孔工件时,一定不要分粗、精车。

190. (　)梯形螺纹牙形中径线用点划线引出。

191. (　)大螺距的梯形螺纹加工时,最少准备两把刀。

192. (　)锯齿形螺纹的牙底圆角用"R"表示。

193. (　)立式车床分单柱式和双柱式两种。

194. (　)测量高精度轴向尺寸时,注意将工件两端面擦净。

195. (　)内径千分尺可用来测量两平行完整孔的心距。

196. (　)对于精度要求不高的两孔中心距,测量方法不同。

197. (　)用量棒测量外圆锥体,可直接测量出圆锥的大端直径。

198. (　)测量外圆锥体的计算公式中"R"表示量棒直径,单位:mm。

199. (　)三针测量梯形螺纹中径计算公式中"dD"表示梯形螺纹中径。

200. (　)三针测量蜗杆的计算公式中"ms"表示蜗杆的轴向模数。

数控中级理论知识试卷答案

一、单项选择(第 1 题～第 160 题。选择一个正确的答案,将相应的字母填入题内的括号中。每题 0.5 分,满分 80 分)。

1. A	2. A	3. B	4. C	5. C	6. D	7. B	8. B
9. C	10. C	11. C	12. B	13. C	14. A	15. D	16. C
17. B	18. D	19. D	20. B	21. A	22. A	23. A	24. C
25. B	26. C	27. B	28. B	29. C	30. C	31. B	32. B
33. A	34. B	35. D	36. D	37. B	38. C	39. B	40. B
41. C	42. D	43. C	44. A	45. C	46. D	47. D	48. B
49. C	50. B	51. D	52. D	53. C	54. D	55. A	56. D
57. B	58. A	59. D	60. A	61. C	62. D	63. B	64. C
65. C	66. A	67. D	68. B	69. B	70. B	71. B	72. A
73. B	74. D	75. C	76. B	77. D	78. B	79. B	80. A
81. D	82. C	83. B	84. D	85. B	86. A	87. C	88. D
89. B	90. B	91. C	92. D	93. A	94. A	95. B	96. D
97. A	98. D	99. D	100. D	101. C	102. D	103. A	104. D
105. C	106. D	107. A	108. B	109. D	110. B	111. D	112. A
113. C	114. D	115. A	116. D	117. A	118. C	119. A	120. A
121. A	122. A	123. B	124. B	125. C	126. D	127. C	128. B
129. A	130. D	131. D	132. D	133. A	134. C	135. A	136. C
137. A	138. C	139. C	140. B	141. A	142. C	143. B	144. B
145. A	146. B	147. B	148. B	149. A	150. A	151. B	152. B
153. D	154. A	155. A	156. A	157. B	158. C	159. A	160. A

二、判断题(第 161 题～第 200 题。将判断结果填入括号中。正确的填"√",错误的填"×"。每题 0.5 分,满分 20 分)。

161. √	162. √	163. √	164. ×	165. ×	166. √	167. ×	168. √
169. ×	170. ×	171. √	172. √	173. ×	174. √	175. ×	176. ×
177. √	178. ×	179. √	180. √	181. √	182. √	183. √	184. √
185. ×	186. √	187. ×	188. ×	189. √	190. √	191. √	192. √
193. √	194. √	195. ×	196. ×	197. ×	198. ×	199. ×	200. √

车工(数控比重表)高级理论知识试卷

注 意 事 项

1. 考试时间:120分钟。

2. 本试卷依据2001年颁布的《车工国家职业标准》命制。

3. 请首先按要求在试卷的标封处填写您的姓名、准考证号和所在单位的名称。

4. 请仔细阅读各种题目的回答要求,在规定的位置填写您的答案。

5. 不要在试卷上乱写乱画,不要在标封区填写无关的内容。

	一	二	总 分
得　分			

得　分	
评分人	

一、单项选择(第1题～第160题。选择一个正确的答案,将相应的字母填入题内的括号中。每题0.5分,满分80分)。

1. 职业道德体现了(　　)。
   A. 从业者对所从事职业的态度　　　　B. 从业者的工资收入
   C. 从业者享有的权利　　　　　　　　D. 从业者的工作计划

2. 职业道德基本规范不包括(　　)。
   A. 遵纪守法,廉洁奉公　　　　　　　B. 公平竞争,依法办事
   C. 爱岗敬业,忠于职守　　　　　　　D. 服务群众,奉献社会

3. 爱岗敬业就是对从业人员(　　)的首要要求。
   A. 工作态度　　　　　　　　　　　　B. 工作精神
   C. 工作能力　　　　　　　　　　　　D. 以上均可

4. 遵守法律法规不要求(　　)。
   A. 延长劳动时间　　　　　　　　　　B. 遵守操作程序
   C. 遵守安全操作规程　　　　　　　　D. 遵守劳动纪律

5. 具有高度责任心应做到(　　)。
   A. 方便群众,注重形象　　　　　　　B. 光明磊落,表里如一
   C. 工作勤奋努力,尽职尽责　　　　　D. 不徇私情,不谋私利

6. 违反安全操作规程的是(　　)。
   A. 自己制定生产工艺　　　　　　　　B. 贯彻安全生产规章制度
   C. 加强法制观念　　　　　　　　　　D. 执行国家安全生产的法令、规定

7. 不符合着装整洁文明生产要求的是(　　)。
   A. 按规定穿戴好防护用品　　　　　　B. 工作中对服装不做要求
   C. 遵守安全技术操作规程　　　　　　D. 执行规章制度

8. 保持工作环境清洁有序不正确的是(　　)。

　　A. 整洁的工作环境可以振奋职工精神　　B. 优化工作环境

　　C. 工作结束后再清除油污　　　　　　　D. 毛坯、半成品按规定堆放整齐

9. 下列说法正确的是(　　)。

　　A. 两个基本体表面平齐时,视图上两基本体之间有分界线

　　B. 两个基本体表面不平齐时,视图上两基本体之间无分界线

　　C. 两个基本体表面相切时,两表面相切处不应画出切线

　　D. 两个基本体表面相交时,两表面相交处不应画出交线

10. 下列说法中错误的是(　　)。

　　A. 局部放大图可画成视图

　　B. 局部放大图应尽量配置在主视图的附近

　　C. 局部放大图与被放大部分的表达方式有关

　　D. 绘制局部放大图时,应用细实线圈出被放大部分的部位

11. 下列说法中错误的是(　　)。

　　A. 对于机件的肋、轮辐及薄壁等,如按纵向剖切,这些结构都不画剖面符号,而用粗实线将它与其邻接部分分开

　　B. 当零件回转体上均匀分布的肋、轮辐、孔等结构不处于剖切平面上时,可将这些结构旋转到剖切平面上画出

　　C. 较长的机件(轴、杆、型材、连杆等)沿长度方向的形状一致或按一定规律变化时,可断开后缩短绘制。采用这种画法时,尺寸应按机件原长标注

　　D. 当回转体零件上的平面在图形中不能充分表达平面时,可用平行的两细实线表示

12. 具有互换性的零件应是(　　)。

　　A. 相同规格的零件　　　　　　　　　　B. 不同规格的零件

　　C. 相互配合的零件　　　　　　　　　　D. 形状和尺寸完全相同的零件

13. 公差带大小是由(　　)决定的。

　　A. 公差值　　　　　　　　　　　　　　B. 基本尺寸

　　C. 公差带符号　　　　　　　　　　　　D. 被测要素特征

14. 同轴度的公差带是(　　)。

　　A. 直径差为公差值 t,且与基准轴线同轴的圆柱面内的区域

　　B. 直径为公差值 t,且与基准轴线同轴的圆柱面内的区域

　　C. 直径差为公差值 t 的圆柱面内的区域

　　D. 直径为公差值 t 的圆柱面内的区域

15. 使钢产生冷脆性的元素是(　　)。

　　A. 锰　　　　　　B. 硅　　　　　　C. 磷　　　　　　D. 硫

16. 可锻铸铁的含硅量为(　　)。

　　A. 1.2%~1.8%　　　　　　　　　　　　B. 1.9%~2.6%

　　C. 2.7%~3.3%　　　　　　　　　　　　D. 3.4%~3.8%

17. KTZ550-04 中的 550 表示（　　　）。

    A. 最低屈服点　　　　　　　　　　　B. 最低抗拉强度

    C. 含碳量为 5.5%　　　　　　　　　D. 含碳量为 0.55%

18. 聚乙烯塑料属于（　　　）。

    A. 热塑性塑料　　　B. 冷塑性塑料　　　C. 热固性塑料　　　D. 热柔性塑料

19. 带传动是由带和（　　　）组成。

    A. 带轮　　　　　　B. 链条　　　　　　C. 齿轮　　　　　　D. 齿条

20. 带传动按传动原理分有（　　　）和啮合式两种。

    A. 连接式　　　　　B. 摩擦式　　　　　C. 滑动式　　　　　D. 组合式

21. 链传动是由（　　　）和具有特殊齿形的链轮组成的传递运动和动力的传动。

    A. 齿条　　　　　　B. 齿轮　　　　　　C. 链条　　　　　　D. 主动轮

22. 按齿轮形状不同可将齿轮传动分为圆柱齿轮传动和（　　　）传动两类。

    A. 斜齿轮　　　　　B. 直齿轮　　　　　C. 圆锥齿轮　　　　D. 齿轮齿条

23. 在碳素钢中加入适量的合金元素形成了（　　　）。

    A. 硬质合金　　　　B. 高速钢　　　　　C. 合金工具钢　　　D. 碳素工具钢

24. 碳素工具钢和合金工具钢用于制造中、（　　　）速成型刀具。

    A. 低　　　　　　　B. 高　　　　　　　C. 一般　　　　　　D. 不确定

25. 前刀面与基面间的夹角是（　　　）。

    A. 后角　　　　　　B. 主偏角　　　　　C. 前角　　　　　　D. 刃倾角

26. 测量精度为 0.02 mm 的游标卡尺，当两测量爪并拢时，尺身上 49 mm 对正游标上的（　　　）格。

    A. 20　　　　　　　B. 40　　　　　　　C. 50　　　　　　　D. 49

27. 游标卡尺只适用于（　　　）精度尺寸的测量和检验。

    A. 低　　　　　　　B. 中等　　　　　　C. 高　　　　　　　D. 中、高等

28. 千分尺微分筒上均匀刻有（　　　）格。

    A. 50　　　　　　　B. 100　　　　　　　C. 150　　　　　　　D. 200

29. 万能角度尺在（　　　）范围内，不装角尺和直尺。

    A. 0°～50°　　　　B. 50°～140°　　　C. 140°～230°　　　D. 230°～320°

30. 万能角度尺按其游标读数值可分为 2′ 和（　　　）两种。

    A. 4′　　　　　　　B. 8′　　　　　　　C. 6′　　　　　　　D. 5′

31. 轴上的花键槽一般都放在外圆的半精车（　　　）进行。

    A. 以前　　　　　　B. 以后　　　　　　C. 同时　　　　　　D. 前或后

32. 车床主轴箱齿轮毛坯为（　　　）。

    A. 铸坯　　　　　　B. 锻坯　　　　　　C. 焊接　　　　　　D. 轧制

33. 能防止漏气、漏水是润滑剂的（　　　）。

    A. 密封作用　　　　B. 防绣作用　　　　C. 洗涤作用　　　　D. 润滑作用

34. 常用固体润滑剂可以在（　　　）下使用。

    A. 低温高压　　　　B. 高温低压　　　　C. 低温低压　　　　D. 高温高压

35. 使用划线盘划线时,划针应与工件划线表面之间保持夹角(　　)。

　　A. 40°～60°　　　　B. 20°～40°　　　　C. 50°～70°　　　　D. 10°～20°

36. 用手锤打击錾子对金属工件进行切削加工的方法称为(　　)。

　　A. 錾削　　　　　　B. 凿削　　　　　　C. 非机械加工　　D. 去除材料

37. 在一般情况下,当錾削接近尽头时,(　　)以防尽头处崩裂。

　　A. 掉头錾去余下部分　　　　　　　　B. 加快錾削速度

　　C. 放慢錾削速度　　　　　　　　　　D. 不再錾削

38. 起锯时手锯行程要短,压力要(　　),速度要慢。

　　A. 小　　　　　　　B. 大　　　　　　　C. 极大　　　　　　D. 无所谓

39. 麻花钻顶角大小可根据加工条件由钻头刃磨决定,标准麻花钻顶角为118°±2°,且两主切削刃呈(　　)形。

　　A. 凸　　　　　　　B. 凹　　　　　　　C. 圆弧　　　　　　D. 直线

40. 用铰杠攻螺纹时,当丝锥的切削部分全部进入工件,两手用力要(　　)地旋转,不能有侧向的压力。

　　A. 较大　　　　　　B. 很大　　　　　　C. 均匀、平稳　　D. 较小

41. 电流对人体的伤害程度与(　　)无关。

　　A. 通过人体电流的大小　　　　　　　B. 触电时电源的相位

　　C. 通过人体电流的时间　　　　　　　D. 电流通过人体的部位

42. 企业的质量方针不是(　　)。

　　A. 企业总方针的重要组成部分　　　　B. 规定了企业的质量标准

　　C. 每个职工必须熟记的质量准则　　　D. 企业的岗位工作职责

43. 从蜗杆零件的标题栏可知该零件的名称、线数、(　　)。

　　A. 重量及比例　　B. 材料及比例　　C. 重量及材料　　D. 加工工艺

44. (　　)在加工时应先将底平面加工好,然后以该面为基准加工各孔和其他高度方向的平面。

　　A. 箱体类零件　　B. 轴类零件　　　C. 套类零件　　　D. 盘类零件

45. 正等测轴测图的轴间角为(　　)。

　　A. 45°　　　　　　B. 120°　　　　　　C. 180°　　　　　　D. 75°

46. 主轴箱(　　)的张力经轴承座直接传至箱体上,轴不至受径向力作用而产生弯曲变形,提高了传动的平稳性。

　　A. V带轮　　　　　B. 传动轴　　　　　C. 中间轴　　　　　D. 主轴

47. 主轴箱中空套齿轮与(　　)之间,可以装有滚动轴承,也可以装有铜套,用以减少零件的磨损。

　　A. 离合器　　　　　B. 传动轴　　　　　C. 固定齿轮　　　D. 拨叉

48. 主轴箱中较长的传动轴,为了提高传动轴的刚度,采用(　　)结构。

　　A. 多支撑　　　　　B. 三支撑　　　　　C. 四支撑　　　　　D. 五支撑

49. 双向摩擦片式离合器用于主轴启动和控制正、反转,并可起到(　　)作用。

　　A. 换向和变速　　B. 过载保护　　　C. 升速和降速　　D. 换向和制动

50. 进给箱中的固定齿轮、滑移齿轮与支撑它的传动轴大都采用(　　)，个别齿轮采用平键或半圆键联接。

　　A. 花键联接　　　B. 过盈联接　　　C. 楔形键联接　　　D. 顶丝联接

51. 进给箱内传动轴的轴向定位方法，大都采用(　　)定位。

　　A. 一端　　　　　B. 两端　　　　　C. 两支撑　　　　　D. 三支撑

52. 进给箱内的基本变速机构每个滑移齿轮依次和相邻的一个固定齿轮啮合，而且还要保证在同一时刻内(　　)滑移齿轮和(　　)固定齿轮中只有一组是相互啮合的。

　　A. 4 个，8 个　　B. 4 个，4 个　　C. 8 个，8 个　　D. 3 个，8 个

53. (　　)是将工件加热到 550 ℃，保温 7 h，然后随炉冷却的过程。

　　A. 高温时效　　　B. 退火　　　　　C. 正火　　　　　D. 低温时效

54. 装夹(　　)时，夹紧力的作用点应尽量靠近加工表面。

　　A. 箱体零件　　　B. 细长轴　　　　C. 深孔　　　　　D. 盘类零件

55. 机械加工工艺规程是规定产品或零部件制造工艺过程和操作方法的(　　)。

　　A. 工艺文件　　　B. 工艺规程　　　C. 工艺教材　　　D. 工艺方法

56. 在一定的生产条件下，以最少的劳动消耗和最低的成本费用，按生产计划的规定，生产出合格的产品是(　　)应遵循的原则。

　　A. 选用工艺装备　　　　　　　　　B. 制定工艺规程

　　C. 制定工时定额　　　　　　　　　D. 选择切削用量

57. 直接改变原材料、毛坯等生产对象的(　　)，使之变为成品或半成品的过程称为工艺过程。

　　A. 形状和性能　　　　　　　　　　B. 尺寸和性能

　　C. 形状和尺寸　　　　　　　　　　D. 形状、尺寸和性能

58. 根据一定的试验资料和计算公式，对影响加工余量的因素进行逐次分析和综合计算，最后确定加工余量的方法就是(　　)。

　　A. 分析计算法　　B. 经验估算法　　C. 查表修正法　　D. 实践操作法

59. 对工厂(　　)零件的资料进行分析比较，根据经验确定加工余量的方法，称为经验估算法。

　　A. 同材料　　　　B. 同类型　　　　C. 同重量　　　　D. 同精度

60. 以下(　　)不是数控车床高速动力卡盘的特点。

　　A. 精度高　　　　B. 操作不方便　　C. 寿命长　　　　D. 夹紧力大

61. 规格为 200 mm 的 K93 液压高速动力卡盘的极限转速是(　　)r/min。

　　A. 5800　　　　　B. 6000　　　　　C. 4500　　　　　D. 4800

62. 数控车床液压卡盘应定时(　　)，以保证正常工作。

　　A. 擦拭　　　　　B. 调行程　　　　C. 加油　　　　　D. 清洗和润滑

63. 以下(　　)不是数控顶尖具有的优点。

　　A. 回转精度高　　B. 转速快　　　　C. 承载能力小　　D. 操作方便

64. 数控车床的(　　)的工位数越多，非加工刀具与工件发生干涉的可能性越大。

　　A. 链式刀库　　　B. 排式刀架　　　C. 立式刀架　　　D. 转塔式刀架

65. 数控车床的转塔刀架轴向刀具多用于（   ）的加工。

    A. 外圆   B. 端面   C. 阶台   D. 钻孔

66. 数控车床的（   ）通过镗刀座安装在转塔刀架的转塔刀盘上。

    A. 外圆车刀   B. 螺纹   C. 内孔车刀   D. 切断刀

67. 已知两圆的方程，需联立两圆的方程求两圆交点，如果判别式（   ），则说明两圆弧没有交点。

    A. $\Delta=0$ B. $\Delta<0$ C. $\Delta>0$ D. 不能判断

68. （   ）的工件不适用于在数控机床上加工。

    A. 普通机床难加工   B. 毛坯余量不稳定

    C. 精度高   D. 形状复杂

69. 对于数控加工的零件，零件图上应以（   ）引注尺寸，这种尺寸标注便于编程。

    A. 设计基准   B. 装配基准

    C. 同一基准   D. 测量基准

70. 在数控机床上加工内容不多，加工完后就能达到待检状态的工件，可按（   ）划分工序。

    A. 定位方式   B. 所用刀具   C. 粗、精加工   D. 加工部位

71. 数控加工中，当某段进给路线重复使用时，应使用（   ）。

    A. 重复编程   B. 简化编程   C. 子程序   D. 循环

72. 在数控机床上安装工件，当工件批量较大时，应尽量采用（   ）。

    A. 组合夹具   B. 手动夹具   C. 专用夹具   D. 通用夹具

73. 数控加工对刀具的要求较普通加工更高，尤其是在刀具的刚性和（   ）方面。

    A. 工艺性   B. 强度   C. 韧性   D. 使用寿命

74. 为了防止换刀时刀具与工件发生干涉，所以换刀点的位置应设在（   ）。

    A. 机床原点   B. 工件外部   C. 工件原点   D. 对刀点

75. （   ）不适合将复杂加工程序输入数控装置。

    A. 纸带   B. 磁盘   C. 电脑   D. 键盘

76. 一个完整的程序由（   ）、程序的内容和程序结束三部分构成。

    A. 工件名称   B. 程序号   C. 工件编号   D. 地址码

77. 在 ISO 标准中，G00 是（   ）指令。

    A. 相对坐标   B. 外圆循环   C. 快速点定位   D. 坐标系设定

78. 根据 ISO 标准，当刀具中心轨迹在程序轨迹前进方向右边时称为右刀具补偿，用（   ）指令表示。

    A. G40   B. G41   C. G42   D. G43

79. 刀尖圆弧半径应输入系统（   ）中。

    A. 程序   B. 刀具坐标   C. 刀具参数   D. 坐标系

80. 刀具长度补偿指令（   ）是将 H 代码指定的已存入偏置器中的偏置值加到运动指令终点坐标。

    A. G48   B. G49   C. G44   D. G43

81. 一个程序除了加工某个零件外,还能对加工与其相似的其他零件有参考价值,可提高(　　)编程能力。

　　A. 不同零件　　　　B. 相同零件　　　　C. 标准件　　　　D. 成组零件

82. FANUC-6T 数控系统中,子程序可以嵌套(　　)次。

　　A. 1　　　　　　　B. 2　　　　　　　C. 3　　　　　　　D. 4

83. 用近似计算法逼近零件轮廓时产生的误差称一次逼近误差,它出现在用(　　)去逼近零件轮廓的情况。

　　A. 曲线　　　　　　B. 圆弧　　　　　　C. 直线或圆弧　　D. 以上均对

84. 平面轮廓表面的零件,宜采用数控(　　)加工。

　　A. 铣床　　　　　　B. 车床　　　　　　C. 车床　　　　　　D. 加工中心

85. 在 FANUC 系统中,(　　)是外圆切削循环指令。

　　A. G70　　　　　　B. G94　　　　　　C. G90　　　　　　D. G92

86. 在 FANUC 系统中,(　　)指令在编程中用于车削余量大的内孔。

　　A. G70　　　　　　B. G94　　　　　　C. G90　　　　　　D. G92

87. 程序段 G90 X52 Z-100 R5 F0.3 中,R5 的含义是(　　)。

　　A. 进刀量　　　　　　　　　　　　　　B. 圆锥大、小端的直径差

　　C. 圆锥大、小端的直径差的一半　　　D. 退刀量

88. 在 FANUC 系统中,G92 指令可以加工(　　)。

　　A. 圆柱螺纹　　　　B. 内螺纹　　　　　C. 圆锥螺纹　　　　D. 以上均可

89. 程序段 G92 X52 Z-100 F3 中,F3 的含义是(　　)。

　　A. 每分钟进给量　　B. 螺纹螺距　　　　C. 锥螺纹角度　　　D. 以上均不对

90. 在 FANUC 系统中,(　　)是端面循环指令。

　　A. G92　　　　　　B. G93　　　　　　C. G94　　　　　　D. G95

91. 程序段 G94 X30 Z-5 F0.3 中,(　　)的含义是端面车削的终点。

　　A. X30　　　　　　B. X30 Z-5　　　　C. Z-5　　　　　　D. F0.3

92. 在 FANUC 系统中,(　　)指令是精加工循环指令,用于 G71、G72、G73 加工后的精加工。

　　A. G67　　　　　　B. G68　　　　　　C. G69　　　　　　D. G70

93. 程序段 G70 P10 Q20 中,Q20 的含义是(　　)。

　　A. 精加工余量为 0.20 mm

　　B. Z 轴移动 20 mm

　　C. 精加工循环的第一个程序段的程序号

　　D. 精加工循环的最后一个程序段的程序号

94. 在 FANUC 系统中,(　　)指令是外径粗加工循环指令。

　　A. G70　　　　　　B. G71　　　　　　C. G72　　　　　　D. G73

95. 在 G71 P(ns) Q(nf) U(Δu) W(Δw) S500 程序格式中,(　　)表示精加工路径的第一个程序段顺序号。

　　A. Δw　　　　　　　B. ns　　　　　　　C. Δu　　　　　　　D. nf

96. (   )指令是端面粗加工循环指令,主要用于棒料毛坯的端面粗加工。

    A. G70   B. G71   C. G72   D. G73

97. 在 G72 P(ns) Q(nf) U(Δu) W(Δw) S500 程序格式中,(   )表示 X 轴方向上的精加工余量。

    A. Δw   B. Δu   C. ns   D. nf

98. 锻造、铸造毛坯固定形状粗加工时,使用(   )指令可简化编程。

    A. G70   B. G71   C. G72   D. G73

99. 在 G73 P(ns) Q(nf) U(Δu) W(Δw) S500 程序格式中,(   )表示精加工路径的第一个程序段顺序号。

    A. Δw   B. ns   C. Δu   D. nf

100. (   )指令是间断纵向加工循环指令,主要用于钻孔加工。

    A. G71   B. G72   C. G73   D. G74

101. 在 G74 Z−120 Q20 F0.3 程序格式中,(   )表示 Z 轴方向上的间断走刀长度。

    A. 0.3   B. 20   C. −120   D. 74

102. (   )指令是间断端面加工循环指令,主要用于端面加工。

    A. G72   B. G73   C. G74   D. G75

103. 在 G75 X80 Z−120 P10 Q5 R1 F0.3 程序格式中,(   )表示 X 方向间断切削长度。

    A. −120   B. 10   C. 5   D. 80

104. 在 G75 X(U) Z(W) R(i) P(K) Q(Δd) 程序格式中,(   )表示锥螺纹始点与终点的半径差。

    A. X、U   B. i   C. Z、W   D. R

105. FANUC 系统中(   )表示程序暂停,常用于测量工件和需要排除切屑时。

    A. M00   B. M01   C. M02   D. M30

106. FANUC 系统中(   )表示主轴正转。

    A. M04   B. M01   C. M03   D. M05

107. FANUC 系统中,当需要改变主轴旋转方向时,必须先执行(   )指令。

    A. M05   B. M02   C. M03   D. M04

108. FANUC 系统中,(   )指令是换刀指令。

    A. M05   B. M02   C. M03   D. M06

109. FANUC 系统中,(   )指令是切削液开指令。

    A. M09   B. M02   C. M08   D. M06

110. FANUC 系统中,(   )指令是夹盘紧指令。

    A. M08   B. M11   C. M09   D. M10

111. FANUC 系统中,M22 指令是(   )指令。

    A. X 轴镜像   B. 镜像取消   C. Y 轴镜像   D. 空气开

112. FANUC 系统中,M30 指令是(　　)指令。

    A. 程序暂停　　　　B. 选择暂停　　　　C. 程序开始　　　　D. 主程序结束

113. FANUC 系统中,(　　)指令是尾架顶尖进给指令。

    A. M32　　　　　　B. M33　　　　　　C. M03　　　　　　D. M30

114. FANUC 系统中,M99 指令是(　　)指令。

    A. 主轴高速范围　　B. 调用子程序　　　C. 主轴低速范围　D. 子程序结束

115. 清除切屑和杂物,检查导轨面和润滑油是数控车床(　　)需要检查保养的内容。

    A. 每年　　　　　　B. 每月　　　　　　C. 每周　　　　　　D. 每天

116. 数控车床(　　)需要检查保养的内容是电器柜过滤网。

    A. 每年　　　　　　B. 每月　　　　　　C. 每周　　　　　　D. 每天

117. 数控车床每个月需要检查保养的内容是(　　)。

    A. 刀台　　　　　　B. 继电器触点　　　C. 主轴运转情况　D. 电池电压

118. 数控车床主轴孔振摆是(　　)需要检查保养的内容。

    A. 每天　　　　　　B. 每周　　　　　　C. 每个月　　　　　D. 六个月

119. 数控车床液压系统中的液压泵是液压系统的(　　)。

    A. 执行元件　　　　B. 控制元件　　　　C. 操纵元件　　　　D. 动力源

120. 数控车床液压系统中液压马达的工作原理与(　　)相反。

    A. 液压泵　　　　　B. 溢流阀　　　　　C. 换向阀　　　　　D. 调压阀

121. 程序段 G71 P0035 Q0060 U4.0 W2.0 S500 是外径粗加工循环指令,用于切除(　　)毛坯的大部分余量。

    A. 铸造　　　　　　B. 棒料　　　　　　C. 锻造　　　　　　D. 焊接

122. 程序段 G73 P0035 Q0060 U1.0 W0.5 F0.3 是(　　)循环指令。

    A. 精加工　　　　　　　　　　　　B. 外径粗加工

    C. 端面粗加工　　　　　　　　　　D. 固定形状粗加工

123. 程序段 G74 Z－80.0 Q20.0 F0.15 中的(　　)的含义是间断走刀长度。

    A. Q20.0　　　　　B. Z－80.0　　　　C. F0.15　　　　　D. G74

124. 程序段 G75 X20.0 P5.0 F0.15 是间断端面切削循环指令,用于(　　)加工。

    A. 钻孔　　　　　　B. 外沟槽　　　　　C. 端面　　　　　　D. 外径

125. 程序段 G75 X20.0 P5.0 F0.15 中,P5.0 的含义是(　　)。

    A. 沟槽深度　　　　　　　　　　　B. X 方向的退刀量

    C. X 方向的间断切削深度　　　　D. X 方向的进刀量

126. 数控机床使用时,必须把主电源开关扳到(　　)位置。

    A. IN　　　　　　　B. ON　　　　　　C. OFF　　　　　　D. OUT

127. 数控机床快速进给时,模式选择开关应放在(　　)。

    A. JOG FEED　　　　　　　　　　B. TRAVERST

    C. ZERO RETURN　　　　　　　　D. HANDLE FEED

128. 数控机床(　　)时模式选择开关应放在 ZERO RETURN。

A. 快速进给　　　B. 手动数据输入　　C. 回零　　　　　D. 手动进给

129. 数控机床(　　)时,可输入单一命令使机床动作。

A. 快速进给　　　B. 手动数据输入　　C. 回零　　　　　D. 手动进给

130. 数控机床自动状态时模式选择开关应放在(　　)。

A. AUTO　　　　　　　　　　　　B. MDI

C. ZERO RETURN　　　　　　　　D. HANDLE FEED

131. 数控机床(　　)状态时模式选择开关应放在 EDIT。

A. 自动　　　　　B. 手动数据输入　　C. 回零　　　　　D. 编辑

132. 数控机床要(　　)超程时,模式选择开关应放在 O. T RELEASE。

A. 自动状态　　　B. 手动数据输入　　C. 回零　　　　　D. 解除

133. 数控机床的快速进给有(　　)种速率可供选择。

A. 一　　　　　　B. 二　　　　　　C. 三　　　　　　D. 四

134. 当数控机床的手动脉冲发生器的选择开关位置在 X1 时,手轮的进给单位是(　　)。

A. 0.001 mm/格　　　　　　　　　B. 0.01 mm/格

C. 0.1 mm/格　　　　　　　　　　D. 1 mm/格

135. 数控机床的主轴速度控制盘的英文是(　　)。

A. SPINDLE OVERRIDE　　　　　　B. TOOL SELECT

C. RAPID TRAVERSE　　　　　　　D. HANDLE FEED

136. 当模式选择开关在 JOG FEED 状态时,数控机床的(　　)有效。

A. 主轴速度控制盘　　　　　　　B. 刀具指定开关

C. 尾座套筒运动　　　　　　　　D. 手轮速度

137. 数控机床的冷却液开关在 COOLANT ON 位置时,是由(　　)控制冷却液的开关。

A. 关闭　　　　　B. 程序　　　　　C. 手动　　　　　D. M08

138. 数控机床的(　　)开关的英文是 SLEEVE。

A. 冷却液　　　　B. 主轴微调　　　C. 指定刀具　　　D. 尾座套筒

139. 数控机床的程序保护开关处于(　　)位置时,可以对程序进行编辑。

A. ON　　　　　　B. IN　　　　　　C. OUT　　　　　D. OFF

140. 数控机床的条件信息指示灯 EMERGENCY STOP 亮时,说明(　　)。

A. 按下急停按扭　　　　　　　　B. 主轴可以运转

C. 回参考点　　　　　　　　　　D. 操作错误且未消除

141. 数控机床的单段执行开关扳到(　　)时,程序连续执行。

A. OFF　　　　　　　　　　　　B. ON

C. IN　　　　　　　　　　　　　D. SINGLE BLOCK

142. 数控机床的块删除开关扳到(　　)时,程序执行没有"/"的语句。

A. OFF　　　　　　　　　　　　B. ON

C. BLOCK DELETE　　　　　　　D. 不能判断

143. 数控机床机床锁定开关的英文是(　　)。

A. SINGLE BLOCK　　　　　　　B. MACHINE LOCK

C. DRY RUN　　　　　　　　　D. POSITION

144. 使用内径百分表可以测量深孔件的(　　)。

A. 粗糙度轮廓　　B. 位置度　　　C. 直线度　　　D. 圆度精度

145. 深孔件表面粗糙度轮廓最常用的测量方法是(　　)。

A. 轴切法　　　　B. 影像法　　　C. 光切法　　　D. 比较法

146. 使用分度头检验轴径夹角误差的计算公式是 $\sin \Delta\theta = \Delta L/R$。式中 ΔL 是两曲轴轴径的(　　)。

A. 中心高度差　　B. 直径差　　　C. 角度差　　　D. 半径差

147. 使用量块检验轴径夹角误差时,量块高度的计算公式是(　　)。

A. $h = M - 0.5(D+d) - R\sin \theta$　　　B. $h = M - 0.5(D-d)R\sin \theta$

C. $h = M + 0.5(D+d) - R\sin \theta$　　　D. $h = M - 0.5(D+d) + R\sin \theta$

148. 检验箱体工件上的立体交错孔的垂直度时,在基准心棒上装一(　　),测头顶在测量心棒的圆柱面上,旋转180°后再测,即可确定两孔轴线在测量长度内的误差。

A. 杠杆表　　　　B. 内径表　　　C. 百分表　　　D. 以上均可

149. 将两半箱体通过定位部分或定位元件合为一体,用检验心棒插入基准孔和被测孔,如果检验心棒能自由通过,则说明(　　)符合要求。

A. 圆度　　　　　B. 圆柱度　　　C. 平行度　　　D. 同轴度

150. 如果两半箱体的同轴度要求不高,可以在两被测孔中插入检验心棒,将百分表固定在其中一个心棒上,百分表测头触在另一孔的心棒上,百分表转动一周,(　　)就是同轴度误差。

A. 所得读数差的一半　　　　　B. 所得的读数

C. 所得读数的差　　　　　　　D. 以上均不对

151. 使用齿轮游标卡尺可以测量蜗杆的(　　)。

A. 分度圆　　　　B. 轴向齿厚　　C. 法向齿厚　　D. 周节

152. 使用齿轮游标卡尺测量蜗杆的法向齿厚,测量精度比使用(　　)的测量精度低。

A. 千分尺　　　　B. 三针　　　　C. 螺纹千分尺　　D. 环规

153. 用一夹一顶或两顶尖装夹轴类零件,如果后顶尖轴线与主轴轴线(　　),工件会产生圆柱度误差。

A. 平行　　　　　B. 不平行　　　C. 不重合　　　D. 以上均对

154. 铰孔时,如果车床尾座偏移,铰出孔的(　　)。

A. 孔口会扩大　　B. 圆度超差　　C. 尺寸精度超差　D. 同轴度超差

155. 车孔时,如果车孔刀已经磨损,刀杆振动,车出的孔(　　)。

A. 圆柱度超差　　　　　　　　B. 表面粗糙度轮廓大

C. 圆度超差　　　　　　　　　D. 尺寸精度超差

156. 用转动小滑板法车圆锥时产生锥度(角度)误差的原因是(　　)。

A. 小滑板转动角度计算错误　　B. 工件跳动

C. 车刀装低   D. 工件长度不一致

157. 车削螺纹时,刻度盘使用不当会使螺纹( )产生误差。

  A. 大径   B. 中径   C. 齿形角   D. 粗糙度轮廓

158. 车削蜗杆时,蜗杆车刀切深不正确会使蜗杆( )产生误差。

  A. 大径   B. 分度圆直径   C. 齿形角   D. 粗糙度轮廓

159. 车削箱体类零件上的孔时,( )不是保证孔的尺寸精度的基本措施。

  A. 提高基准平面的精度   B. 仔细测量

  C. 进行试切削   D. 检验、调整量具

160. 车削箱体类零件上的孔时,如果车刀磨损,车出的孔会产生( )误差。

  A. 轴线的直线度   B. 圆柱度   C. 圆度   D. 同轴度

得 分	
评分人	

二、判断题(第 161 题~第 200 题。将判断结果填入括号中。正确的填"√",错误的填"×"。每题 0.5 分,满分 20 分)。

161. ( )劳动既是个人谋生的手段,也是为社会服务的途径。

162. ( )工、卡、刀、量具要放在工作台上。

163. ( )通常刀具材料的硬度越高,耐磨性越好。

164. ( )千分尺可以测量正在旋转的工件。

165. ( )减速器箱体加工过程分为平面加工、侧面和轴承孔两个阶段。

166. ( )圆柱齿轮传动的精度要求有运动精度、工作平稳性、接触精度等几方面精度要求。

167. ( )CA6140 型普通车床主拖电动机必须进行电气调速。

168. ( )工具、夹具、器具应放在专门地点。

169. ( )三线蜗杆零件图常采用主视图、剖面图(移出剖面)和局部放大的表达方法。

170. ( )斜二测轴测图 OY 轴与水平成 120°。

171. ( )进给箱的功用是把交换齿轮箱传来的运动,通过改变箱内滑移齿轮的位置,变速后传给丝杠或光杠,以满足车外圆和机动进给的需要。

172. ( )识读装配图的要求是了解装配图的名称、用途、性能、结构和配合性质。

173. ( )识读装配图的步骤是识读标题栏、明细表、视图配置、标注尺寸、技术要求。

174. ( )精密丝杠的加工工艺中,要求锻造工件毛坯,目的是使材料晶粒细化、组织紧密、碳化物分布均匀,可提高材料的刚性。

175. ( )被加工表面与基准面平行的工件适用在花盘上装夹加工。

176. ( )确定加工顺序和工序内容、加工方法、划分加工阶段,安排热处理、检验及其他辅助工序是拟定工艺路线的主要工作。

177. ( )工件以外圆定位,配车数控车床液压卡盘卡爪时,应在空载状态下进行。

178. （　　）数控顶尖在使用过程中可作为装刀时对中心的基准。

179. （　　）数控自定心中心架在使用时靠手动调整,使中心架夹紧和松开,能实现高精度定心工件。

180. （　　）为保证数控自定心中心架夹紧零件的中心与机床主轴中心重合,须使用千分尺和百分表调整。

181. （　　）数控车床的转塔刀架机械结构简单,使用中故障率相对较高,因此在使用维护中要足够重视。

182. （　　）在平面直角坐标系中,圆的方程是$(X-30)^2+(Y-25)^2=15^2$,此圆的半径为 225。

183. （　　）由于惯性和工艺系统变形,车削螺纹会造成超程或欠程。

184. （　　）检查屏幕上 ALARM,可以发现 NC 出现故障的报警内容。

185. （　　）当机床出现故障时,报警信息显示"2005",此故障的内容是主电机故障。

186. （　　）数控车床卡盘夹紧力的大小靠溢流阀调整。

187. （　　）当液压系统中单出杆液压缸无杆腔进压力油时推力小,速度高。

188. （　　）程序段 G71 P0035 Q0060 U4.0 W2.0 S500 中,Q0060 的含义是精加工路径的最后一个程序段顺序号。

189. （　　）程序段 G72 P0035 Q0060 U4.0 W2.0 S500 是端面粗加工循环指令,用于切除锻造毛坯的大部分余量。

190. （　　）程序段 G72 P0035 Q0060 U4.0 W2.0 S500 中,U4.0 的含义是 X 轴方向的背吃刀量。

191. （　　）程序段 G73 P0035 Q0060 U1.0 W0.5 F0.3 中,Q0060 的含义是精加工路径的最后一个程序段顺序号。

192. （　　）程序段 G74 Z-80.0 Q20.0 F0.15 是间断纵向切削循环指令。

193. （　　）数控机床手动进给时,模式选择开关应放在 ZERO RETURN。

194. （　　）数控机床试运行开关的英文是 DRY RUN。

195. （　　）偏心距较大的工件,不能采用直接测量法测出偏心距,这时可用卡尺和千分尺采用间接测量法测出偏心距。

196. （　　）双偏心工件是通过偏心部分最高点之间的距离来检验外圆与内孔间的关系。

197. （　　）检验箱体工件上的立体交错孔的垂直度时,先用直角尺找正基准心棒,使基准孔与检验平板垂直,然后用百分表测量心棒两处,百分表差值即为测量长度内两孔轴线的垂直度误差。

198. （　　）车削轴类零件时,如果车床刚性差,滑板镶条太松,传动零件不平衡,在车削过程中会引起振动,使工件尺寸精度达不到要求。

199. （　　）用心轴装夹车削套类工件,如果心轴本身同轴度超差,车出的工件会产生尺寸精度误差。

200. （　　）用仿形法车圆锥时产生锥度(角度)误差的原因是工件长度不一致。

车工(数控比重表)高级理论知识试卷答案

一、单项选择(第 1 题～第 160 题。选择一个正确的答案,将相应的字母填入题内的括号中。每题 0.5 分,满分 80 分)。

1. A	2. B	3. A	4. A	5. C	6. A	7. B	8. C
9. C	10. B	11. D	12. A	13. A	14. B	15. C	16. A
17. B	18. A	19. A	20. B	21. C	22. C	23. C	24. A
25. C	26. C	27. B	28. A	29. D	30. D	31. B	32. B
33. A	34. D	35. A	36. B	37. A	38. A	39. D	40. C
41. B	42. D	43. B	44. A	45. B	46. A	47. B	48. B
49. B	50. A	51. B	52. A	53. A	54. A	55. A	56. B
57. D	58. A	59. B	60. B	61. A	62. D	63. C	64. D
65. D	66. C	67. C	68. B	69. C	70. A	71. C	72. C
73. D	74. C	75. D	76. B	77. C	78. C	79. C	80. D
81. D	82. B	83. C	84. A	85. C	86. C	87. C	88. C
89. B	90. C	91. B	92. D	93. D	94. B	95. B	96. C
97. B	98. C	99. B	100. D	101. B	102. D	103. B	104. B
105. A	106. C	107. A	108. D	109. C	110. D	111. C	112. D
113. A	114. B	115. D	116. C	117. C	118. D	119. D	120. A
121. B	122. D	123. A	124. B	125. C	126. B	127. A	128. C
129. B	130. A	131. D	132. D	133. C	134. A	135. A	136. B
137. C	138. D	139. D	140. A	141. A	142. C	143. B	144. B
145. D	146. A	147. A	148. C	149. D	150. A	151. C	152. B
153. C	154. A	155. B	156. A	157. B	158. B	159. A	160. C

二、判断(第 161 题～第 200 题。将判断结果填入括号中。正确的填"√",错误的填"×"。每题 0.5 分,满分 20 分)。

161. √	162. ×	163. √	164. ×	165. √	166. √	167. ×	168. √
169. √	170. √	171. √	172. ×	173. √	174. √	175. √	176. √
177. ×	178. ×	179. ×	180. ×	181. √	182. √	183. √	184. √
185. √	186. √	187. √	188. √	189. √	190. √	191. √	192. √
193. ×	194. √	195. ×	196. ×	197. √	198. ×	199. ×	200. ×

附录三　中级工实操题库

试　题　一

一、任务描述

完成附图 3-1 所示零件的工艺编写、程序编制及数控车削。

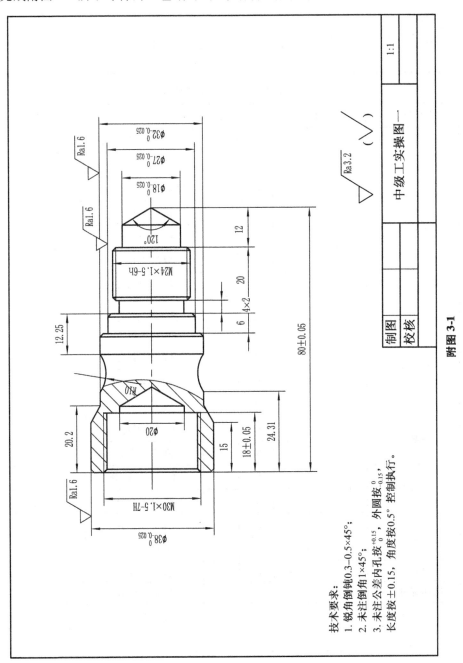

附图 3-1

技术要求：
1. 锐角倒钝0.3~0.5×45°；
2. 未注倒角1×45°；
3. 未注公差内孔按$^{+0.15}_{0}$，外圆按$^{0}_{-0.15}$，
长度按±0.15，角度按0.5°控制执行。

二、评分标准(见附表 3-1 和附表 3-2)

附表 3-1　总成绩表

序号	试题名称	配分	得分	权重	最后得分	备注
1	加工准备及工艺制定	10				
2	数控编程	20				
3	数控车床操作与工量刃具使用	5				
4	零件加工	60				
5	数控车床维护与精度检验	5				
	合　计	100				

附表 3-2　零件加工评分表

序号	考核项目	考核内容及要求		配分	评分标准	检测结果	得分
1	外圆	$\phi 38_{-0.025}^{0}$	IT	4	超差 0.01 扣 2 分		
			Ra	2	降级不得分		
		$\phi 32_{-0.025}^{0}$	IT	4	超差 0.01 扣 2 分		
			Ra	2	降级不得分		
		$\phi 27_{-0.025}^{0}$	IT	4	超差 0.01 扣 2 分		
			Ra	2	降级不得分		
		$\phi 18_{-0.025}^{0}$	IT	4	超差 0.01 扣 2 分		
			Ra	2	降级不得分		
2	成形面	$R10$	IT	2	超差不得分		
			Ra	1	降级不得分		
		$120°$	IT	2	超差不得分		
			Ra	1	降级不得分		
3	外螺纹	$M24×1.5-6h$	IT	6	不合格不得分		
			Ra	2	降级不得分		
4	内螺纹	$M30×1.5-7H$	IT	6	不合格不得分		
			Ra	2	降级不得分		
5	长度	$80±0.05$	IT	3	超差不得分		
		$18±0.05$	IT	3	超差不得分		
6	槽宽	$4×2$	IT	2	超差不得分		
7	有明显缺陷			3	超差不得分		
8	倒角、倒钝	$6-C1$		3	超差不得分		
	总　分			60			

试 题 二

一、任务描述

完成附图 3-2 所示零件的工艺编写、程序编制及数控车削。

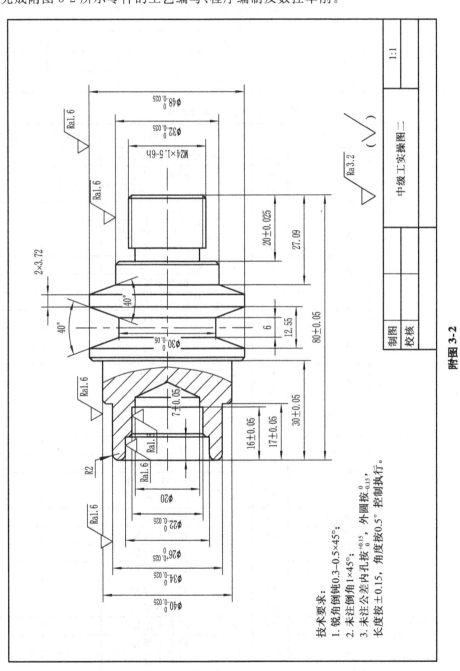

技术要求:
1. 锐角倒角钝 0.3~0.5×45°;
2. 未注倒角 1×45°;
3. 未注公差内孔按 $^{+0.15}_{0}$,外圆按 $^{0}_{-0.15}$ 控制执行,
长度按±0.15,角度按 0.5° 控制执行。

制图			中级工实操图二	1:1
校核				

附图 3-2

二、评分标准(见附表3-3和附表3-4)

附表3-3 总成绩表

序号	试题名称	配分	得分	权重	最后得分	备注
1	加工准备及工艺制定	10				
2	数控编程	20				
3	数控车床操作与工量刃具使用	5				
4	零件加工	60				
5	数控车床维护与精度检验	5				
	合　计	100				

附表3-4 零件加工评分表

序号	考核项目	考核内容及要求		配分	评分标准	检测结果	得分
1	外圆	$\phi 48_{-0.025}^{0}$	IT	4	超差0.01扣2分		
			Ra	1	降级不得分		
		$\phi 32_{-0.025}^{0}$	IT	4	超差0.01扣2分		
			Ra	1	降级不得分		
		$\phi 40_{-0.025}^{0}$	IT	4	超差0.01扣2分		
			Ra	1	降级不得分		
		$\phi 34_{-0.025}^{0}$	IT	4	超差0.01扣2分		
			Ra	1	降级不得分		
		$\phi 30_{-0.05}^{0}$	IT	4	超差0.01扣2分		
			Ra	1	降级不得分		
2	内孔	$\phi 26_{0}^{+0.025}$	IT	4	超差0.01扣2分		
			Ra	1	降级不得分		
		$\phi 22_{-0.025}^{0}$	IT	4	超差0.01扣2分		
			Ra	1	降级不得分		
3	成形面	$R2$	IT	1	超差不得分		
			Ra	1	降级不得分		
		$40°$	IT	1	超差不得分		
			Ra	1	降级不得分		
4	外螺纹	$M24 \times 1.5 - 6h$	IT	3	不合格不得分		
			Ra	1	降级不得分		
5	长度	20 ± 0.05	IT	2	超差不得分		
		7 ± 0.05	IT	2	超差不得分		
		16 ± 0.05	IT	2	超差不得分		
		17 ± 0.05	IT	2	超差不得分		
		30 ± 0.05	IT	2	超差不得分		
		80 ± 0.05	IT	2	超差不得分		
6	槽宽	4×2	IT	1	超差不得分		
7	有明显缺陷			2	超差不得分		
8	倒角、倒钝	$C1$		2	超差不得分		
	总　分			60			

试 题 三

一、任务描述

完成附图 3-3 所示零件的工艺编写、程序编制及数控车削。

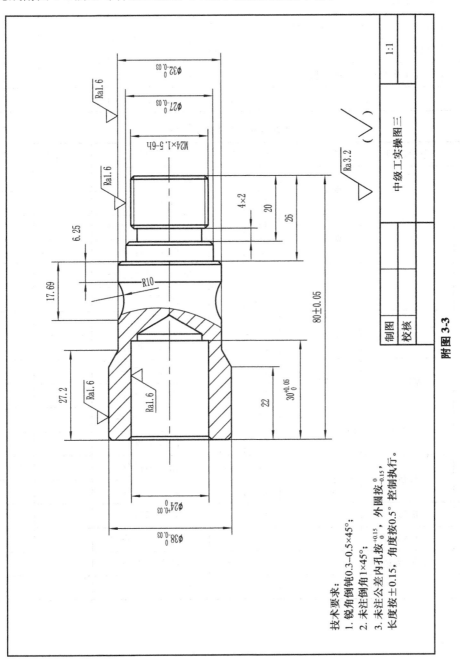

技术要求:
1. 锐角倒钝0.3~0.5×45°;
2. 未注倒角1×45°;
3. 未注公差内孔按$+0.15 \atop 0$,外圆按$0 \atop -0.15$,
长度按±0.15,角度按0.5°控制执行。

中级工实操图三

制图			1:1
校核			

附图 3-3

二、评分标准(见附表 3-5 和附表 3-6)

附表 3-5　总成绩表

序号	试题名称	配分	得分	权重	最后得分	备注
1	加工准备及工艺制定	10				
2	数控编程	20				
3	数控车床操作与工量刃具使用	5				
4	零件加工	60				
5	数控车床维护与精度检验	5				
合　计		100				

附表 3-6　零件加工评分表

序号	考核项目	考核内容及要求		配分	评分标准	检测结果	得分
1	外圆	$\phi 38_{-0.03}^{0}$	IT	5	超差 0.01 扣 2 分		
			Ra	2	降级不得分		
		$\phi 32_{-0.03}^{0}$	IT	5	超差 0.01 扣 2 分		
			Ra	2	降级不得分		
		$\phi 27_{-0.03}^{0}$	IT	5	超差 0.01 扣 2 分		
			Ra	2	降级不得分		
2	内孔	$\phi 24_{0}^{+0.03}$	IT	5	超差 0.01 扣 2 分		
			Ra	2	降级不得分		
3	成形面	R10	IT	4	超差不得分		
			Ra	2	降级不得分		
4	外螺纹	M24×1.5 - 6h	IT	5	不合格不得分		
			Ra	2	降级不得分		
5	长度	80±0.05	IT	3	超差不得分		
		$30_{0}^{+0.05}$	IT	3	超差不得分		
6	槽宽	4×2	IT	3	超差不得分		
7	有明显缺陷			4	超差不得分		
8	倒角、倒钝	C1		6	超差不得分		
总　分				60			

试 题 四

一、任务描述

完成附图 3-4 所示零件的工艺编写、程序编制及数控车削。

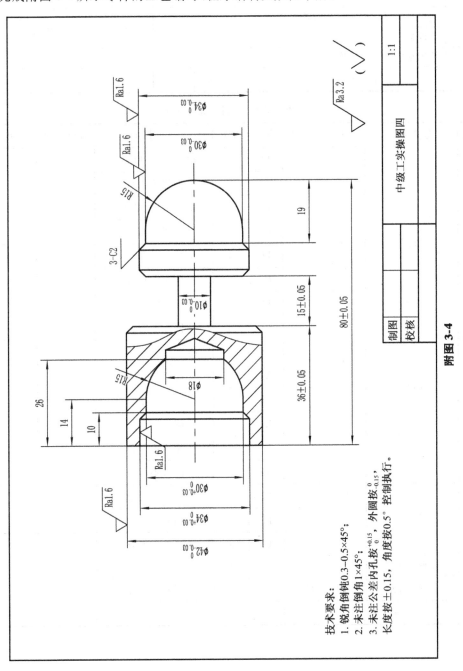

附图 3-4

技术要求：
1. 锐角倒钝0.3—0.5×45°;
2. 未注倒角1×45°;
3. 未注公差内孔按 $^{+0.15}_{0}$，外圆按 $^{0}_{-0.15}$，
长度按±0.15，角度按0.5° 控制执行。

二、评分标准(见附表 3-7 和附表 3-8)

附表 3-7　总成绩表

序号	试题名称	配分	得分	权重	最后得分	备注
1	加工准备及工艺制定	10				
2	数控编程	20				
3	数控车床操作与工量刃具使用	5				
4	零件加工	60				
5	数控车床维护与精度检验	5				
	合　计	100				

附表 3-8　零件加工评分表

序号	考核项目	考核内容及要求		配分	评分标准	检测结果	得分
1	外圆	$\phi 42_{-0.03}^{0}$	IT	4	超差 0.01 扣 2 分		
			Ra	2	降级不得分		
		$\phi 34_{-0.03}^{0}$	IT	4	超差 0.01 扣 2 分		
			Ra	2	降级不得分		
		$\phi 30_{-0.03}^{0}$	IT	4	超差 0.01 扣 2 分		
			Ra	2	降级不得分		
		$\phi 10_{-0.03}^{0}$	IT	4	超差 0.01 扣 2 分		
			Ra	2	降级不得分		
2	内孔	$\phi 30_{0}^{+0.03}$	IT	4	超差 0.01 扣 2 分		
			Ra	2	降级不得分		
		$\phi 34_{0}^{+0.03}$	IT	4	超差 0.01 扣 2 分		
			Ra	2	降级不得分		
3	成形面	$2-R15$	IT	6	超差不得分		
			Ra	2	降级不得分		
4	长度	80 ± 0.05	IT	3	超差不得分		
		15 ± 0.05	IT	3	超差不得分		
		36 ± 0.05	IT	3	超差不得分		
5	有明显缺陷			4	超差不得分		
6	倒角、倒钝	$C2$		3	超差不得分		
	总　分			60			

试 题 五

一、任务描述

完成附图 3-5 所示零件的工艺编写、程序编制及数控车削。

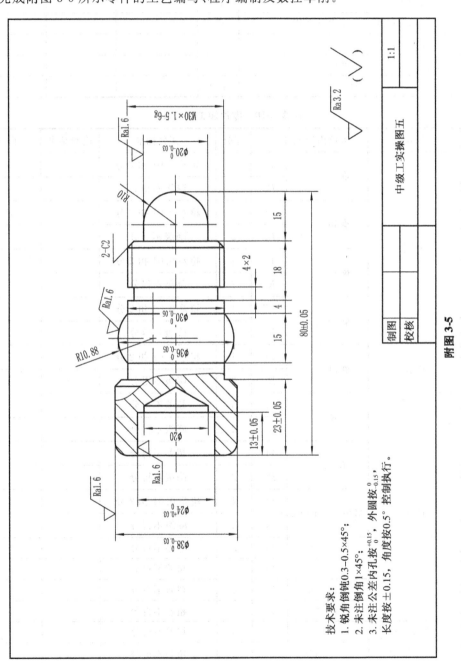

附图 3-5

技术要求：
1. 锐角倒钝0.3～0.5×45°；
2. 未注倒角1×45°；
3. 未注公差内孔按$^{+0.15}_{0}$，外圆按$^{0}_{-0.15}$，
长度按±0.15，角度按0.5°控制执行。

二、评分标准(见附表 3-9 和附表 3-10)

附表 3-9　总成绩表

序号	试题名称	配分	得分	权重	最后得分	备注
1	加工准备及工艺制定	10				
2	数控编程	20				
3	数控车床操作与工量刃具使用	5				
4	零件加工	60				
5	数控车床维护与精度检验	5				
合　计		100				

附表 3-10　零件加工评分表

序号	考核项目	考核内容及要求		配分	评分标准	检测结果	得分
1	外圆	$\phi 38_{-0.03}^{0}$	IT	4	超差 0.01 扣 2 分		
			Ra	2	降级不得分		
		$\phi 36_{-0.05}^{0}$	IT	4	超差 0.01 扣 2 分		
			Ra	2	降级不得分		
		$\phi 30_{-0.05}^{0}$	IT	4	超差 0.01 扣 2 分		
			Ra	2	降级不得分		
		$\phi 20_{-0.03}^{0}$	IT	4	超差 0.01 扣 2 分		
			Ra	2	降级不得分		
2	内孔	$\phi 24_{0}^{+0.03}$	IT	4	超差 0.01 扣 2 分		
			Ra	2	降级不得分		
3	成形面	$R10$	IT	3	超差不得分		
			Ra	2	降级不得分		
		$R10.88$	IT	3	超差不得分		
			Ra	2	降级不得分		
4	螺纹	$M30 \times 1.5 - 6g$	IT	4	超差 0.01 扣 2 分		
			Ra	2	降级不得分		
5	长度	80 ± 0.05	IT	2	超差不得分		
		23 ± 0.05	IT	2	超差不得分		
		13 ± 0.05	IT	2	超差不得分		
6	槽宽	4×2	IT	3	超差不得分		
7	有明显缺陷			3	超差不得分		
8	倒角、倒钝	$C2$		2	超差不得分		
总　分				60			

试 题 六

一、任务描述

完成附图 3-6 所示零件的工艺编写、程序编制及数控车削。

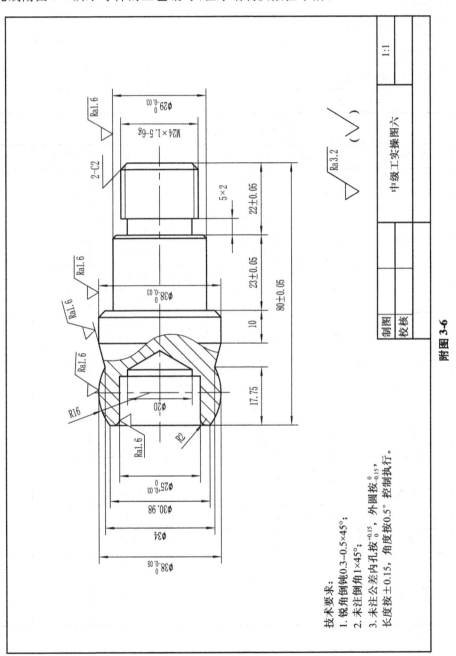

技术要求：
1. 锐角倒钝0.3~0.5×45°；
2. 未注倒角1×45°；
3. 未注公差内孔按 $^{+0.15}_{0}$，外圆按 $^{0}_{-0.15}$，角度按0.5°控制执行。长度按±0.15，控制执行。

附图 3-6

二、评分标准(见附表 3-11 和附表 3-12)

附表 3-11　总成绩表

序号	试题名称	配分	得分	权重	最后得分	备注
1	加工准备及工艺制定	10				
2	数控编程	20				
3	数控车床操作与工量刃具使用	5				
4	零件加工	60				
5	数控车床维护与精度检验	5				
	合　计	100				

附表 3-12　零件加工评分表

序号	考核项目	考核内容及要求		配分	评分标准	检测结果	得分
1	外圆	$\phi 38_{-0.03}^{0}$	IT	5	超差 0.01 扣 2 分		
			Ra	2	降级不得分		
		$\phi 38_{-0.05}^{0}$	IT	5	超差 0.01 扣 2 分		
			Ra	2	降级不得分		
		$\phi 29_{-0.03}^{0}$	IT	5	超差 0.01 扣 2 分		
			Ra	2	降级不得分		
2	内孔	$\phi 25_{0}^{+0.03}$	IT	5	超差 0.01 扣 2 分		
			Ra	2	降级不得分		
3	成形面	R16	IT	4	超差不得分		
			Ra	2	降级不得分		
4	螺纹	M24×1.5 - 6g	IT	5	超差 0.01 扣 2 分		
			Ra	2	降级不得分		
5	长度	80±0.05	IT	3	超差不得分		
		23±0.05	IT	3	超差不得分		
		22±0.05	IT	3	超差不得分		
6	槽宽	5×2	IT	3	超差不得分		
7	有明显缺陷			3	超差不得分		
8	倒角、倒钝	C1,C2,R2		4	超差不得分		
	总　分			60			

试 题 七

一、任务描述

完成附图 3-7 所示零件的工艺编写、程序编制及数控车削。

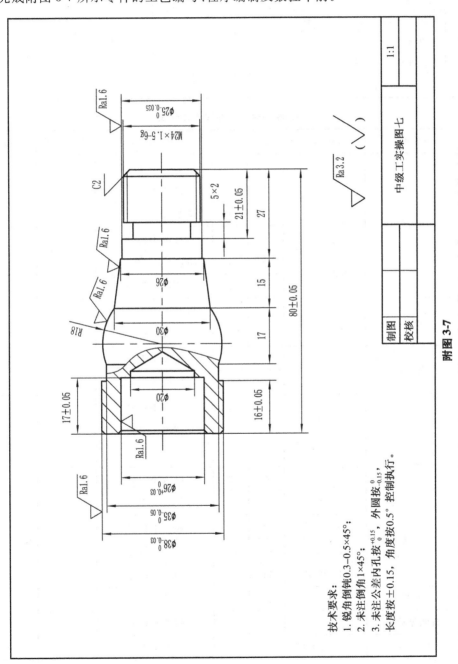

技术要求：
1. 锐角倒钝0.3~0.5×45°；
2. 未注倒角1×45°；
3. 未注公差内孔按 $^{+0.15}_{0}$，外圆按 $^{0}_{-0.15}$，
长度按±0.15，角度按0.5°控制执行。

中级工实操图七

|制图| | |1:1|
|校核| | | |

附图 3-7

二、评分标准(见附表 3-13 和附表 3-14)

附表 3-13　总成绩表

序号	试题名称	配分	得分	权重	最后得分	备注
1	加工准备及工艺制定	10				
2	数控编程	20				
3	数控车床操作与工量刃具使用	5				
4	零件加工	60				
5	数控车床维护与精度检验	5				
	合　计	100				

附表 3-14　零件加工评分表

序号	考核项目	考核内容及要求		配分	评分标准	检测结果	得分
1	外圆	$\phi 38_{-0.03}^{0}$	IT	4	超差 0.01 扣 2 分		
			Ra	2	降级不得分		
		$\phi 35_{-0.05}^{0}$	IT	4	超差 0.01 扣 2 分		
			Ra	2	降级不得分		
		$\phi 25_{-0.025}^{0}$	IT	4	超差 0.01 扣 2 分		
			Ra	2	降级不得分		
2	内孔	$\phi 26_{0}^{+0.03}$	IT	4	超差 0.01 扣 2 分		
			Ra	2	降级不得分		
3	成形面	R18	IT	4	超差不得分		
			Ra	2	降级不得分		
4	锥面	$\phi 26, \phi 30$	IT	2	超差不得分		
			Ra	2	降级不得分		
5	螺纹	M24×1.5-6g	IT	4	超差 0.01 扣 2 分		
			Ra	2	降级不得分		
6	长度	80±0.05	IT	3	超差不得分		
		16±0.05	IT	3	超差不得分		
		17±0.05	IT	3	超差不得分		
		21±0.05	IT	3	超差不得分		
7	槽宽	5×2	IT	3	超差不得分		
8	有明显缺陷			2	超差不得分		
9	倒角、倒钝	C1,C2		3	超差不得分		
	总　分			60			

附录四　高级工实操题库

试　题　一

一、任务描述

完成附图4-1,附图4-2,附图4-3所示零件的工艺编写、程序编制及数控车削。

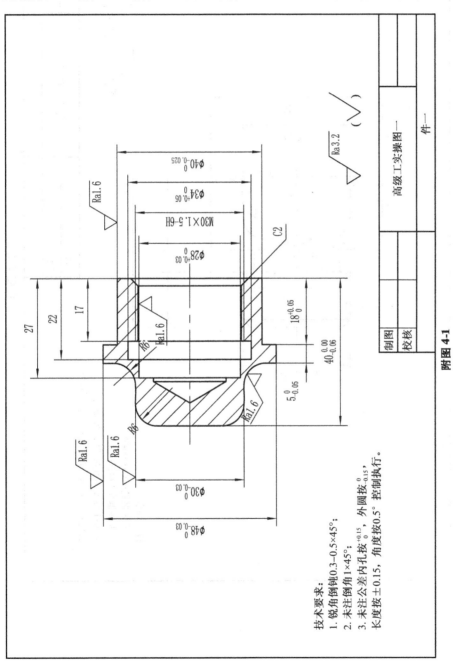

附图 4-1

技术要求:
1. 锐角倒钝0.3~0.5×45°;
2. 未注倒角1×45°;
3. 未注公差内孔按$^{+0.15}_{0}$,外圆按$^{0}_{-0.15}$,角度按0.5°控制执行。
长度按±0.15,角度按0.5°控制执行。

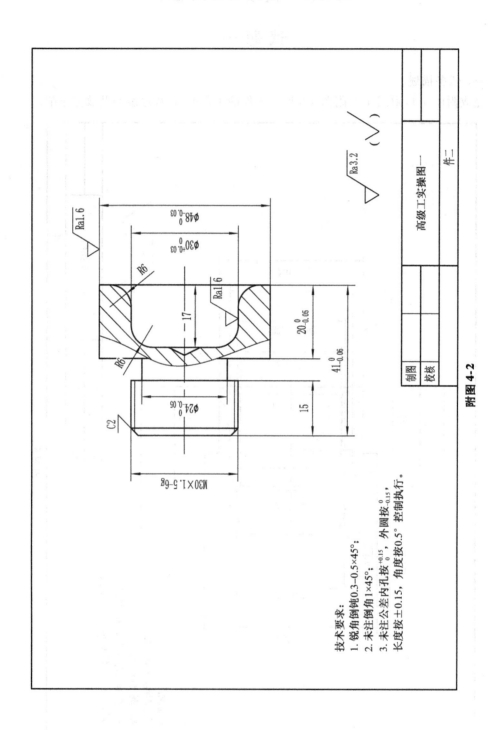

技术要求：
1. 锐角倒角钝0.3—0.5×45°；
2. 未注倒角1×45°；
3. 未注公差内孔按$^{+0.15}_{0}$，外圆按$^{0}_{-0.15}$，
长度按±0.15，角度按0.5°控制执行。

附图 4-2

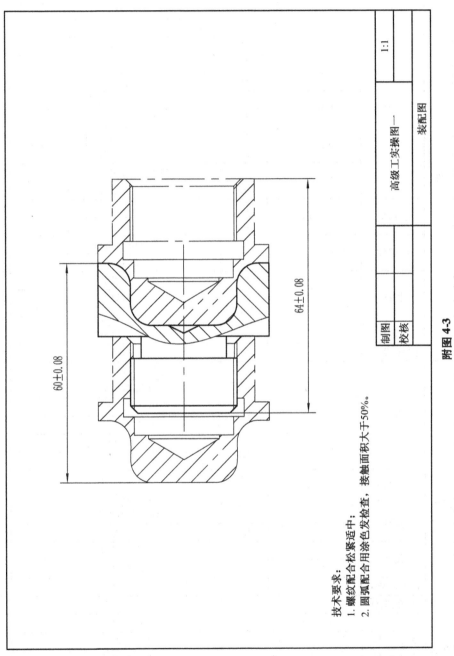

技术要求：
1. 螺纹配合松紧适中；
2. 圆弧配合用涂色发检查，接触面积大于50%。

制图		高级工实操图一		1:1
校核				
		装配图		

附图 4-3

二、评分标准（见附表 4-1）

附表 4-1　评分标准

序号	考核项目		考核内容及要求		配分	评分标准	检测结果	得分
1	件一	直径	$\phi 30_{-0.03}^{0}$	IT	3	超差 0.01 扣 2 分		
2				Ra	2	降级不得分		
3			$\phi 48_{-0.03}^{0}$	IT	3	超差 0.01 扣 2 分		
4				Ra	2	降级不得分		
5			$\phi 40_{-0.03}^{0}$	IT	3	超差 0.01 扣 2 分		
6				Ra	2	降级不得分		
7			$\phi 28_{0}^{+0.03}$	IT	3	超差 0.01 扣 2 分		
8				Ra	2	降级不得分		
9			$\phi 34_{0}^{+0.05}$	IT	3	超差 0.01 扣 2 分		
10				Ra	2	降级不得分		
11		成形面	$2-R6$	IT	4	超差不得分		
12				Ra	2	降级不得分		
13		内螺纹	$M30 \times 1.5 - 6H$	IT	3	不合格不得分		
14				Ra	2	降级不得分		
15		长度	$5_{-0.05}^{0}$	IT	2	超差不得分		
16			$18_{0}^{+0.05}$	IT	2	超差不得分		
17			$40_{-0.06}^{0}$	IT	2	超差不得分		
18		有明显缺陷			2	超差不得分		
19		倒角、倒钝	$C2$		2	超差不得分		
20	件二	直径	$\phi 24_{-0.05}^{0}$	IT	3	超差 0.01 扣 2 分		
21				Ra	2	降级不得分		
22			$\phi 48_{-0.03}^{0}$	IT	3	超差 0.01 扣 2 分		
23				Ra	2	降级不得分		
24			$\phi 30_{0}^{+0.03}$	IT	3	超差 0.01 扣 2 分		
25				Ra	2	降级不得分		
26		成形面	$2-R6$	IT	4	超差不得分		
27				Ra	2	降级不得分		
28		外螺纹	$M30 \times 1.5 - 6g$	IT	3	不合格不得分		
29				Ra	2	降级不得分		
30		长度	$20_{-0.05}^{0}$	IT	2	超差不得分		
31			$41_{-0.06}^{0}$	IT	2	超差不得分		
32		有明显缺陷			2	超差不得分		
33		倒角、倒钝	$C2$		2	超差不得分		
34	配合	配合 1	接触面积≥50%		5	超差不得分		
35		配合长度	60 ± 0.08		5	超差不得分		
36		配合长度	64 ± 0.08		5	超差不得分		
37		螺纹松紧			5	超差不得分		
总分					100			

试 题 二

一、任务描述

完成附图 4-4,附图 4-5,附图 4-6 所示零件的工艺编写、程序编制及数控车削。

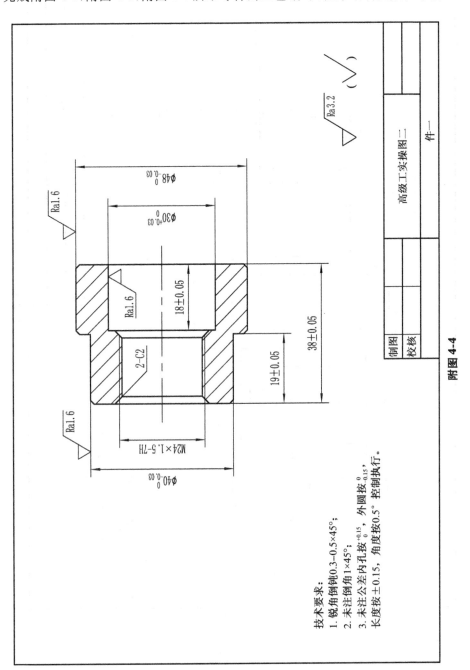

附图 4-4

技术要求:
1. 锐角倒钝0.3~0.5×45°;
2. 未注倒角1×45°;
3. 未注公差内孔按$^{+0.15}_{0}$,外圆按$^{0}_{-0.15}$,长度按±0.15,角度按0.5°控制执行。

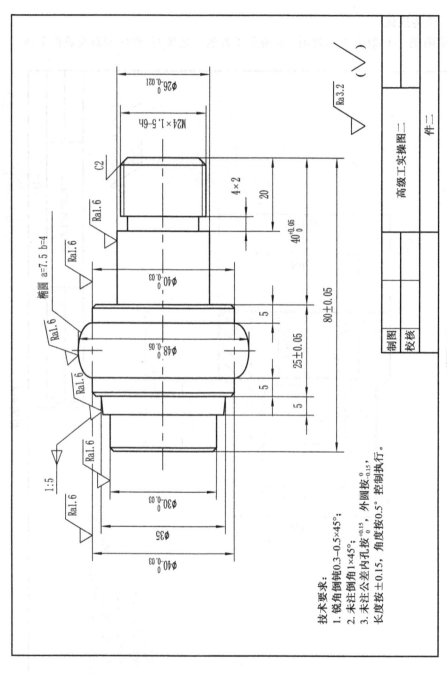

技术要求:
1. 锐角倒钝0.3~0.5×45°;
2. 未注倒角1×45°;
3. 未注公差内孔按$^{+0.15}_{0}$,外圆按$^{0}_{-0.15}$,
长度按±0.15,角度按0.5°控制执行。

附图 4-5

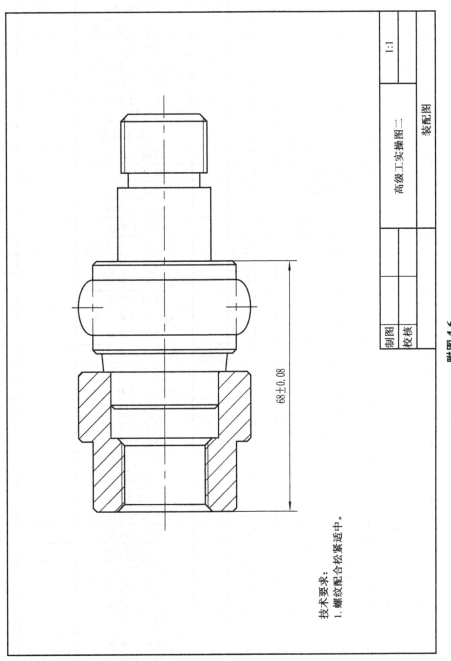

技术要求:
1. 螺纹配合松紧适中。

制图		高级工实操图二		1:1
校核				
		装配图		

附图 4-6

二、评分标准（见附表 4-2）

附表 4-2　评分标准

序号	考核项目		考核内容及要求		配分	评分标准	检测结果	得分
1	件一	直径	$\phi 48_{-0.03}^{0}$	IT	4	超差 0.01 扣 2 分		
2				Ra	2	降级不得分		
3			$\phi 40_{-0.03}^{0}$	IT	4	超差 0.01 扣 2 分		
4				Ra	2	降级不得分		
5			$\phi 30_{0}^{+0.03}$	IT	4	超差 0.01 扣 2 分		
6				Ra	2	降级不得分		
7		内螺纹	M24×1.5-7H	IT	4	不合格不得分		
8				Ra	2	降级不得分		
9		长度	19±0.05	IT	2	超差不得分		
10			38±0.05	IT	2	超差不得分		
11		有明显缺陷			2	超差不得分		
12		倒角、倒钝	C1,C2		2	超差不得分		
13	件二	直径	$\phi 40_{-0.03}^{0}$	IT	4	超差 0.01 扣 2 分		
14				Ra	2	降级不得分		
15			$\phi 48_{-0.05}^{0}$	IT	4	超差 0.01 扣 2 分		
16				Ra	2	降级不得分		
17			$\phi 30_{-0.03}^{0}$	IT	4	超差 0.01 扣 2 分		
18				Ra	2	降级不得分		
19			$\phi 40_{-0.03}^{0}$	IT	4	超差 0.01 扣 2 分		
20				Ra	2	降级不得分		
21			$\phi 26_{-0.021}^{0}$	IT	4	超差 0.01 扣 2 分		
22				Ra	2	降级不得分		
23		成形面	椭圆	IT	4	超差不得分		
24				Ra	2	降级不得分		
25			1:5	IT	2	超差不得分		
26				Ra	2	降级不得分		
27		外螺纹	M24×1.5-6g	IT	4	不合格不得分		
28				Ra	2	降级不得分		
29		槽宽	4×2	Ra	2	降级不得分		
30		长度	25±0.05	IT	2	超差不得分		
31			80±0.05	IT	2	超差不得分		
32			$40_{0}^{+0.05}$	IT	2	超差不得分		
33		有明显缺陷			2	超差不得分		
34		倒角、倒钝	C1,C2		2	超差不得分		
35	配合	配合长度	68±0.08		5	超差不得分		
36		螺纹松紧			5	超差不得分		
总分			100					

试　题　三

一、任务描述

完成附图 4-7,附图 4-8,附图 4-9 所示零件的工艺编写、程序编制及数控车削。

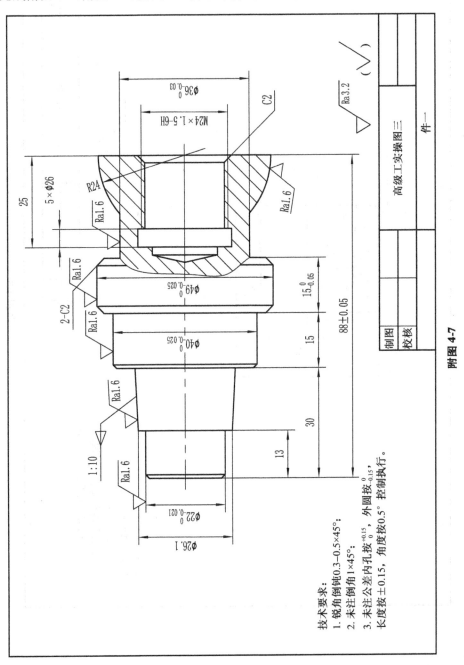

技术要求:
1. 锐角倒钝0.3~0.5×45°;
2. 未注倒角1×45°;
3. 未注公差内孔按$^{+0.15}_{0}$，外圆按$^{0}_{-0.15}$，
长度按±0.15，角度按0.5°控制执行。

附图 4-7

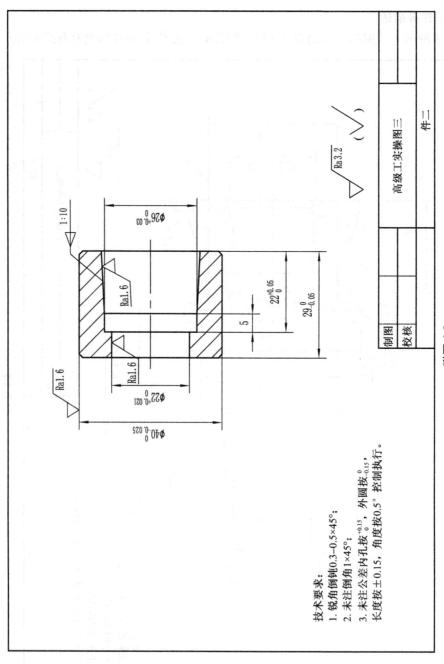

技术要求:
1. 锐角倒钝0.3~0.5×45°;
2. 未注倒角1×45°;
3. 未注公差内孔按$^{+0.15}_{0}$，外圆按$^{0}_{-0.15}$，
长度按±0.15，角度按0.5°控制执行。

附图 4-8

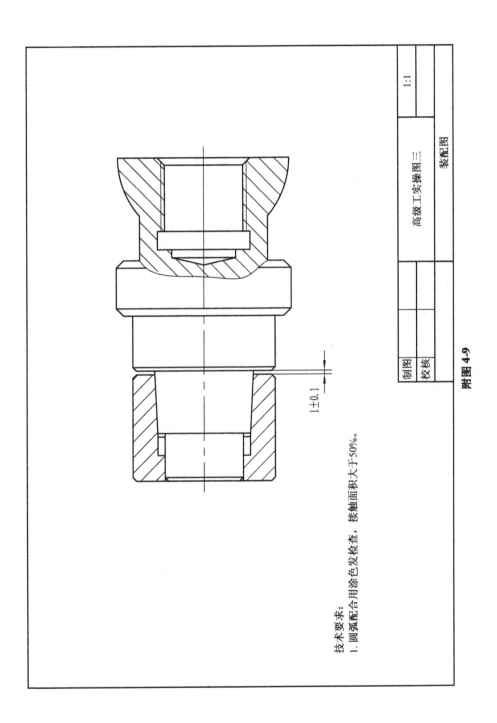

1±0.1

技术要求:
1. 圆弧配合用涂色发检查，接触面积大于50%。

制图		高级工实操图三		1:1
校核				
			装配图	

附图 4-9

二、评分标准(见附表 4-3)

附表 4-3 评分标准

序号	考核项目		考核内容及要求		配分	评分标准	检测结果	得分
1	件一	直径	$\phi 22_{-0.021}^{0}$	IT	5	超差 0.01 扣 2 分		
2				Ra	2	降级不得分		
3			$\phi 40_{-0.025}^{0}$	IT	5	超差 0.01 扣 2 分		
4				Ra	2	降级不得分		
5			$\phi 49_{-0.025}^{0}$	IT	5	超差 0.01 扣 2 分		
6				Ra	2	降级不得分		
7			$\phi 36_{-0.03}^{0}$	IT	5	超差 0.01 扣 2 分		
8				Ra	2	降级不得分		
9		成形面	$R24$	IT	2	超差不得分		
10				Ra	2	降级不得分		
11			$1 : 10$	IT	2	超差不得分		
12				Ra	2	降级不得分		
13		内螺纹	$M24 \times 1.5 - 6H$	IT	5	不合格不得分		
14				Ra	2	降级不得分		
15		槽宽	$5 \times \phi 26$	IT	2	降级不得分		
16		长度	$15_{-0.05}^{0}$	IT	2	超差不得分		
17			88 ± 0.05	IT	2	超差不得分		
18		有明显缺陷			2	超差不得分		
19		倒角、倒钝	$C1, C2$		2	超差不得分		
20	件二	直径	$\phi 40_{-0.025}^{0}$	IT	5	超差 0.01 扣 2 分		
21				Ra	2	降级不得分		
22			$\phi 26_{0}^{+0.03}$	IT	5	超差 0.01 扣 2 分		
23				Ra	2	降级不得分		
24			$\phi 22_{0}^{+0.021}$	IT	5	超差 0.01 扣 2 分		
25				Ra	2	降级不得分		
26		成形面	$1 : 10$	IT	2	超差不得分		
27				Ra	2	降级不得分		
28		长度	$29_{-0.05}^{0}$	IT	2	超差不得分		
29			$22_{0}^{+0.05}$	IT	2	超差不得分		
30		有明显缺陷			2	超差不得分		
31		倒角、倒钝	$C1$		2	超差不得分		
32	配合	配合 1	接触面积≥60%		7	超差不得分		
33		配合间隙	1 ± 0.1		7	超差不得分		
总分					100			

试 题 四

一、任务描述

完成附图 4-10,附图 4-11,附图 4-12 所示零件的工艺编写、程序编制及数控车削。

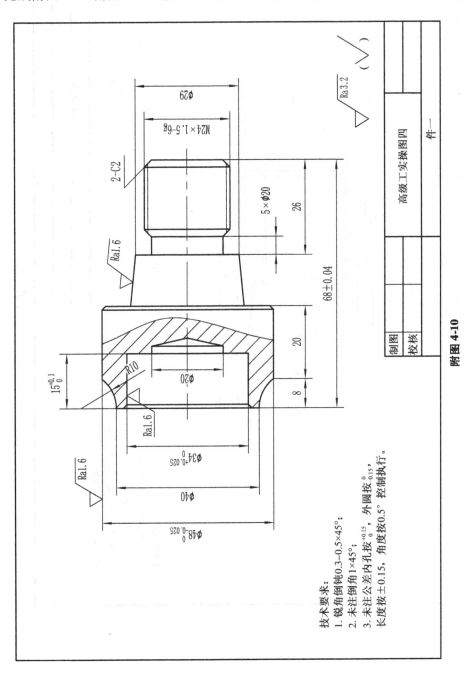

技术要求:
1. 锐角倒钝0.3~0.5×45°;
2. 未注倒角1×45°;
3. 未注公差内孔按$^{+0.15}_{0}$, 外圆按$^{0}_{-0.15}$ 控制执行,
长度按±0.15, 角度按0.5° 控制执行。

附图 4-10

图 形 号

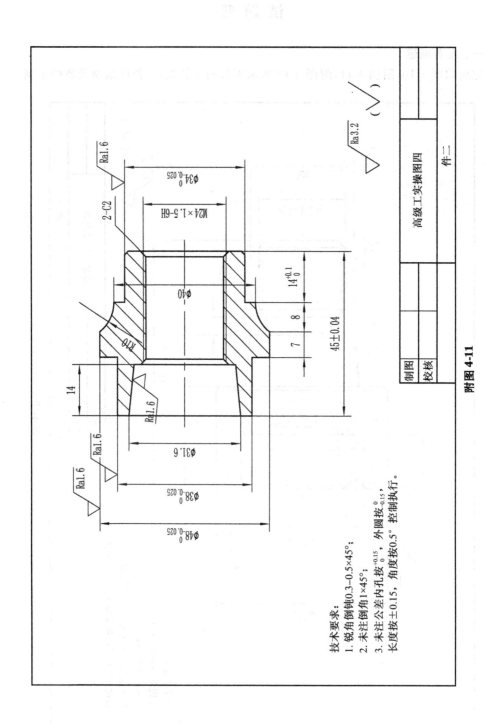

Ra1.6

2-C2

$\phi34_{-0.025}^{0}$

M24×1.5-6H

$\phi40$

$14_{0}^{+0.1}$

8

7

45 ± 0.04

R10

14

Ra1.6

Ra1.6

$\phi31.6$

$\phi38_{-0.025}^{0}$

Ra1.6

$\phi48_{-0.025}^{0}$

$\sqrt{Ra3.2}$

$\sqrt{(\quad)}$

高级工实操图四

件二

| 制图 | | |
| 校核 | | |

附图 4-11

技术要求:
1. 锐角倒钝0.3~0.5×45°;
2. 未注倒角1×45°;
3. 未注公差内孔按$_{0}^{+0.15}$, 外圆按$_{-0.15}^{0}$,
长度按±0.15, 角度按0.5° 控制执行。

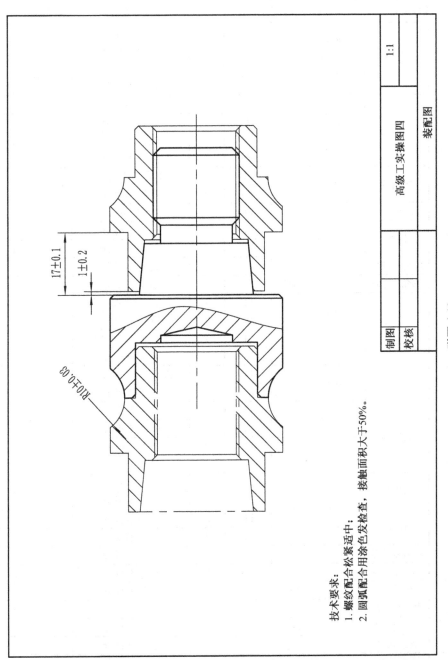

附图 4-12

二、评分标准（见附表 4-4）

附表 4-4　评分标准

序号	考核项目		考核内容及要求		配分	评分标准	检测结果	得分
1	件一	直径	$\phi 48_{-0.025}^{0}$	IT	4	超差 0.01 扣 2 分		
2				Ra	2	降级不得分		
3			$\phi 34_{0}^{+0.025}$	IT	4	超差 0.01 扣 2 分		
4				Ra	2	降级不得分		
5		成形面	$R10$	IT	2	超差不得分		
6				Ra	2	降级不得分		
7			$1:5$	IT	2	超差不得分		
8				Ra	2	降级不得分		
9		外螺纹	$M24 \times 1.5 - 6g$	IT	4	不合格不得分		
10				Ra	2	降级不得分		
11		槽	$5 \times \phi 20$	IT	2	不合格不得分		
12		长度	68 ± 0.04	IT	2	超差不得分		
13			$15_{0}^{+0.1}$	IT	2	超差不得分		
14		有明显缺陷			2	超差不得分		
15		倒角、倒钝	$C1, C2$		2	超差不得分		
16	件二	直径	$\phi 38_{-0.025}^{0}$	IT	4	超差 0.01 扣 2 分		
17				Ra	2	降级不得分		
18			$\phi 48_{-0.025}^{0}$	IT	4	超差 0.01 扣 2 分		
19				Ra	2	降级不得分		
20			$\phi 34_{-0.025}^{0}$	IT	4	超差 0.01 扣 2 分		
21				Ra	2	降级不得分		
22		成形面	$R10$	IT	2	超差不得分		
23				Ra	2	降级不得分		
24			$1:5$	IT	2	超差不得分		
25				Ra	2	降级不得分		
26		内螺纹	$M24 \times 1.5 - 6H$	IT	4	不合格不得分		
27				Ra	2	降级不得分		
28		长度	$14_{0}^{+0.1}$	IT	2	超差不得分		
29			45 ± 0.04	IT	2	超差不得分		
30		有明显缺陷			2	超差不得分		
31		倒角、倒钝	$C1, C2$		2	超差不得分		
32	配合	配合 1	接触面积≥50%		4	超差不得分		
33		配合长度	17 ± 0.1		5	超差不得分		
34		配合长度	1 ± 0.2		5	超差不得分		
35		螺纹松紧			5	超差不得分		
36		圆弧连接	$R10 \pm 0.03$		5	超差不得分		
总分					100			

试 题 五

一、任务描述

完成附图 4-13,附图 4-14,附图 4-15 所示零件的工艺编写、程序编制及数控车削。

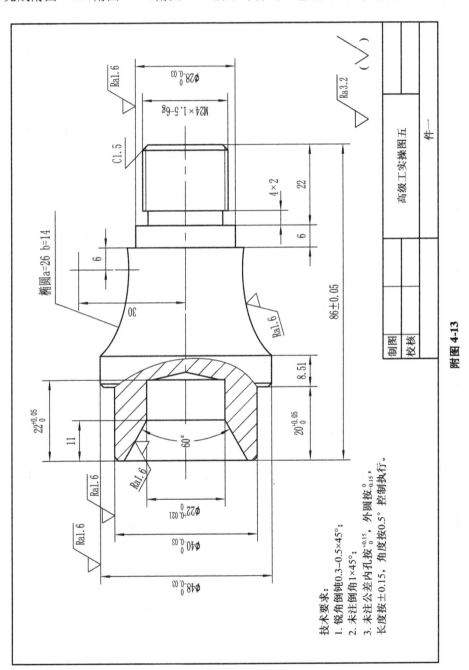

附图 4-13

技术要求:
1. 锐角倒钝0.3~0.5×45°;
2. 未注倒角1×45°;
3. 未注公差内孔按$^{+0.15}_{0}$,外圆按$^{0}_{-0.15}$,
长度按±0.15,角度按0.5°控制执行。

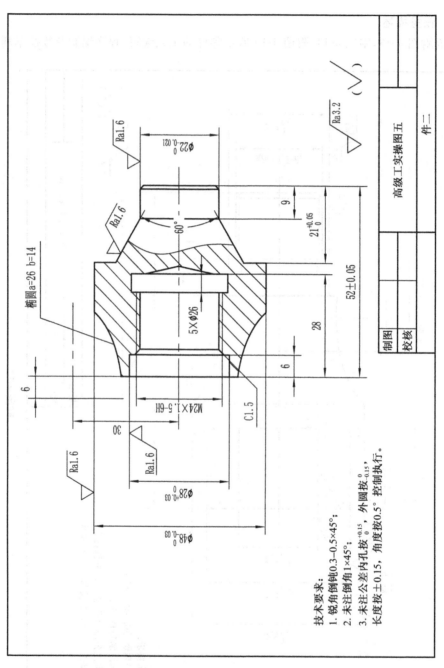

技术要求：
1. 锐角倒钝0.3～0.5×45°；
2. 未注倒角1×45°；
3. 未注公差内孔按$^{+0.15}_{0}$，外圆按$^{0}_{-0.15}$，长度按±0.15，角度按0.5°控制执行。

附图 4-14

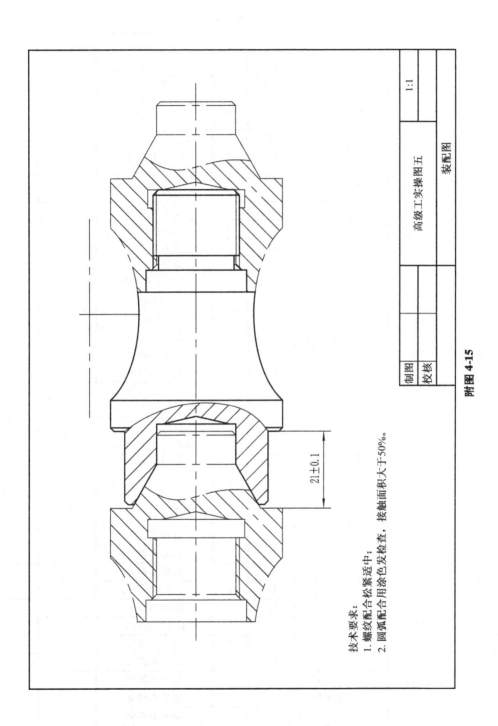

技术要求:
1. 螺纹配合松紧适中;
2. 圆弧配合用涂色发检查, 接触面积大于50%。

	高级工实操图五	1:1
制图		
校核	装配图	

21±0.1

附图 4-15

二、评分标准(见附表 4-5)

附表 4-5　评分标准

序号	考核项目		考核内容及要求		配分	评分标准	检测结果	得分
1	件一	直径	$\phi 48_{-0.03}^{0}$	IT	4	超差 0.01 扣 2 分		
2				Ra	2	降级不得分		
3			$\phi 40_{-0.03}^{0}$	IT	4	超差 0.01 扣 2 分		
4				Ra	2	降级不得分		
5			$\phi 22_{0}^{0.02}$	IT	4	超差 0.01 扣 2 分		
6				Ra	2	降级不得分		
7			$\phi 28_{-0.03}^{0}$	IT	4	超差 0.01 扣 2 分		
8				Ra	2	降级不得分		
9		成形面	椭圆	IT	2	超差不得分		
10				Ra	2	降级不得分		
11			60°	IT	1	超差不得分		
12				Ra	1	降级不得分		
13		外螺纹	M24×1.5 - 6g	IT	4	不合格不得分		
14				Ra	2	降级不得分		
15		槽	4×2	IT	2	不合格不得分		
16		长度	86±0.05	IT	2	超差不得分		
17			$22_{0}^{+0.05}$	IT	2	超差不得分		
18			$20_{0}^{+0.05}$	IT	2	超差不得分		
19		倒角、倒钝	$C1, C1.5$		2	超差不得分		
20	件二	直径	$\phi 28_{0}^{+0.03}$	IT	4	超差 0.01 扣 2 分		
21				Ra	2	降级不得分		
22			$\phi 48_{-0.03}^{0}$	IT	4	超差 0.01 扣 2 分		
23				Ra	2	降级不得分		
24			$\phi 22_{-0.021}^{0}$	IT	4	超差 0.01 扣 2 分		
25				Ra	2	降级不得分		
26		成形面	椭圆	IT	2	超差不得分		
27				Ra	2	降级不得分		
28			60°	IT	1	超差不得分		
29				Ra	1	降级不得分		
30		内螺纹	M24×1.5 - 6H	IT	4	不合格不得分		
31				Ra	2	降级不得分		
32		槽	5×26	IT	2	不合格不得分		
33		长度	$21_{0}^{+0.05}$	IT	2	超差不得分		
34			52±0.05	IT	2	超差不得分		
35		倒角、倒钝	$C1, C1.5$		2	超差不得分		
36	配合	配合 1	接触面积≥50%		4	超差不得分		
37		配合长度	21±0.1		4	超差不得分		
38		椭圆	光滑连接		4	超差不得分		
39		螺纹松紧			4	超差不得分		
总分					100			

试 题 六

一、任务描述
完成附图 4-16,附图 4-17,附图 4-18 所示零件的工艺编写、程序编制及数控车削。

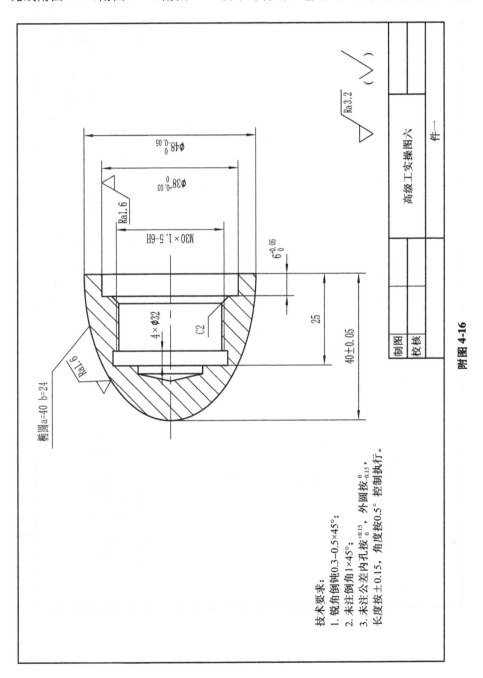

附图 4-16

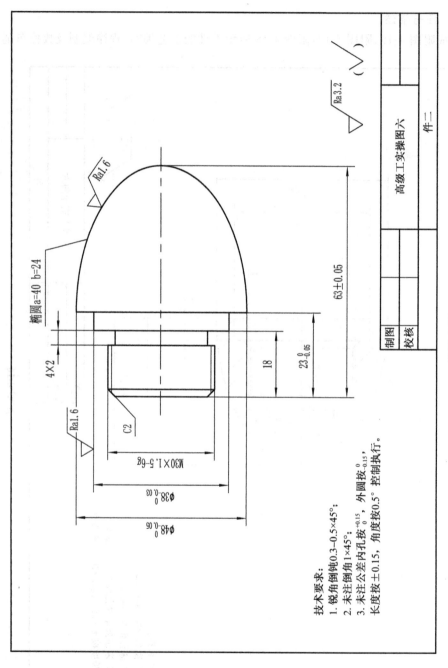

技术要求：
1. 锐角倒钝0.3~0.5×45°；
2. 未注倒角1×45°；
3. 未注公差内孔按$^{+0.15}_{0}$，外圆按$^{0}_{-0.15}$，
长度按±0.15，角度按0.5°控制执行。

附图 4-17

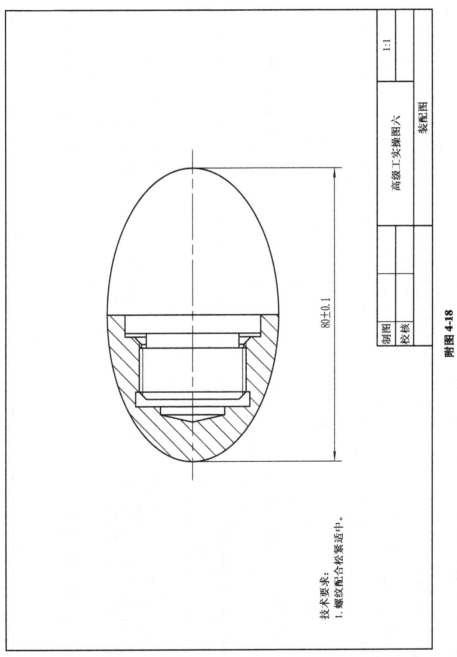

80±0.1

技术要求：
1. 螺纹配合松紧适中。

制图		高级工实操图六		1:1
校核				
		装配图		

附图 4-18

二、评分标准（见附表 4-6）

附表 4-6　评分标准

序号	考核项目		考核内容及要求		配分	评分标准	检测结果	得分
1	件一	直径	$\phi 48_{-0.05}^{0}$	IT	5	超差 0.01 扣 2 分		
2				Ra	2	降级不得分		
3			$\phi 38_{0}^{+0.03}$	IT	5	超差 0.01 扣 2 分		
4				Ra	2	降级不得分		
5		成形面	椭圆	IT	5	超差不得分		
6				Ra	2	降级不得分		
7		内螺纹	M30×1.5 - 6H	IT	5	不合格不得分		
8				Ra	2	降级不得分		
9		槽	4×ϕ32	IT	2	不合格不得分		
10		长度	40±0.05	IT	3	超差不得分		
11			$6_{0}^{+0.05}$	IT	3	超差不得分		
12		倒角、倒钝	C2		2	超差不得分		
13	件二	直径	$\phi 48_{-0.05}^{0}$	IT	5	超差 0.01 扣 2 分		
14				Ra	2	降级不得分		
15			$\phi 38_{-0.03}^{0}$	IT	5	超差 0.01 扣 2 分		
16				Ra	2	降级不得分		
17		成形面	椭圆	IT	5	超差不得分		
18				Ra	2	降级不得分		
19		外螺纹	M30×1.5 - 6g	IT	5	不合格不得分		
20				Ra	2	降级不得分		
21		槽	4×2	IT	2	不合格不得分		
22		长度	$23_{-0.05}^{0}$	IT	3	超差不得分		
23			63±0.05	IT	3	超差不得分		
24		倒角、倒钝	C2		2	超差不得分		
25	配合	配合长度	80±0.1		8	超差不得分		
26		椭圆	光滑连接		8	超差不得分		
27		螺纹松紧			8	超差不得分		
总分			100					

试 题 七

一、任务描述

完成附图 4-19,附图 4-20,附图 4-21 所示零件的工艺编写、程序编制及数控车削。

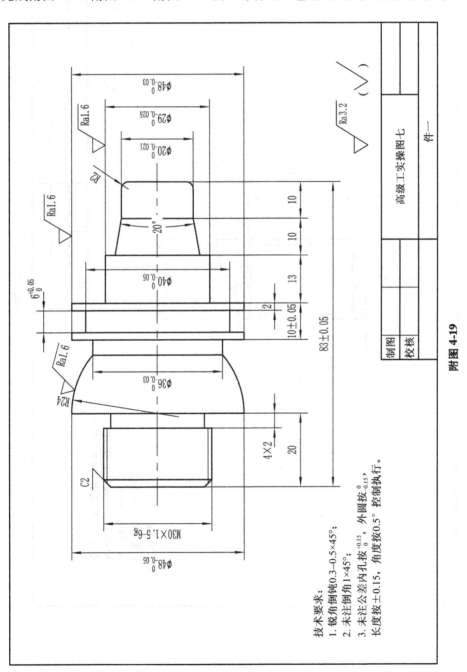

技术要求:
1. 锐角倒钝0.3~0.5×45°;
2. 未注倒角1×45°;
3. 未注公差内孔按 $^{+0.15}_{0}$, 外圆按 $^{0}_{-0.15}$,
长度按±0.15, 角度按0.5° 控制执行。

附图 4-19

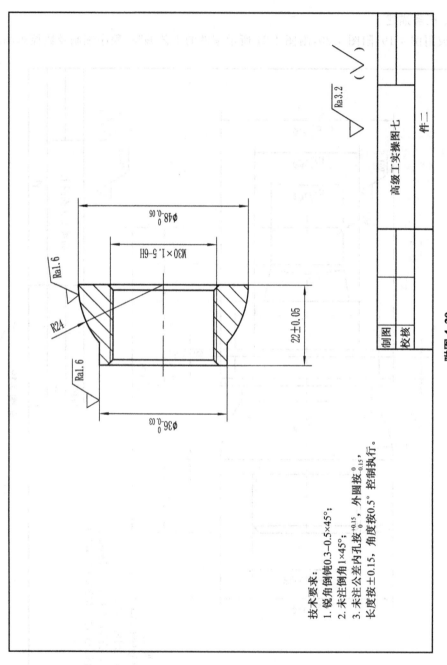

技术要求：
1. 锐角倒角倒钝0.3～0.5×45°；
2. 未注倒角1×45°；
3. 未注公差内孔按$^{+0.15}_{0}$，外圆按$^{0}_{-0.15}$，
长度按±0.15，角度按0.5°控制执行。

附图 4-20

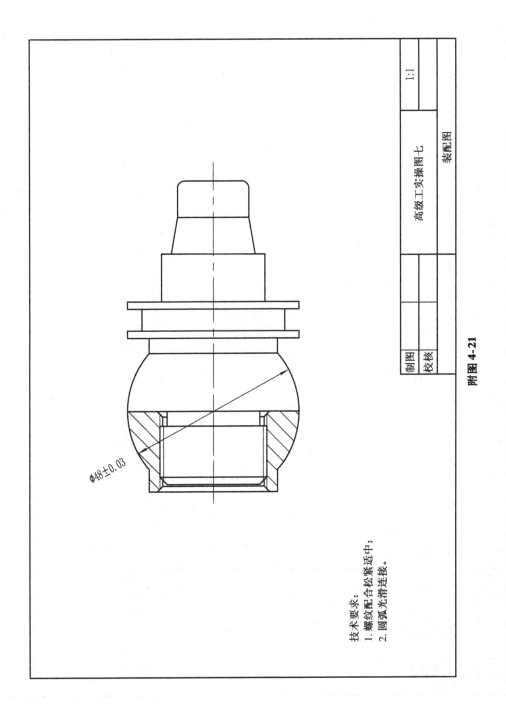

技术要求：
1. 螺纹配合松紧紧适中；
2. 圆弧光滑连接。

φ48±0.03

制图		高级工实操图七		1:1
校核				
		装配图		

附图 4-21

二、评分标准(见附表 4-7)

附表 4-7 评分标准

序号	考核项目	考核内容及要求		配分	评分标准	检测结果	得分
1		$\phi 48_{-0.05}^{0}$	IT	4	超差 0.01 扣 2 分		
2			Ra	2	降级不得分		
3		$\phi 36_{-0.03}^{0}$	IT	4	超差 0.01 扣 2 分		
4			Ra	2	降级不得分		
5		$\phi 48_{-0.03}^{0}$	IT	4	超差 0.01 扣 2 分		
6			Ra	2	降级不得分		
7	直径	$\phi 29_{-0.025}^{0}$	IT	4	超差 0.01 扣 2 分		
8			Ra	2	降级不得分		
9		$\phi 20_{-0.021}^{0}$	IT	4	超差 0.01 扣 2 分		
10			Ra	2	降级不得分		
11		$\phi 48_{-0.05}^{0}$	IT	4	超差 0.01 扣 2 分		
12			Ra	2	降级不得分		
13		$R24$	IT	2	超差不得分		
14	成形面		Ra	2	降级不得分		
15		$20°$	IT	2	超差不得分		
16			Ra	2	降级不得分		
17	外螺纹	$M30 \times 1.5 - 6g$	IT	4	不合格不得分		
18			Ra	2	降级不得分		
19	槽	4×2	IT	2	不合格不得分		
20		83 ± 0.05	IT	2	超差不得分		
21	长度	$6_{0}^{+0.05}$	IT	2	不合格不得分		
22		10 ± 0.05	IT	2	超差不得分		
23	倒角、倒钝	$C2, R2$		2	超差不得分		
24		$\phi 48_{-0.05}^{0}$	IT	4	超差 0.01 扣 2 分		
25	直径		Ra	2	降级不得分		
26		$\phi 36_{-0.03}^{0}$	IT	4	超差 0.01 扣 2 分		
27			Ra	2	降级不得分		
28	成形面	$R24$	IT	2	超差不得分		
29			Ra	2	降级不得分		
30	内螺纹	$M30 \times 1.5 - 6H$	IT	4	不合格不得分		
31			Ra	2	降级不得分		
32	长度	22 ± 0.05	IT	2	超差不得分		
33	倒角、倒钝	$C1.5$		2	超差不得分		
34	配合 圆	$\phi 48 \pm 0.03$		7	超差不得分		
35	螺纹松紧			7	超差不得分		
总分		100					

件一 spans rows 1–23; 件二 spans rows 24–33 (考核项目 column, left of 直径/成形面 etc.)

参考文献

[1] 王兵.数控加工工艺与编程实例[M].北京:电子工业出版社,2016.

[2] 徐冬元,朱和军.数控加工工艺与编程实例[M].北京:电子工业出版社,2012.

[3] 李国会.数控编程[M].上海:上海交通大学出版社,2011.

[4] 张宁菊.数控车削编程与加工[M].北京:机械工业出版社,2010.

[5] 耿国卿..数控车削编程与加工[M].北京:清华大学出版社,2011.

[6] 刁亮琦.《数控车削训练》课程中探究性学习模式的研究[J].才智,2012(29):191.

[7] 周兰.面向岗位"全才"需求的"数控车削编程与加工"课程建设[J].武汉船舶职业技术学院学报,2010(5):66-69.

[8] 陈震,王红军,张具武.谈数控车削实训阶梯式动态模块的教学实践[J].南宁职业技术学院学报,2008(2):45-47.

[9] 孔春艳,李纯彬,潘爱国等.螺纹数控车削编程方法的研究[J].工具技术,2008(7):69-71.

[10] 周桂岐.《数控车削实习》教学中的分层教学简论[J].职业教育研究,2007(8):163.